L

CHEZ L

FORMULAIRE

DE

L'INGÉNIEUR-CONSTRUCTEUR

PARIS. — J. CLAYE, IMPRIMEUR

RUE SAINT-BENOIT, 7

FORMULAIRE

DE

L'INGÉNIEUR-CONSTRUCTEUR

CARNET USUEL

des Architectes
Agents-Voyers, Mécaniciens, Directeurs et Conducteurs
de travaux, industriels et manufacturiers

PAR

CH. ARMENGAUD JEUNE ✳

INGÉNIEUR CIVIL
ET MEMBRE DE PLUSIEURS SOCIÉTÉS INDUSTRIELLES

PARIS

CHEZ LES PRINCIPAUX LIBRAIRES
ET CHEZ L'AUTEUR
A l'office industriel international pour les Brevets d'invention
EN FRANCE ET A L'ÉTRANGER
23, BOULEVARD DE STRASBOURG

1873

Puiser dans les ouvrages spéciaux les connais-
sances usuelles de l'ingénieur-constructeur, grou-
per et combiner les formules de la science avec
les données de l'expérimentation, vulgariser ces
notions en les résumant dans un *vade-mecum*,
tel est le but *d'utilité* que s'est proposé l'auteur
du *Formulaire*.

DIVISION

DU

FORMULAIRE DE L'INGÉNIEUR-CONSTRUCTEUR

PREMIÈRE PARTIE,

INTRODUCTION.—FORMULES ET DONNÉES GÉNÉRALES.

Sommaire.

Arihtmétique. — Système décimal. — Système métrique. — Intérêts. — Racines.— Progressions. — *Algèbre.* — *Géométrie.* — *Trigonométrie.* — *Physique et chimie.* — Aréomètre.—Acoustique.— Optique. — Météorologie. — Climatologie. — Électricité. — Hygrométrie. — Télégraphie. — Galvanoplastie. — Calorique. — Vapeur.

DEUXIÈME PARTIE,

CONSTRUCTIONS MÉCANIQUES.

Sommaire.

Travail mécanique. — Table des vitesses et des hauteurs. — *Frottement.* Presse à vis. — Vis et écrous. — Tourillons. — Pivots. — Manivelles. Excentriques. — Pistons. — Ressorts. — *Transmissions.* — Câbles. — Courroies. — Engrenages. — Diamètres des arbres et tourillons. — *Dimensions* des vis. — Boulons. — Écrous. — Coussinets. — Paliers. Manivelles. — Bielles. — Balanciers. — Pistons et cylindres à vapeur. Volants. — Pendule conique de Watt. — Pompes, vis d'Archimède. — Frein. — *Chauffage des foyers industriels.* — Générateurs à vapeur.— Dimensions des chaudières et accessoires.— *Fourneaux à vapeur.* — Cheminées. — *Calculs des machines à vapeur* à basse, moyenne et haute pression, avec et sans détente. — Souffleries et ventilation. — Moulins à vent. — Matériel roulant des chemins de fer. — Locomotives. — Meunerie et roues hydrauliques. — Cours d'eau. — Bateaux à vapeur et dimensions principales.

TROISIÈME PARTIE.

CONSTRUCTIONS CIVILES.

Sommaire.

Matériaux de construction. — Fondations. — Maçonnerie. — Murs. — Pans de bois. — Cloisons. — Sciage des bois. — Planchers en bois et en fer. — Combles. — Couvertures. — *Résistance des matériaux.* — *Allongement.* — *Traction.* — Compression. — Flexion. — *Travaux d'art.* — Ordre d'architecture. — Voies de circulation. — Routes ordinaires. — Voies ferrées. — Chemins mixtes. — Canaux. — Ponts. — *Chauffage et ventilation.* — *Éclairage.* — Éclairage et chauffage au gaz. — Tuyaux de conduite.

QUATRIÈME PARTIE.

APPENDICE.

Prix de revient des principaux matériaux employés dans les constructions à Paris. — Tarif des travaux de terrassement. — Tarif synoptique des prix des journées d'ouvriers à Paris. — Honoraires des architectes, experts et métreurs. — Voirie. — Force motrice employée dans diverses industries. — Tables du poids de feuilles, barres et tuyaux de divers métaux. — Classification des fers, fils de fer, tôle et fer blanc. — Extrait des ordonnances pour façades et combles, pour l'établissemeut des machines et chaudières à vapeur, pour les établissements insalubres, et sur la fumée des foyers industriels. — Table des échelles thermométriques allemande, anglaise, et française. — Table des nombres, de leurs carrés, cubes, racines carrées et cubiques, circonférences et surfaces.

PREMIÈRE PARTIE

INTRODUCTION

FORMULES ET DONNÉES GÉNÉRALES

SYSTÈME DÉCIMAL.

Dans l'arithmétique, qui est la science des nombres, on entend par grandeur ou quantité tout ce qui peut être comparé et mesuré. Une grandeur ou quantité ne peut être exprimée en nombres que par rapport à une quantité de même nature prise pour unité de comparaison.

La numération permet d'établir les nombres, de les énoncer et de les écrire; elle fixe le nombre des chiffres à 10, base du système décimal.

SYSTÈME MÉTRIQUE.

Les types du système métrique établis en France avec des multiples et sous-multiples décimaux sont au nombre de six.

1° **Mètre.** — Cette unité, qui est la dix-millionième partie du quart du méridien terrestre, correspond à $0^{toise}513$, soit 3 pieds 11 lignes 296/1000.

Ses multiples usuels sont : le décamètre, l'hectomètre, le kilomètre et le myriamètre; ses sous-multiples sont : le décimètre, le centimètre, le millimètre, etc.

Le **mètre carré**, unité de surface pour les constructions, correspond à une surface de 1 mètre de côté.

Le **mètre cube**, unité de volume, correspond à un solide ou à une capacité de 1 mètre sur chacune des 3 dimensions.

2° **Gramme.** — Cette unité de poids équivaut au poids d'un centimètre cube d'eau distillée à 4 degrés centigrades.

Ses principaux multiples sont le kilogramme, unité commerciale, (ou 1000 grammes, poids d'un litre d'eau), le quintal métrique (ou 100 kilogrammes, poids d'un hectolitre d'eau), et le tonneau de mer (ou 1000 kilogrammes, poids d'un mètre cube d'eau).

3° **Litre**. — Cette unité de capacité a la contenance d'un décimètre cube.

Son multiple usuel pour les graines, les charbons, etc., est l'hectolitre.

4° **Are**. — Cette unité de superficie pour les terrains correspond à un carré de 10 mètres de côté ou à une surface de 100 mètres carrés.

Son multiple usuel est l'hectare = 10000 mètres carrés; son sous-multiple est le centiare = 1 mètre carré.

5° **Stère**. — Cette unité correspond à 1 mètre cube. La voie du commerce vaut 2 mètres cubes.

6° **Franc**. — Cette unité monétaire pèse 5 grammes.

(Voyez, page 4, le tableau comparatif des types du système métrique.)

TITRE DE L'OR ET DE L'ARGENT.

Le titre est la quantité de métal pur contenue dans l'or ou l'argent. L'or le plus pur renferme 1/768 d'alliage, et l'argent 1/288. En France, on évalue en millièmes le titre de l'or et de l'argent.

Laminage. — L'or peut être réduit en feuilles à 0^m000,000,9 d'épaisseur (moins d'un millionième de mètre).

L'argent peut être réduit à 0^m000,001,6 (1,6 millionième d'épaisseur.

La densité de l'argent et de l'or est comme 105 à 193; leur divisibilité est comme 170 à 300.

Comme valeur le rapport légal de l'or fin à l'argent fin est en France de 1 à 15,5.

Bijouterie. — La loi prescrit 3 titres légaux pour les articles en or et 2 titres pour les ouvrages d'argent.

OR	1er titre..... 920 millièmes.		ARGENT.	1er titre... 950 millièmes.	
	2e — ..... 840 —			2e — ... 800 —	
	3e — ..... 750 —				

La tolérance est de 3 millièmes pour l'or et de 5 millièmes pour l'argent.

Karat. — Dans la joaillerie, les diamants se pèsent à l'once de $29^{gr}592$. Une once vaut 144 karats; chaque karat pèse 4 grains et se subdivise en $\frac{1}{2}$, $\frac{1}{4}$, $\frac{1}{8}$, $\frac{1}{16}$, $\frac{1}{32}$ et $\frac{1}{64}$.

Monnayage. — Les monnaies françaises sont au titre de 900 millièmes, c'est-à-dire 9 parties de métal pur et 1 partie d'alliage ; la tolérance est de 2 millièmes. La trop grande flexibilité de l'or et de l'argent exige leur alliage à un autre métal pour les employer plus utilement au monnayage.

Pair. — Valeur intrinsèque des monnaies d'après leur poids et leur titre.

Change. — Quantité de monnaie que l'on paie dans un pays pour toucher une certaine quantité de monnaie dans un autre pays. Le mandat s'appelle lettre de change.

Arbitrages. — On entend par arbitrages, en termes de banque, les calculs qui résultent de la combinaison de plusieurs changes entre eux ; ces opérations se réduisent à faire passer des fonds à l'étranger ou à en retirer.

MONNAIES FRANÇAISES.

	Valeur.		Poids.		Diamètre.	Tolérances du poids par kilog.
1re série Or.	5 fr.		1 gr.6129		17 millim.	3 gr.
	10		3 2258		19	2
	20		6 4516		21	2
	40		12 9032		26	»
	50		16 1290		28	2
	100		32 2580		35	1
Argent.	5 fr.		25 gr.		37 millim.	2 gr.
	2		10		27	5
	1		5		23	5
	0	50	2	50	18	7
	0	20	1		15	10
Cuivre [1]	0 fr. 10		10 gr.		30 millim.	10
	0	05	5		25	10
	0	02	2		20	15
	0	01	1		15	15

La réunion de plusieurs pièces peut, dans un cas donné, former un poids ou une longueur. Ainsi, 40 pièces de 5 francs ou 155 pièces de 20 francs, pèsent 1 kilog.; un sac de 1000 francs, pèse 5 kilog.; 20 pièces de 2 francs et 20 pièces de 1 franc rangées en ligne droite, mesurent 1 mètre.

---

(1) Cette monnaie de bronze est composée de 95 parties de cuivre pur, 4 d'étain et 1 de zinc ; elle vaut 20 fois moins que l'argent.

TABLEAU COMPARATIF

DES TYPES DE L'ANCIENNE NOMENCLATURE ET DU NOUVEAU SYSTÈME MÉTRIQUE.

RAPPORT DES MESURES NOUVELLES AUX ANCIENNES.		RAPPORT DES MESURES ANCIENNES AUX NOUVELLES.	
1 centimètre équivaut à..............	0pied 0pouce 4lig. 43	1 pouce équivaut à.................	0m 027
1 décimètre.....................	0pied 3pouce 8lig. 33	1 pied.........................	0m 325
1 mètre.......................	0toise 543	1 toise........................	1m 950
1 mètre carré..................	0t. q. 263	1 toise carrée..................	3m.q. 7987
1 mètre cube..................	0t. c. 135	1 toise cube...................	7m.c. 4039
1 kilomètre....................	0lieue 225 de 25 au degré.	1 aune........................	1m 1884
1 kilomètre....................	0lieue 1777 de 20 au degré.	1 lieue terrestre de 25 au degré (1)..........	4kilom. 44
1 kilogramme..................	2livres 0429	1 lieue métrique................	4kilom. 00
1 quintal métrique..............	204livres 29	1 lieue marine de 20 au degré........	5kilom, 556
1 tonneau de mer..............	2042livres 90	1 livre poids	0kilog. 4895
1 litre........................	1pinte 074	1 pinte........................	0lit. 93
1 litre........................	0boiss. 0769	1 boisseau.....................	13lit. 00
1 hectolitre....................	7boiss. 69	1 setier.......................	156lit. 00
1 hectolitre....................	0setier 641	1 muid (2).....................	1872lit. 00
1 are (en perches de 22 pieds des eaux et forêts)...............	1perche 958	1 perche (eaux et forêts, 22 pieds)...........	51m.q. 07
1 are (en perches de 18 pieds de Paris) .	2perch. 9249	1 perche (Paris, 18 pieds)..........	34m.q. 19
1 hectare (en arpents des eaux et forêts).	1arp. 958	1 arpent (eaux et forêts)...........	0hect. 5107
1 hectare (en arpents de Paris)........	2arp. 9249	1 arpent (de Paris) (3).............	0hect. 3419
1 stère...................	0corde de Paris 26	1 corde........................	3stères 84

(1) Le méridien terrestre = 360 $\times$ 25 = 9000 lieues ou 40,000,000 de mètres.
(2) Le muid contenait 12 boisseaux, et le boisseau 13 litres.
(3) L'arpent de Paris, composé de 100 perches de 18 pieds, correspond à 900 toises carrées ou a un carré de 30 toises de côté.

VALEUR COMPARATIVE

EN MÈTRES ET EN FRANCS DES PRINCIPAUX TYPES LINÉAIRES ET MONÉTAIRES ÉTRANGERS

ÉTATS.	MESURES LINÉAIRES itinéraires et commerciales.	m.	Or.	fr. c.	Argent.	Fr. C.
AMÉRIQUE DU NORD.	Foot (pied) 1/3 de yard	0.304	Dollar	5 18	Une dime (10 cents)	0 53
	Yard	0.914	Demi-aigle	25 91	1/2 dollar (50 cents)	2 67
	Inch (pouce)	0.0254	Aigle	51 82	Dollar (100 cents)	5 30
	Mille, 1760 yards	1.609.315				
ANGLETERRE	Inch (pouce)	0.025	1/2 livre sterling	12 50	Six pence	0 60
	Foot	0.304	1/2 guinée	13 24	Schelling	1 25
	Furlong (220 yards)	201.1643	Livre sterl. (souverain)	25 »	Demi-couronne	3 10
	Mille	1.609.315	Guinée	26 35	Couronne	6 25
AUTRICHE	Pied de Vienne	0.3161	1/2 couronne	17 19	Florin	2 45
	Anne	0.7792	Couronne	34 39	Thaler d'association	3 68
	Mille marin	1.852				
	Mille d'Autriche	7.586				
BAVIÈRE ET BADE	Fuss (pied)	0.31	Ducat	11 75	1/2 florin	1 07
	Mille (Bade)	8,889	1/2 couronne	17 19	Florin	2 10
	Elle (Bavière)	0.833	Couronne	34 39	Thaler d'association	3 68
	Mille (Bavière)	7.426				
BELGIQUE	Usage du système métrique.		Usage du système monétaire français.			
DANEMARK	Palme (4 pouces)	0.158	Ducat	9 35	Rixdaler	2 84
	Pied (3 palmes)	0.472	Frédéric	20 32	Double écu	5 68
	Toise	2.834	Chrétien (1847)	29 95	Marck	0 44
ESPAGNE	Pied de Madrid	0.2327	Ecu	10 80	Reallilo	0 25
	Vara de Castille	0.8479	Pistole	21 60	Peseta	1 05
	Lieue royale	7.066	Doublon (1848)	27 »	Piastre (1772)	5 43
	Lieue commune	5.607	Quadruple	85 42	Piastre (1848)	5 37

VALEUR COMPARATIVE

EN MÈTRES ET EN FRANCS DES PRINCIPAUX TYPES LINÉAIRES ET MONÉTAIRES ÉTRANGERS

(Suite)

ÉTATS.	MESURES LINÉAIRES itinéraires et commerciales.		MONNAIES.
		m.	**Système monétaire français.**
ÉTATS-ROMAINS....	Pied Romain.............	0.2979	Ducat............. 11 85 Marc............. 1 65
	Canne (8 palmes)...........	1.992	» .... » » Risdaler............. 5 35
	Mille	1.489	5 drachmes......... 5 » 1 drachme......... 1 »
HAMBOURG.........	Fuss (pied)	0.2876	100 drachmes........ 100 »
	Mille	7.532	Ducat de Hollande... 11 78 Florin............. 2 08
GRÈCE.............	....		10 florins.......... 21 35 Risdaler (1848)....... 5 26
HOLLANDE.........	Pied (3 palmes)............	0.2836	Ryder............. 31 27 Ducaton............. 6 75
	Elle (aune)...............	0.70	
	Mille	5.857	**Usage de la monnaie russe, prussienne ou autrichienne, selon les provinces.**
POLOGNE..........	Pied (de Varsovie)........	0.2978	1000 reis 5 59 50 reis.... » 25
	Pied (de Cracovie)........	0.3561	Couronne de 5000 » 27 94 Teston de 100 » .... » 50
	Aune (Varsovie)...........	0.5846	10000 » 55 88 500 « 2 52
	Aune (Cracovie...........	0.6170	Ducat............. 11 65 Florin............. 2 15
	Mille (20 au degré).........	5.556	Frédéric........... 19 60 Thaler............. 3 75
PORTUGAL.........	Palmo Craveiros..........	0.2186	Ducat (1755)...... 11 78 10 kopecks. » 33
	Vara...................	1.093	1/2 impériale........ 20 45 Rouble de 50 » . 1 96
	Lieue (20 au degré).......	6.180	Impériale........... 40 90 100 » . 3 92
PRUSSE............	Pied de Berlin............	0.3138	
	Elle (aune)...............	0.6669	
	Mille	7.532	
RUSSIE.............	Pied (Saint-Pétersbourg)....	0.3048	
	Sagène (3 archines)........	2.1337	
	Verste (50 sagènes	1.067	

VALEUR COMPARATIVE

EN MÈTRES ET EN FRANCS DES PRINCIPAUX TYPES LINÉAIRES ET MONÉTAIRES ÉTRANGERS

(Fin)

ÉTATS.	MESURES LINÉAIRES itinéraires et commerciales.	m.	MONNAIES. Or.	fr. c.	Argent.	fr. c.
ITALIE	Pied ordinaire	0.3425	Système monétaire français.			
	Mètre	1				
	Mille	2.534				
SAXE	Fuss (pied) 12 pouces	0.2832	1/2 couronne	17 19	Florin	2 15
	Anne de Dresde	0.5665	Couronne	34 39	Thaler	3 75
	Mille de police	9.044				
MEXIQUE			1/2 pistole	10 14	Real	0 66
			Pistole	20 29	1/2 piastre (4 réaux)	2 67
			Double pistole	40 59	Piastre	5 35
SUÈDE et NORVÉGE	Fot (pied)	0.2968	1/2 ducat	5 85	Risdaler	5 60
	Anne de Suède	0.5937	Ducat	11 70	1/2 species	2 83
	Mille	10.688			Species (125 skilling)	5 66
SUISSE	Genève (pied)	0.487	D'après la loi de 1865, le système monétaire décimal français est adopté.			
	Bâle et Berne (pied)	0.3045				
	Lucerne et Lausanne	0.31				
	Mètre	1				
ÉGYPTE	Coudée ancienne	0.526	25 piastres	6 38	Piastre	0 25
			50 »	12 76	5 »	1 24
			100 »	25 53	10 »	2 48
TURQUIE	Draa Stambulin	0.6478	Sequin (50 piastres)	11 24	Piastre	0 17
	Helebi, grand-pic	0.6900	Double sequin (100 p.)	22 43	5 »	0 86
	Mille	1.670			20 »	3 44
WURTEMBERG	Pied	0.2864	Usage du système monétaire prussien.			
	Anne	0.6143				
	Mille	7.407				

TABLEAU COMPARATIF

DES MESURES ANGLAISES ET FRANÇAISES.

Mesures de longueur.

ANGLAISES EN FRANÇAISES.

	m.
1 yard impér , unité princip.=	0,914
1 foot ou pied = 1/3 du yard =	0,305
1 inch ou po.= 1/36 du yard=	0,0254
1 fathom = 2 yards...... =	1,828
1 pole ou rod = 5 1/3 yards =	5,029
1 furlong 1/8 mile = 220 yards............=	201,164
1 mile = 1760 yards.... =	1609,315

FRANÇAISES EN ANGLAISES.

1 mètre..... =	39 inch...... .	37
	3 foot........	281
	1 yard........	093
1 décimètre.. =	0 yard........	109
	0 foot........	328
	3 inch........	371
1 centimètre. =	0 inch........	394
	3 lig.........	140
1 millimètre. =	0 inch........	039
	0 lig.........	314
1 kilomètre.. =	0 mille........	621
1 myriamètre =	6 milles......	214

Mesures de superficie.

ANGLAISES EN FRANÇAISES.

	m. q.
1 inch or pouce carré... =	6,45
1 pied carré or foot..... =	9,29
1 yard carré .... =	0,837
1 rod (perche carrée)... =	25,292
1 rood (1210 yards carrés) =	1011,67
1 acre (4840 yards carrés) =	4046,71

FRANÇAISES EN ANGLAISES.

1 mètre carré.=	1 yard carré..	196
1 are......... =	0 rood........	0988
1 hectare..... =	2 acres.......	4736

Mesures de capacité.

ANGLAISES EN FRANÇAISES.

	lit.
Gallon imp., unité princip.=	4,5430
Quart (1/4 de gallon).... =	1,1358
Pint (1/8 de gallon) ..... =	0,5679
Peck (2 gallons)........ . =	9,0860
Bushel (8 gallons)....... =	36,347
Sack (3 bush. ou 24 gall.) =	109,000
1 Barrel............... =	163,5
Quarter (8 bushels ou 64 gallons)...... ...=	290,780
Chaldron (12 sacks ou 288 gallons)............=	1308,516

FRANÇAISES EN ANGLAISES.

1 litre...... =	0 gallon....	2201
	1 pint	761
1 décalitre.. =	2 gallons...	201
1 hectolitre.. =	22 gallons...	01

Poids.

AVOIR DU POIDS.

	kil.	gr.
1 pound ou livre avoir du poids impérial. .. =	0	453
Once (1/16 de livre)..... =	0	028
Drachm (1/16 d'once ou 1/256 de livre)... =	0	0018
Cwt. (quintal)=112 liv. =	50	682
1 quarter = 1 quart = 28 liv............ =	12	670
1 stone = 1 pierre = 14 livres............ =	6	335
Ton = (20 cwts = 2240 livres). ....=	1015	65

FRANÇAISES EN ANGLAISES.

Gramme. =	15 grains troy....	
	0 pennyweight..	643
	0 once troy.....	032
1 kilogramme. =	15432 grains troy.	349
	2 liv. troy.	679
	2 liv. avoir du poids.	2046

TROY, ETC.

Livre trcy impériale...... =373 gr.
Once (1/12 de livre troy).. = 31 091
Pennyweight (1/20 d'once ou
    1/240 de livre troy)... = 1 5545
Grain (1/24 de pennyweight
    ou 1/5760 de livre troy). = 0 0647

Kilog... = { 2 livres troy...... 68
{ 2 liv. avoird ı poids 2055

Mesures nautiques.

The earth's circumference (360 degrees or 7200 leagues)... = 40,000 k. » m.
1 degree (20 leagues)........... .... = 111 11
1 league (3 miles)........................... = 5 551
1 nautical mile = 6082 feet 66......................... = 1 854

LOGARITHMES

DES NOMBRES PREMIERS

compris de 1 à 1000, avec dix décimales.

Le logarithme d'un produit est égal à la somme des logarithmes de ses facteurs. D'après la table suivante, il suffira, pour trouver le logarithme d'un nombre, de le décomposer en facteurs premiers dont on fera la somme des logarithmes. Cette somme de logarithmes des facteurs premiers sera le log. du nombre.

N.	Log.	N.	Log.	N.	Log.
2	30102.99957	41	61278.38567	97	98677.17343
3	47712.12547	43	63346.84556	101	00432.13738
5	69897.00043	47	67209.78579	103	01283.72247
7	84509.80400	53	72427.58696	107	02938.37777
11	04139.26852	59	77085.20116	109	03742.64979
13	11394.33523	61	78532.98350	113	05307.84435
17	23044.89214	67	82607.48027	127	10380.37210
19	27875.36010	71	85125.83487	131	11727.12957
23	36172.78360	73	86332.28601 .	137	13672.05672
29	46239.79979	79	89762.70913	139	14301.48003
31	49136.16938	83	91907.80924	149	17318.62684
37	56820.17241	89	94939.00066	151	17897.69473
N.	Log.	N.	Log.	N	Log.

N.	Log.	N.	Log.	N.	Log.
157	19389.96524	419	62221.40230	691	83947.80474
163	21218.76044	421	62428.20958	701	84571.80180
167	22271.64711	431	63447.72702	709	85064.62352
173	23804.61031	433	63648.78964	719	85672.88904
179	25285.30310	439	64216.45202	727	86153.44109
181	25767.85749	443	64640.37262	733	86510.39746
191	28103.33672	449	65224.63410	739	86864.44384
193	28555.73090	457	65991.62001	743	87098.88138
197	29446.62262	461	66370.09254	751	87563.99370
199	29885.30764	463	66558.09910	757	87909.58795
211	32428.24553	467	66931.68806	761	88138.46568
223	34830.48630	479	68033.53134	769	88592.63398
227	35602.58572	487	68752.89612	773	88817.94939
229	35983.54823	491	69108.14921	787	89597.47324
233	36735.59210	499	69810.05456	797	90145.83214
239	37839.79009	503	70156.79851	809	90794.85216
241	38201.70426	509	70671.77823	811	90902.08542
251	39967.37215	521	71683.77233	821	91434.31571
257	40993.31233	523	71850.16889	823	91539.98352
263	41995.57485	541	73319.72651	827	91750.55096
269	42975.22500	547	73798.73263	829	91855.45306
271	43296.92909	557	74585.51952	839	92376.19608
277	44247.97691	563	75050.83949	853	93094.90312
281	44870.63199	569	75511.22664	857	93298.08219
283	45178.64355	571	75663.61082	859	93399.31638
293	46686.76204	577	76117.58132	863	93601.07957
307	48713.83755	587	76863.81012	877	94299.95934
311	49276.03890	593	77305.46934	881	94497.59084
313	49554.43375	599	77742.68224	883	94596.07036
317	50105.92622	601	77887.44720	887	94792.36198
331	51982.79938	607	78318.86911	907	95760.72871
337	52762.99009	613	78746 04745	911	95951.83770
347	54032.94748	617	79028.51640	919	96331.55114
349	54282.54270	619	79169.06490	929	96801.57140
353	54777.47054	631	80002.93502	937	97173 95909
359	55509.44486	641	80685.80295	941	97358.96234
367	56466.60643	643	80821.09729	947	97634.99790
373	57170.88318	647	81090.42807	953	97909.29006
379	57863.92100	653	81491.31813	967	98542.64741
383	58319.87740	659	81888.54146	971	98721.92299
389	58994.96013	661	82020.14595	977	98989.45637
397	59879.05068	673	82801.50642	983	99255.35178
401	60314.43726	677	83058.86687	991	99607.36545
409	61172.33080	683	83442.07037	997	99869.51583

N.	Log.	N.	Log.	N.	Log.

EXTRACTION DES RACINES.

Nota. Voir à l'appendice du formulaire la table des calculs faits.

FORMULES ALGÉBRIQUES.

L'algèbre, qui est l'expression simplifiée et généralisée des formules mathématiques, a pour objet principal la résolution des équations pour en tirer les valeurs des inconnues.

Données usuelles :

$$(a + b)^2 = a^2 + 2ab + b^2 \text{ et } (a - b)^2 = a^2 - 2ab + b^2$$
$$(a + b)(a - b) = a^2 - b^2$$
$$(a + b)^3 = a^3 + 3a^2b + 3ab^2 + b^3$$
$$\text{et } (a - b)^3 = a^3 - 3a^2b + 3ab^2 - b^3$$

Résolution des équations.

1° Équations du 1er degré à 1 seule inconnue ; règle : chasser les dénominateurs, par réduction, s'il y en a. Faire passer dans le premier membre tous les termes en x. Simplifier et mettre l'inconnue en facteur commun. Diviser les deux membres par le coefficient de l'inconnue. La forme des équations du 1er degré à 1 inconnue est

$$ax = b \text{ d'où } x = \frac{b}{a}$$

2° Équations du 1er degré à plusieurs inconnues ; règle : effectuer les mêmes opérations, mais observer qu'il faut autant d'équations qu'il y a d'inconnues, sans quoi le problème est indéterminé. La forme des équations du 1er degré à deux inconnues est celle-ci :

$$1° \ ax + by = c \text{ et } 2° \ a'x + b'y = c'$$

$$\text{d'où } x = \frac{cb' - bc'}{ab' - ba'} \text{ et } y = \frac{ca' - ac'}{ab' - ba'}$$

3° Équations du 2e degré. Les équations du 2e degré peuvent être complètes ou incomplètes. Dans ce dernier cas elles se présentent sous la forme

$$ax^2 = b \text{ d'où } x = \pm \sqrt{\frac{b}{a}}$$

Dans le cas où elles sont complètes, on a la formule

$$ax^2 + bx + c = o$$

$$\text{d'où } x = \frac{-b \pm \sqrt{b^2 - 4\,ac}}{2\,a}$$

or en faisant $\dfrac{b}{a} = p$ et $\dfrac{c}{a} = q$. $x = -\dfrac{p}{2} \pm \sqrt{\dfrac{p^2}{4} - q}$.

4° Équations du 2e degré à plusieurs inconnues. Si dans un système de deux équations à deux inconnues l'une est du 1er degré, on en tire la valeur d'une des inconnues en fonction de l'autre; substituant alors cette valeur dans l'autre équation, celle-ci devient du 2e degré à une seule inconnue; on en tire la valeur de cette inconnue et cette valeur substituée dans la première équation permet d'obtenir la valeur de l'autre inconnue.

Lorsqu'une des équations est du 1er degré par rapport à l'une des inconnues seulement, on en tire la valeur de cette inconnue; et substituant cette valeur dans l'autre équation, on obtient une équation du 3e degré.

L'élimination d'une des inconnues entre deux équations complètes du 2e degré à deux inconnues conduit à une équation du 4e degré.

PROGRESSIONS.

Formules usuelles. — Une progression arithmétique est une suite de termes dont la raison ou différence, de l'un par rapport au précédent ou au suivant, est constante.

Une progression géométrique est une suite de termes croissants ou décroissants dont la raison (ou quotient de deux termes successifs) est constante.

Soit A le premier terme d'une progression croissante ou décroissante; U le dernier terme; R la raison; N le nombre des termes; et S la somme des termes.

On a pour progression arithmétique :

$$U = A + R (N - 1) \text{ et } S = (A + U) \frac{N}{2}$$

et pour progression géométrique :

$$U = A \times R^{(N-1)} \text{ et } S = \frac{UR - A}{R - 1}$$

Logarithmes. — Soit deux progressions, l'une arithmétique commençant par 0 et ayant pour raison 1, comme 0. 1. 2. 3. 4. 5. 6...; l'autre géométrique dont le premier terme est 1 et la raison 10, comme 1 : 10 : 100 : 1000 : 10000 : 100000 : 1000000....

Chaque terme de la progression arithmétique est dit le loga-

rithme du terme correspondant de la progression géométrique, ainsi :
0 est le logarithme de 1, et 1 celui de 10, et 2 celui de 100, etc.

On appelle base d'un système de logarithmes le nombre qui, dans ce système, a pour logarithme 1 ; dans l'exemple précédent 10 est la base du système et 1 se nomme la caractéristique.

L'avantage des logarithmes est d'effectuer avec rapidité les multiplications, divisions et les opérations des racines carrées et puissances.

Règles usuelles.

1° Le logarithme d'un produit est égal à la somme des logarithmes de chacun des facteurs. Ex. $\log. ab = \log. a + \log. b$;

2° Le logarithme d'un quotient est égal au logarithme du dividende moins le logarithme du diviseur. Ex. $\log. \dfrac{a}{b} = \log. a - \log. b.$

3° Le logarithme d'une racine carrée est égal au logarithme du nombre placé sous le radical divisé par l'indice de la racine.

Ex. Logarithme $\sqrt[7]{a} = \dfrac{\log. a}{7}.$

4° Le logarithme d'une puissance d'un nombre est égal au logarithme de ce nombre multiplié par l'exposant.

Ex. $\log. a^8 = 8 \times \log. a.$

INTÉRÊTS.

L'intérêt est le produit d'un capital ou d'une somme placée pendant un certain temps.

Le taux légal annuel est de 5 p. 0/0.

Le taux commercial annuel est de 6 p. 0/0.

L'intérêt est *simple* lorsqu'il se touche annuellement; il est *composé* lorsqu'il vient chaque année s'ajouter au capital placé.

Rentes sur l'État. — En désignant par S une somme à placer pour acheter une rente R sur l'État au cours C, et par I l'intérêt, on a la formule $S = \dfrac{RC}{I}$ qui permet de trouver la somme nécessaire (1).

Ex. Combien coûteront 150 fr. de rente à 4 1/2 p. 0/0 au cours de 95 fr., et à 3 p. 0/0 au cours de 70 fr.?

$$S = \frac{150 \times 95}{4,5} = 3166 \text{ f. } 66 \text{ c., capital à verser pour la rente à } 4\ 1/2 \text{ p. 0/0.}$$

$$S = \frac{150 \times 70}{3}, \text{ capital à verser pour la rente à 3 p. 0/0} = 3500 \text{ fr.}$$

Intérêts simples. — Les intérêts simples donnent lieu à 4 pro-

(1) Et la formule $R = \dfrac{S \times I}{C}$ donnera la rente d'un capital.

blèmes qui se déduisent de la même formule. Celle-ci se compose de 4 quantités que l'on peut déterminer respectivement en connaissant les 3 autres.

Soit S le capital, N de la durée du placement, t le taux de l'intérêt, I l'intérêt du capital.

L'intérêt s'obtient par la formule : $I = \dfrac{S \times t \times N}{100}$; d'où l'on tire

$1^o\ t = \dfrac{I \times 100}{S \times N}$; 2° le capital $S = \dfrac{100 \times I}{t \times N}$; 3° la durée $N = \dfrac{I \times 100}{S \times t}$.

Escompte. — L'escompte est la retenue faite sur le montant d'un billet touché avant l'échéance.

Cette retenue est l'intérêt de la somme calculée pendant le temps qui devrait s'écouler jusqu'à son placement; elle est donnée par la formule : $I = \dfrac{S \times t \times N}{100}$.

Intérêts composés. — Dans les intérêts composés on n'a généralement que 3 problèmes à résoudre donnés par les formules suivantes : L'intérêt $I = S \times \left(\dfrac{21}{20}\right)^N$, et le capital $S = \dfrac{I}{\left(\dfrac{21}{20}\right)^N}$.

$\dfrac{21}{20}$ suppose l'argent placé à 5 0/0.

Pour trouver maintenant le temps N pendant lequel il faudra placer le capital S pour obtenir un intérêt I, on cherche, au moyen de la première formule, ce que vaut le capital après la première, la deuxième, ... la neuvième année, et on reconnaît qu'il a rapporté un certain intérêt $I' < I$.

On sait alors qu'il y a n années; la formule suivante donne le nombre de jours $= \dfrac{I - I' \times 36000}{S \times t}$.

$$\text{D'où } N = \dfrac{I - I' \times 36000}{S \times t} + n.$$

Rente viagère. — Pour déterminer la rente viagère R d'un capital S, placé par une personne âgée de n années, t étant l'intérêt de 1 franc par an, il faut connaître : le nombre d'individus p qui survivent à n années sur 1,000,000,000; p' qui survivent à $n + 1$; p'' qui survivent à $n + 2$; jusqu'au nombre d'années N que l'on suppose dernière année de l'âge de la personne.

Alors on déduit R de la formule suivante :

$$S \times p = \frac{R}{1 + t} \times p' + \frac{R}{(1 + t)^2} \times p'' + \frac{R}{(1 + t)^3} \times p'''\ldots$$

Règle de société. — Soient m, m', m'' les mises de 3 associés, t, t', t'' les différents espaces de temps depuis lesquels ils les ont apportées, et G le gain qu'ils ont amassé; en appelant M la quantité $(m \times t) + (m' \times t') + (m'' \times t'')$:

La part du $1^{er} = m \times t \times \dfrac{G}{M}$; celle du $2^e = m' \times t' \times \dfrac{G}{M}$;

celle du $3^e = m'' \times t'' \times \dfrac{G}{M}$.

TABLE

DONNANT L'INTÉRÊT DE 1 FRANC PAR JOUR A DIFFÉRENTS TAUX, SELON QUE L'ON COMPTE L'ANNÉE A 365 OU A 360 JOURS.

TAUX.	INTÉRÊTS correspondants pour l'année de 365 j.	INTÉRÊTS correspondants pour l'année de 360 j.
1/2 o/o	0,00001369863	0,0000 13888
1 o/o	» — 2739726	» — 27777
1 1/2 o/o	» — 4109589	» — 41665
2 o/o	» — 5479452	» — 55555
2 1/2 o/o	» — 6849315	» — 69443
3 o/o	» — 8219178	» — 83333
3 1/2 o/o	» — 9589041	» — 97221
4 o/o	» — 10958904	» — 111111
4 1/2 o/o	» — 12328767	» — 124999
5 o/o	» — 13698630	» — 133333
5 1/2 o/o	» — 15068493	» — 147221
6 o/o	» — 16438356	» — 166666
7 o/o	» — 19178082	» — 194444

En représentant par i dans ce tableau l'intérêt de l'unité pendant un jour, par N le nombre de jours pendant lesquels le capital I produirait 1 d'intérêt simple, l'intérêt de s francs pendant n jours égale, soit sni francs, soit $\left(\dfrac{sn}{N}\right)$ francs, car l'intérêt de 1 franc pendant sn jours est égal à sn qui multiplie l'intérêt de 1 franc pendant un jour.

On calcule la valeur de N en nombres entiers et décimaux à l'aide de la formule $N = \dfrac{36000}{I}$.

L'année est supposée de 360 jours et I est l'intérêt annuel.

TABLE DES DIVISEURS FIXES.

TAUX de l'intérêt annuel en nombres entiers.	VALEURS de N en nombres de jours ou sans forme fractionnaire.	TAUX de l'intérêt annuel en nombres entiers.	VALEURS de N en nombres de jours ou sous forme fractionnaire.
1/2 º/o	72000	3 1/2 º/o	10285 5/7 ou $\frac{72000}{7}$
1 º/o	36000	4 º/o	9000
1 1/2 º/o	24000	4 1/2 º/o	8000
2 º/o	18000	5 º/o	7200
2 1/2 º/o	14400	5 1/2 º/o	6545 5/11 ou $\frac{72000}{11}$
3 º/o	12000	6 º/o	6000

Enfin, à l'aide de la table suivante des annuités, on peut connaître les valeurs successives de 1 fr. au taux de 5 p. 0/0 pendant un certain nombre d'années, et déduire de là par une simple multiplication les valeurs successives d'un capital quelconque.

ÉVALUATIONS DIVERSES.

DES ANNUITÉS DE 1 FR. PENDANT UN CERTAIN NOMBRE D'ANNÉES
AU TAUX DE 5 P. 0/0.

NOMBRE d'années.	Valeurs successives des annuités de 1 fr. aux taux de 5 0/0.	NOMBRE d'années.	Valeurs successives des annuités de 1 fr. au taux de 5 0/0.
	fr.		fr.
1	1.05	17	27.11820
2	2.1525	18	29.52411
3	3.3096	19	32.05030
4	4.5250	20	34.702815
5	5.7981	25	50.076791
6	7.1379	30	69.693985
7	8.5448	35	94.725520
8	10.01994	40	126.665770
9	11.56995	45	167.42152
10	13.19724	50	219.42585
11	14.90622	60	370.686472
12	16.70153	70	627.91932
13	18.58960	80	1017.34680
14	20.56614	90	1669.602039
15	22.64444	100	2731.170764
16	24.82687		

Ces valeurs sont déduites de la formule :

$$S = \frac{s\left[\left(\frac{100 + I}{100}\right)^{N} - 1\right](100 + I)}{I}$$

MESURES DES LIGNES COURBES.

La circonférence C d'un cercle est égale au produit du diamètre D par π qui représente $\dfrac{C}{D} = 3,1416$. Ainsi $C = \pi D$ ou $2 \pi R$.

De là on tire $D = \dfrac{C}{\pi}$, et $R = \dfrac{C}{2 \pi}$.

La longueur d'un arc s'obtient en multipliant la circonférence entière C par $\dfrac{n}{360}$, rapport du nombre de degrés de l'arc à celui de la circonférence; ainsi $L = C \dfrac{n}{360}$.

Connaissant la corde C et la flèche F d'un arc, si on appelle c la moitié de la corde, on obtient le rayon par la formule suivante :

$$R = \frac{F^2 + c^2}{2 F}.$$

Le contour C de l'ellipse est égal à la $\dfrac{1}{2}$ somme des deux arcs multipliée par π. Ainsi $C = \pi \left(\dfrac{A + a}{2} \right)$.

(Voir page suivante : Mesure des surfaces.)

RELATIONS ENTRE LES CERCLES ET LES CARRÉS.

1º Le diamètre du cercle... $\times$ 0,8862 ⎫
2º La circonférence du cercle $\times$ 0,2821 ⎬ = le côté du carré équivalent.
3º Le diamètre............ $\times$ 0,7071 ⎫
4º La circonférence........ $\times$ 0,2251 ⎬ = le côté du carré inscrit.
5º La surface du cercle.... $\times$ 0,6366 = la surface du carré inscrit.
6º Le côté du carré inscrit.. $\times$ 1,4142 = le diamètre du cercle circonscrit.
7º Le côté d'un carré inscrit. $\times$ 4,443 = la circonférence du cercle circonscrit.
8º Le côté d'un carré...... $\times$ 1,128 = le diamètre d'un cercle équivalent.
9º Le côté d'un carré...... $\times$ 3,545 = la circonf. d'un cercle équivalent.

La surface d'un cercle inscrit dans un carré est égale à la surface du carré $\times$ 0,7854; cette décimale correspond à $\dfrac{\pi}{4}$.

La surface du carré circonscrit égale la surface du cercle $\times$ 1,273.

10º Le côté de l'hexagone régulier inscrit = le rayon du cercle circonscrit.

11º Le côté du carré circonscrit à un cercle = le diamètre.

12º Le côté du carré inscrit : au rayon :: $\sqrt{2}$: 1, ainsi $C = R \sqrt{2}$.

13º Le côté du triangle équilatéral inscrit: au rayon R :: $\sqrt{3}$: 1, d'où $C = R \sqrt{3}$.

14º Le côté du triangle équilatéral circonscrit est double du côté du triangle équilatéral inscrit dans le même cercle.

2.

15º Le côté de l'hexagone régulier circonscrit est le 1/3 du côté du triangle équilatéral circonscrit au même cercle.

16º Le côté du décagone régulier inscrit est égal au grand segment du rayon, divisé en moyenne et extrême raison.

17º Le côté du pentédécagone régulier inscrit est la corde qui soustend l'arc exprimant la différence des arcs soustendus par les côtés de l'hexagone et du décagone réguliers inscrits.

MESURE DES SURFACES PLANES.

Nos.	NOMS.	SURFACES.
1	Triangle..........	$B \times \dfrac{H}{2}$
2	Parallélogramme...	$B \times H$
3	Trapèze..........	$\dfrac{B + b}{2} \times H$
4	Polygone régulier..	$P \times \dfrac{A}{2}$
5	Cercle............	$\pi\,R^2$ ou $\pi\,\dfrac{D^2}{4}$
6	Secteur..........	$a \times \dfrac{R}{2}$
7	Segment.........	Surface du secteur moins celle du triangle inscrit.
8	Ellipse..........	$\dfrac{\pi\,A\,a}{4}$
9	Couronne........	$\pi\left(\dfrac{D^2 - d^2}{4}\right)$

B = base; H = hauteur; P = Périmètre; A = apothème; a = arc; A a grand et petit axe; D d grand et petit diamètre; R rayon; b petite base.

POLYGONES RÉGULIERS.

FORMULES ET CALCULS POUR : RAYON, CÔTÉ, APOTHÈME ET SURFACE DE DIFFÉRENTS POLYGONES EN FONCTION DE R RAYON DU CERCLE CIRCONSCRIT.

NOMS	Angle interne.	Nombre de côtés.	APOTHÈME.	CÔTÉ. ($R = 1$)	SURFACE.
Triangle équilatéral	60°	3	$\frac{R}{2} = 0,5$	$R\sqrt{3} = 1,73$	$\frac{3\,R^2}{4}\sqrt{3} = 1,299$
Carré............	90°	4	$\frac{R}{2}\sqrt{2} = 0,706$	$R\sqrt{2} = 1,412$	$2\,R^2 = 2$
Pentagone........	108°	5	$\frac{R}{4}(1 - \sqrt{5}) = 0,807$	$\frac{R}{2}\sqrt{10 - 2\sqrt{5}} = 1,17$	$\frac{5}{8}\,R^2\sqrt{10 + 2\sqrt{5}} = 2,372$
Hexagone........	120°	6	$\frac{R}{2}\sqrt{3} = 0,866$	$R = 1$	$\frac{3\,R^2}{2}\sqrt{3} = 2,598$
Octogone........	135°	8	$R\frac{\sqrt{2 + \sqrt{2}}}{2} = 0,940$	$R\sqrt{2 - \sqrt{2}} = 0,766$	$2\,R^2\sqrt{2} = 2,828$
Décagone........	144°	10	$\frac{R}{4}\sqrt{10 + 2\sqrt{5}} = 0,950$	$\frac{R}{2}\sqrt{5 - 1} = 0,615$	$\frac{5\,R^2}{4}\sqrt{10 - 2\sqrt{5}} = 2,912$
Dodécagone.......	150°	12	$\frac{R}{2}\sqrt{2 + \sqrt{3}} = 0,962$	$R\sqrt{2 - \sqrt{3}} = 0,561$	$3\,R^2 = 3$

A l'aide de ce tableau, on obtiendra avec R, l'apothème, le côté et la surface des polygones réguliers indiqués, en remplaçant R dans les formules par ses nouvelles valeurs, et en multipliant ces valeurs telles qu'elles s'y trouveront par les résultats écrits en regard.

POLYGONES RÉGULIERS.

FORMULES ET CALCULS POUR : RAYON, CÔTÉ, APOTHÈME ET SURFACE DE DIFFÉRENTS POLYGONES
EN FONCTION DE C CÔTÉ DU POLYGONE.

NOMS.	Angle interne.	Nombre de côtés.	APOTHÈME	RAYON.	SURFACE.
				$C = 1$	
Triangle équilatéral	60°	3	$\frac{1}{6} C \sqrt{3} = 0{,}288$	$\frac{1}{3} C \sqrt{3} = 0{,}576$	$\frac{1}{4} C^2 \sqrt{3} = 0{,}4333$
Carré............	90°	4	$\frac{1}{2} C = 0{,}5$	$\frac{1}{2} C \sqrt{2} = 0{,}706$	$C^2 = 1$
Pentagone........	108°	5	$\frac{C}{10} \sqrt{25 + 10\sqrt{5}} = 0{,}688$	$\frac{C}{10} \sqrt{50 + 10\sqrt{5}} = 0{,}850$	$\frac{C^2}{4} \sqrt{25 + 10\sqrt{5}} = 1{,}720$
Hexagone	120°	6	$\frac{C}{2} \sqrt{3} = 0{,}866$	$C = 1$	$\frac{3}{2} C^2 \sqrt{3} = 2{,}59$
Octogone........	135°	8	$\frac{C}{2} \sqrt{\frac{2 + \sqrt{2}}{2 - \sqrt{2}}} = 1{,}207$	$\frac{C}{\sqrt{2 - \sqrt{2}}} = 1{,}305$	$2 C^2 \sqrt{\frac{2 + \sqrt{2}}{2 - \sqrt{2}}} = 4{,}838$
Décagone........	144°	10	$\frac{C}{2} \sqrt{5 + 2\sqrt{5}} = 1{,}539$	$\frac{C}{2} (1 + \sqrt{5}) = 1{,}618$	$\frac{5 C^2}{2} \sqrt{5 + 2\sqrt{5}} = 7{,}694$
Dodécagone........	150°	12	$\frac{C}{2} (2 + \sqrt{3}) = 1{,}866$	$C \sqrt{2 + \sqrt{3}} = 1{,}930$	$3 C^2 (2 + \sqrt{3}) = 11{,}196$

A l'aide de ce tableau, on obtiendra avec C, l'apothème, le rayon et la surface des polygones réguliers indiqués, en remplaçant C dans les formules par ses nouvelles valeurs, et en multipliant ces valeurs telles qu'elles s'y trouveront par les résultats écrits en regard.

SURFACES DANS L'ESPACE ET VOLUMES.

DÉSIGNATION DES CORPS.	SURFACES LATÉRALES.	SURFACES TOTALES.	VOLUMES.
Prisme..................	$s = P \times H$	$S = P \times H + 2\,B$	$V = B \times H$
Pyramide...............	$s = P \times \dfrac{h}{2}$	$S = P \times \dfrac{h}{2} + B$	$V = \dfrac{1}{3}\,B \times H$
Cylindre...............	$s = 2\,\pi\,r \times H$	$S = 2\,\pi\,r\,(g + r)$	$V = \pi\,r^2\,H$
Cône...................	$s = \pi\,r\,g$	$S = \pi\,r\,(g + r)$	$V = \dfrac{\pi\,r^2\,H}{3}$
Tronc de cône..........	$s = \pi\,(r + r')\,g$	$S = \pi\left[(r + r')\,g + (r^2 + r'^2)\right]$	$V = \dfrac{1}{3}\,\pi\,H\,(r^2 + r'^2 + r\,r')$
Zone...................	$s = 2\,\pi\,R\,H$	$S = \pi\left[2\,R\,H + r^2 + r'^2\right]$	
Sphère.................		$S = 4\,\pi\,R^2 = \pi\,D^2$	$V = \dfrac{4}{3}\,\pi\,R^3 = 0{,}5236\,D^3$
Secteur sphérique......			$V = \dfrac{2}{3}\,\pi\,R^2\,H$
Segment sphérique......	$s = 2\,\pi\,R\,H$	$S = \pi\left[r\,R\,H + (r^2 + r'^2)\right]$	$V = \dfrac{\pi\,H}{2}\,(r^2 + r'^2) + \dfrac{1}{6}\,\pi\,H^3$

P = périmètre ; B = base ; H = hauteur totale ; h = hauteur d'un des triangles latéraux ; g = génératrice ; R = rayon de la sphère ; r et r' = rayons de base des solides.

(1) En supposant un tonneau formé de 2 troncs de cône à bases parallèles, de rayons r et r' de hauteur H, on a :
volume $V = \dfrac{2\,\pi\,H\,(r^2 + r'^2 + r\,r')}{3}$.

TRIGONOMÉTRIE.

La trigonométrie a pour but la résolution des triangles. Pour arriver à déterminer toutes les parties d'un triangle à l'aide de ses angles et de ses côtés, il faut avoir recours à diverses formules fondamentales, dans lesquelles rentre toujours un certain nombre de lignes trigonométriques.

Ces lignes trigonométriques sont : le *sinus*, le *cosinus*, la *tangente*, la *cotangente*, la *sécante* et la *cosécante*.

Un point P étant pris sur une surface, on peut déterminer sa position relativement à 2 axes *a* et *b* généralement rectangulaires en abaissant de ce point deux perpendiculaires sur chacun de ces axes; la perpendiculaire horizontale porte le nom d'*abscisse* et se désigne généralement par x, la perpendiculaire verticale, désignée par y, porte le nom d'*ordonnée*.

En joignant ce même point au centre des coordonnées on obtient l'hypoténuse *r* d'un triangle ayant x et y pour côtés. Cette hypoténuse fait avec l'axe horizontal un angle α.

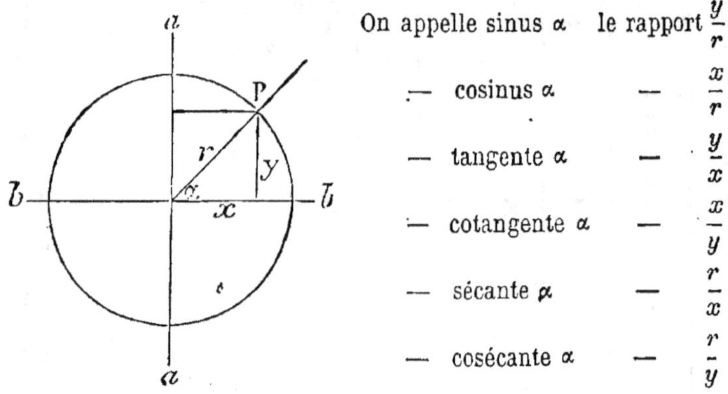

On appelle sinus α le rapport $\dfrac{y}{r}$

— cosinus α — $\dfrac{x}{r}$

— tangente α — $\dfrac{y}{x}$

— cotangente α — $\dfrac{x}{y}$

— sécante α — $\dfrac{r}{x}$

— cosécante α — $\dfrac{r}{y}$

La trigonométrie a lié ces valeurs par les équations suivantes qui sont usuellement employées :

$$1° \ \operatorname{Sin.}^2 a + \operatorname{cos.}^2 a = 1. \quad 2° \ \operatorname{Tgt.} a = \frac{\sin. \alpha}{\cos. \alpha}$$

$$3° \ \operatorname{Sec.} \alpha = \frac{1}{\cos. \alpha}. \quad 4° \ \operatorname{Ctgt.} \alpha = \frac{\cos. \alpha}{\sin. \alpha}$$

$$5° \ \operatorname{Cos.} \alpha = \frac{1}{\operatorname{Sin.} \alpha}. \quad 6° \ \operatorname{Sec.}^2 \alpha = 1 + \operatorname{tgt.}^2 \alpha.$$

$7°$ $\text{Cos.}^2 \alpha = 1 + \text{ctgt.}^2 \alpha.$

$8°$ $\text{Sin. } a \pm b = \text{sin. } a \text{ cos. } b \pm \text{sin. } b \text{ cos. } a.$

$9°$ $\text{Cos. } \alpha \pm b = \text{cos. } a \text{ cos. } b \mp \text{sin. } a \text{ sin. } b.$

$10°$ $\text{Sin. } 2a = 2 \text{ sin. } a \text{ cos. } a.$ $11°$ $\text{Cos. } 2a = \text{cos.}^2 a - \text{sin.}^2 a.$

$12°$ $\text{Sin. } \dfrac{a}{2} = \pm \sqrt{\dfrac{1 - \text{cos. } a}{2}}.$ $13°$ $\text{Cos. } \dfrac{a}{2} = \pm \sqrt{\dfrac{1 + \text{cos. } a}{2}}$

$14°$ $\text{Tgt. } a \pm b = \dfrac{\text{tgt. } a \pm \text{tgt. } b}{1 \mp \text{tgt. } a \text{ tgt. } b}.$ $15°$ $\text{Tgt. } 2a = \dfrac{2 \text{ tgt. } a}{1 - \text{tgt.}^2 a}$

$16°$ $\text{Sin. } a \pm \text{sin. } b = 2 \text{ sin. } \dfrac{a \pm b}{2} \ \ \dfrac{\text{cos. } a \mp b}{2}$

$17°$ $\text{Cos. } a + \text{cos. } b = 2 \text{ cos. } \dfrac{a + b}{2} \text{ cos. } \dfrac{a - b}{2}$

$18°$ $\text{Cos. } a - \text{cos. } b = 2 \text{ sin. } \dfrac{a + b}{2} \text{ sin. } \dfrac{b - a}{2}$

Formules de Thomas Simpson.

$19°$ $\text{Sin. } (m + 1) b = 2 \text{ sin. } mb \text{ cos. } b - \text{sin. } (m - 1) b.$

$20°$ $\text{Cos. } (m + 1) b = 2 \text{ cos. } mb \text{ cos. } b - \text{cos } (m - 1) b.$

$$\text{Sin. } 18° = \frac{1}{4} \left(-1 + \sqrt{5} \right); \quad \text{Cos. } 18° = \frac{1}{4} \sqrt{10 - \sqrt{5}}$$

$$\text{Sin. } 9° = \frac{1}{4} \sqrt{3 + \sqrt{5}} - \frac{1}{4} \sqrt{5 - \sqrt{5}}$$

$$\text{Cos. } 9° = \frac{1}{4} \sqrt{3 + \sqrt{5}} + \frac{1}{4} \sqrt{5 - \sqrt{5}}$$

$$\text{Sin. } 36° = \frac{1}{4} \sqrt{10 - 2\sqrt{5}}; \quad \text{Cos. } 36° = \frac{1}{4} \left(1 + \sqrt{5} \right)$$

$$\text{Sin. } 27° = \frac{1}{4} \sqrt{5 + \sqrt{5}} - \frac{1}{4} \sqrt{3 - \sqrt{5}}$$

$$\text{Cos. } 27° = \frac{1}{4} \sqrt{5 + \sqrt{5}} + \frac{1}{4} \sqrt{3 + \sqrt{5}}$$

$$\text{Sin. } 45° = \frac{R \sqrt{2}}{2} = \text{cos. } 45°$$

RÉSOLUTIONS DES TRIANGLES RECTANGLES.

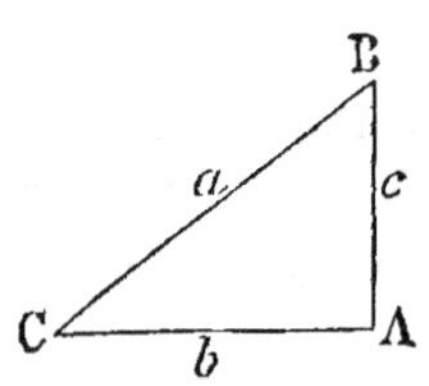

Soient a, b, c l'hypoténuse et les côtés du triangle rectangle, et A, B, C les angles opposés à ces côtés; il peut se présenter 4 cas de résolution :

1er *cas.* — Connaissant l'hypoténuse a et un angle aigu C, on trouve les autres côtés b et c à l'aide des formules :

$$b = a \sin. B, \text{ d'où log. } b = \text{log. } a + \text{log. sin. B} - 10,$$

$$\text{et } c = a \sin. C, \text{ d'où log. } c = \text{log. } a + \text{log. sin. C} - 10.$$

2e *cas.* — Connaissant l'hypoténuse a et un autre côté c de l'angle droit, on trouve les angles B et C et le côté a par les formules :

$$\text{Sin. C} = \frac{c}{a}, \text{ d'où log. sin. C} = \text{log. } c - \text{log. } a + 10$$

$$\text{Sin. B} = \frac{b}{a}, \text{ d'où log. sin. B} = \text{log. } b - \text{log. } a + 10$$

$$b = a \sin. B, \text{ d'où log. } b = \text{log. } a + \text{log. sin. B} - 10.$$

3e *cas.* — Connaissant le côté de l'angle droit b et l'angle C, trouver les autres parties :

$$\text{Sin. B} = \frac{b}{a}, \text{ d'où log. sin. B} = \text{log. } b - \text{log. } a + 10$$

$$\text{et } c = a \sin. C \text{ d'où } c = \text{log. } a + \text{log. sin. C} - 10$$

4e *cas.* — Connaissant les deux côtés de l'angle droit, b, c, trouver les autres parties :

$$\text{Tgt. C} = \frac{c}{b}, \text{ d'où log. tgt. C} = \text{log. } c - b + 10$$

$$\text{Tgt. B} = \frac{b}{c}, \text{ d'où log. tgt. B} = \text{log. } b - \text{log. } + 10$$

$$\text{et } a = \frac{c}{\sin. C}, \text{ d'où log. } a = \text{log. } c - \text{log. sin. C} + 10.$$

RÉSOLUTION DES TRIANGLES RECTILIGNES QUELCONQUES.

Soient a, b, c les côtés du triangle, et A, B, C les angles opposés à ces côtés; il peut se présenter 3 cas :

1er *cas.* — On donne a, B; A, trouver C, b, c.

$$C = 180° - (A + B)$$

$$c = \frac{a \sin. C}{\sin. A}, \text{ d'où log. } c = \log. a + \log. \sin. C - \log. \sin. A$$

et $b = \dfrac{a \sin. B}{\sin. A}$, d'où log. $b = \log. a + \log. \sin. B - \log. \sin. A$.

2e *cas.* — On donne a, b, C, trouver c, A, B.

$$\text{Tgt. } \frac{A - B}{2} = \frac{(a - b) \text{ ctgt. } \frac{C}{2}}{a + b}, \text{ d'où log. tgt. } \frac{A - B}{2} = \log. a - b$$

$$+ \log. \text{ ctgt. } \frac{C}{2} - \log. (a + b)$$

Connaissant $\dfrac{A + B}{2}$ et $\dfrac{A - B}{2}$, on trouve A et B

$$c = \frac{a \sin. C}{\sin. A}, \text{ d'où log. } c = \log. a + \sin. C - \log. \sin. A$$

3^e *cas.* — On donne a, b, c, trouver A, B, C.

$$\text{Tgt. } \frac{A}{2} = \sqrt{\frac{(p - b)(p - c)}{p(p - a)}}, \text{ d'où log. tgt. } \frac{A}{2} = \frac{1}{2}\left[\log. p - b\right.$$

$$\left. + \log. p - c + C^t \log. p + C^t \log. p - a\right]$$

$$\text{Tgt. } \frac{B}{2} = \sqrt{\frac{(p - a)(p - c)}{p(p - b)}}, \text{ d'où log. tgt. } \frac{B}{2} = \frac{1}{2}\left[\log. p - a\right.$$

$$\left. + \log. p - c + C^t \log. p + C^t \log. p - b\right]$$

$$\text{Tgt. } \frac{C}{2} = \sqrt{\frac{(p - a)(p - b)}{p(p - c)}}, \text{ d'où log. tgt. } \frac{C}{2} = \frac{1}{2}\left[\log. p - a\right.$$

$$\left. + \log. p - b + C^t \log. p + C^t \log. p - c\right]$$

Dans ces 3 dernières formules on fait $a + b + c = 2p$.

Tels sont les formules trigonométriques et les cas de résolution de triangles qui se présentent le plus souvent dans les calculs et dans la pratique.

3

Surfaces courbes. — L'équation de l'*ellipse*, en prenant pour axes coordonnés le grand et le petit axe de la courbe, prend la forme :

$$y = \pm \frac{b}{a} \sqrt{a^2 - x^2}.$$

Le volume de l'*ellipsoïde* est exprimé :

1° Par $\frac{4}{3} \pi b^2 a$ lorsque l'ellipse génératrice tourne autour de son grand axe, et 2° par $\frac{4}{3} \pi a^2 b$ lorsqu'elle tourne sur le petit axe.

L'équation de l'*hyperbole*, en prenant pour axes coordonnés les axes de la courbe, est : $y = \pm \frac{b}{a} \sqrt{x^2 - a^2}.$

L'aire de l'*hyperbole* est $A = m^2 \sin. \theta \times \log. \frac{x''}{x'}$; si l'hyperbole est équilatère, on a $\sin. \theta = 1$. Alors $A = m^2 \times \log. \frac{x''}{x'}$.

L'équation de la *parabole* en ordonnées focales est $C = C'$. En prenant pour axes coordonnés l'axe de la courbe et la parallèle menée par le sommet à la directrice, on a : $y = \pm \sqrt{2px}$. La surface courbe d'une *calotte* de *paraboloïde* engendrée par la révolution d'un arc autour de l'axe a pour formule :

$$S = \pi \sqrt{2px + p^2} \times \frac{4x + 2p}{3} - \frac{2}{3} \pi p^2.$$

L'aire de la parabole est : $A = \frac{2}{3} xy.$

Le volume d'une *calotte* parabolique engendrée par un demi-segment parabolique dont la base est perpendiculaire à l'axe est :

$$V = \pi \frac{q^4}{4p}.$$

Données usuelles.

$$\pi = 3{,}1416 \text{ et } \frac{\pi}{4} = 0{,}7854. \ \frac{1}{\pi} = 0{,}318. \ \frac{1}{\pi_2} = 0{,}1013.$$

L'expression $\dfrac{4 \times \pi}{3 \times 8} = \dfrac{\pi}{6} = 0{,}5236,$

$$\sqrt{\pi} = 1{,}772. \ \sqrt{\frac{3}{\pi}} = 0{,}554. \ \sqrt{2} = 1{,}414. \ \sqrt{3} = 1{,}732.$$

$$\sqrt{5} = 2{,}236. \ D = 2\sqrt{\frac{S}{\pi}}. \ R = \sqrt{\frac{S}{\pi}}.$$

Log. 2 = 0,301. Log. 3 = 0,477. Log. 5 = 0,699.

$$\text{Log. hyp. } q = \log. q \times 2,303.$$

Longueur de l'arc 1° (cercle de rayon 1) $= \dfrac{\pi}{180} = 0,0174$.

Longueur de l'arc 1' $= \dfrac{\pi}{10800} = 0,000291$.

Longueur du pendule simple qui bat la seconde à Paris dans le vide = 0,9938, — et sous l'équateur = 0,991.

Hauteur du pôle à Paris = 48°, 50', 13".

Circonférence terrestre = 40000000 mètres.

Aplatissement de la terre $= \dfrac{1}{305}$.

Surface de la terre = 50933 millions d'hectares.

Inclinaison de l'écliptique = 23°, 27', 57".

Diamètre apparent du soleil = 0°, 32', 35",5.

Vitesse angulaire du soleil = 61',165.

Distance de la lune à la terre = 60 rayons terrestres.

Rayon du soleil = 112 rayons terrestres.

Parallaxe du soleil = 8",5776.

Longueur du cône d'ombre pur de la lune = 59 rayons terrestres 73.

PHYSIQUE ET CHIMIE.

FORMULES DE PHYSIQUE.

Physique. — Les corps se présentent sous trois états : solide, liquide et gazeux. Les phénomènes qui surviennent dans l'état d'un corps, sans en altérer la composition, sont dus à l'attraction universelle, au calorique, à la lumière, au magnétisme et à l'électricité.

La densité ou poids spécifique d'un corps est le poids de l'unité de volume de ce corps.

L'eau distillée à 4 degrés centigrades sert d'unité comparative de poids pour les corps solides et liquides. L'air à 0° et à 76° de mercure sert d'unité de poids comparatif pour les fluides élastiques ou gaz.

TABLE DES PESANTEURS SPÉCIFIQUES

DES PRINCIPAUX CORPS SOLIDES A 0°.

NOMS des substances.	Pesanteur spécifique ou poids moyen d'un décim. cube.	NOMS des substances.	Pesanteur spécifique ou poids moyen d'un décim. cube.
	kil.		kil.
Acier non écroui	7,816	Fer en barre	7,788
Ardoise	2,853	Fonte de fer	7,207
Argent fondu	10,474	Grès de paveur	2,415
Béton de cailloux	2,485	Houille compacte	1,329
Bismuth	9,822	Ivoire	1,826
Bois — Acajou	1,063	Maçonnerie de moellons	2,240
— Buis de France	0,912	Marbre	2,717
— Chêne	0,925	Mercure	13,586
— Cœur de chêne	1,170	Naphte	0,847
— Frêne	0,845	Nickel	8,279
— Hêtre	0,842	Or pur fondu	19,258
— Liége	0,240	Or pur forgé	19,362
— Noyer	0.671	Palladium	11,300
— Orme	0,842	Phosphore	1,770
— Peuplier ordinaire	0,383	Pierre à plâtre	2,168
— Pommier	0,793	Pierre meulière	2,484
— Sapin blanc	0,498	Pierre ponce	0,915
— Vigne	1,327	Platine forgé	20,337
Borax	1,720	Platine en fil	21,041
Briques	1,870	Platine laminé	22,069
Caoutchouc	0,933	Plomb coulé	11,352
Charbon de bois	0,250	Poudre de guerre	0,858
Chaux vive	0,830	Sélénium	4,320
Craie	1,285	Soufre natif	2,033
Cuivre rouge fondu	8,788	Sucre	1,606
Cuivre rouge en fil	8,870	Suif	0,941
Diamant	3,501	Tan	0,350
Etain fondu	7,294	Zinc fondu	7,100

L'aluminium a pour pesanteur spécifique 2,6, le 1/4 environ de l'argent.

TABLE DES DENSITÉS DE QUELQUES LIQUIDES.

L'EAU DISTILLÉE ÉTANT 1.

Acide acétique	= 1,217	Éther sulfurique	= 0,715
Acide chlorhydrique	= 1,24	Huile de naphte	= 0,847
Acide sulfurique	= 1,841	Huile d'olive	= 0,915
Alcool absolu	= 0,792	Lait	= 1,06
Brome	= 2,966	Mercure	= 13,598
Eau de mer	= 1,026	Sulfure de carbone	= 1,298
Essence de térébenthine	= 0,870	Vin de Bordeaux	= 0,995
Esprit de bois	= 0,821	Vin de Bourgogne	= 0,921

TABLE DES DENSITÉS ET POIDS ABSOLUS

DES FLUIDES ÉLASTIQUES.

NOMS DES SUBSTANCES.	DENSITÉS déterminées par expérience ou par calcul.	POIDS de 1 litre ou 1 déc. cube à 0° et à 760 m/m de pression.
		grammes.
Gaz hydrogène..........................	0,0688	0,0894
Gaz hydrogène carboné.	0,5596	0,7270
Gaz ammoniacal.	0,5967	0,7752
Vapeur d'eau..........................	0,6235	0,8100
Gaz oxyde de carbone............	0,9569	1,2431
Gaz azote.............................	0,9757	1,2675
Air atmosphérique.....................	1,0000	1,2991
Deutoxyde d'azote......................	1,0388	1,3495
Gaz oxygène...........................	1,1026	1,4323
Gaz chlorhydrique.....................	1,2474	1,6205
Protoxyde d'azote......................	1,5269	1,9752
Acide carbonique.	1,5245	1,9805
Vapeur d'alcool absolu.................	1,6433	2,0958
Cyanogène.............................	1,8064	2,3467
Gaz sulfureux.........................	2,1930	2,8489
Chlore.	2,4216	3,2088
Vapeur d'éther sulfurique..............	2,5860	3,3950
Vapeur d'essence de térébenthine.........	5,0430	6,5420

La 2ᵉ colonne donne les densités par rapport à l'air.

La 3ᵉ colonne, qui donne les poids, permet d'obtenir la densité par rapport à l'eau en divisant toutes ces valeurs par 1000, Ainsi, par exemple, la densité de l'air par rapport à l'eau $= \dfrac{1,2901}{1000} = 0,0012991$.

Les densités sont données à 0°. Or, connaissant la densité d d'un gaz à 0°, on calcule la densité d' de ce gaz à $t°$.

Le volume du gaz étant 1 à 0°, il sera à $t° = 1 + a\,t$.

Or, $\dfrac{d'}{d} = \dfrac{1}{1+a\,t}$ et $d' = \dfrac{d}{1+a\,t}$.

La densité d d'une vapeur étant connue, on en déduit le volume V qu'un poids connu de cette vapeur doit occuper à l'état de saturation à une température $t°$ et sous une pression donnée. Il suffit de multiplier le volume d'un litre d'air à la même température et sous la même pression, par la densité d' de la vapeur à la même température par rapport à l'air; on a $V = \dfrac{1,3}{1 + 0,00366 \times t} \times d.$

PRESSIONS ATMOSPHÉRIQUES COMPARATIVES

SUR UN CENTIMÈTRE CARRÉ, SUR UN CENTIMÈTRE CIRCULAIRE, SUR UN POUCE FRANÇAIS ET SUR UN POUCE ANGLAIS.

La pression sur un centimètre carré × 0,7854, donne la pression sur un centimètre circulaire.

La pression sur un centimètre carré × 7,326 donne la pression sur un pouce carré français.

La pression sur un centimètre carré × 6,4516 donne la pression sur un pouce carré anglais.

NOMBRES d'atmosphères.	PRESSIONS ATMOSPHÉRIQUES EN KILOGRAMMES SUR			
	1 centimètre carré.	1 centimètre circulaire.	1 pouce carré français.	1 pouce carré anglais.
	kilog.	kilog.	kilog.	kilog.
1	1,0325	0,811	7,564	6,660
2	2,0650	1,622	15,128	13,322
3	3,097	2,433	22,692	19,980
4	4,130	3,244	30,256	26,645
5	5,162	4,055	37,820	33,303
6	6,195	4,865	45,384	39,967
7	7,227	5,676	52,948	46,626
8	8,260	6,488	60,512	53,280
9	9,292	7,299	68,076	59,948
10	10,325	8,109	75,644	66,612
20	20,650	16,218	151,281	133,225
30	30,975	24,328	226,922	199,838
40	41,300	32,437	302,563	266,451
50	51,625	40,546	378,204	333,030
60	61,950	48,655	453,845	399,676
70	72,275	56,764	529,486	466,269
80	82,600	64,874	605,127	532,802
90	92,925	72,983	680,768	599,480
100	103,250	81,090	756,409	666,120

La pression atmosphérique ou simplement l'*atmosphère* équivaut à à la force nécessaire pour élever 10^{m}325 d'eau dans le vide. Cette unité s'applique à la vapeur comme à l'air comprimé et à toute autre *force*. Ainsi 2 atmosphères élèveraient l'eau dans le vide à 20^{m}650, ou dans l'air à 10^{m}325.

L'élévation des liquides est en raison inverse de leurs densités; l'atmosphère n'élève le mercure dans le vide qu'à 0^{m}76.

Compressibilité. — Elle est en fraction du volume primitif sous la pression atm. de 0,00049 pour l'eau, 0,00033 mercure, 0,000091 alcool et 0,00126 éther.

TABLE DE COMPRESSIBILITÉ DES GAZ.

D'après M. Regnault, la loi de Mariotte ne serait point exacte ; il a trouvé, par expérience, les résultats suivants :

$r = \dfrac{V_0}{V}$, rapport du volume V_0 d'un gaz sous la pression de 0,76 de mercure au volume V qu'on lui fait prendre.

VALEURS de r	PRESSION P CORRESPONDANTE AUX VALEURS DE r POUR			
	l'air.	l'azote.	l'acide carbonique.	l'hydrogène.
	m.	m.	m.	m.
1	1,000	1,000	1,000	1,000
2	1,998	1,999	1,983	2,001
3	2,994	2,996	2,949	3,003
4	3,987	3,992	3,897	4,007
5	4,979	4,987	4,829	5,012
6	5,970	5,980	5,743	6,018
7	6.959	6,973	6,640	7,025
8	7,946	7,964	7,519	8,034
9	8,932	8.954	8,382	9,044
10	9,916	9,944	9,226	10,056
11	10.900	10,932	10,053	11,069
12	11,882	11.919	10,863	12,084
13	12,864	12,906	11,655	13,101
14	13,845	13,891	12,430	14,120
15	14,825	14.876	13,187	15,140
16	15,805	15.860	13,926	16,162
17	16,784	16,943	14,648	17,185
18	17,763	17,825	15,351	18,211
19	18,741	18,807	16,037	19,239
20	19,720	19.789	16,705	20,269

Les formules qui ont servi à calculer cette table sont fondées sur des expériences de M. Regnault, qui ne vont que jusqu'à $r = 20$.

P = pression en mètres du gaz réduit au volume V.

c et c' = coefficients constants.

$$P = r \left[1 - c\,(r - 1) + c'\,(r - 1)^2 \right]$$

On a, pour l'air............. $\log c = 3,0435120$, $\log c' = 5,2873751$.
    pour l'azote.......... $\log c = 4,8389675$, $\log c' = 6,8473020$.
    pour l'acide carbonique. $\log c = 3,9310399$, $\log c' = 6,8624721$.
    pour l'hydrogène....... $\log c = 4,7381736$, $\log c' = 6,9250787$.

Aéromètre. — Cet instrument sert à déterminer la densité des liquides, laquelle est indiquée par le degré de la division au niveau de laquelle immerge l'instrument.

RÉDUCTION DE L'ARÉOMÈTRE DE BAUMÉ.

Degrés de l'aréomètre.	Pesanteur spécifique.	Degrés de l'aréomètre.	Pesanteur spécifique.	Degrés de l'aréomètre.	Pesanteur spécifique.	Degrés de l'aréomètre.	Pesanteur spécifique.	Degrés de l'aréomètre.	Pesanteur spécifique.
0	1,0000	15	1,1152	30	1,2605	45	1,4493	60	1,7047
1	1,0069	16	1,1239	31	1,2716	46	1,4640	61	1,7250
2	1,0139	17	1,1326	32	1,2828	47	1,4789	62	1,7457
3	1,0211	18	1,1415	33	1,2943	48	1,4941	63	1,7669
4	1,0283	19	1,1506	34	1,3059	49	1,5097	64	1,7888
5	1,0356	20	1,1598	35	1,3177	50	1,5255	65	1,8144
6	1,0431	21	1,1691	36	1,3298	51	1,5417	66	1,8340
7	1,0506	22	1,1786	37	1,3421	52	1,5583	67	1,8574
8	1,0583	23	1,1883	38	1,3546	53	1,5752	68	1,8815
9	1,0661	24	1,1981	39	1,3674	54	1,5925	69	1,9062
10	1,0740	25	1,2080	40	1,3804	55	1,6101	70	1,9316
11	1,0820	26	1,2182	41	1,3937	56	1,6282	71	1,9577
12	1,0901	27	1,2285	42	1,4072	57	1,6487	72	1,9844
13	1,0983	28	1,2390	43	1,4210	58	1,6656	73	2,0119
14	1,1067	29	1,2497	44	1,4350	59	1,6849	74	2,0402

RÉDUCTION DE L'ARÉOMÈTRE DE CARTIER.

Degrés	Pesanteur spécifique.	Degrés	Pesanteur spécifique.	Degrés	Pesanteur spécifique.	Degrés	Pesanteur spécifique.	Degrés	Pesanteur spécifique.
10	1,000	17	0,949	24	0,903	31	0,862	38	0,825
11	0,992	18	0,942	25	0,897	32	0,856	39	0,819
12	0,985	19	0,835	26	0,891	33	0,851	40	0,814
13	0,977	20	0,929	27	0,885	34	0,845	41	0,809
14	0,970	21	0,922	28	0,879	35	0,840	42	0,804
15	0,963	22	0,016	29	0,872	36	0,835	43	0,799
16	0,956	23	0,906	30	0,867	37	0,830	44	0,794

Pèse-sel. — Pèse-liqueur. — Pèse-acide. — Pèse-sirop. — Pèse-vinaigre. — Pèse-éther. — Pèse-alcool, etc.

L'aréomètre est un instrument en verre ou en métal dont la graduation s'obtient au moyen de deux points fixes correspondant à deux liquides de densité connue. Son degré d'affleurement dans un liquide quelconque détermine rigoureusement la densité de ce liquide.

Soit un aréomètre s'affleurant aux degrés n et n' dans deux liquides de densités d et d', la formule pour la densité x d'un liquide marquant un degré N est

$$x = \frac{d'}{\dfrac{d' - d}{1 - (N - n')\, d\,(n' - n)}}.$$

Si on fait $d = 1 - n = 0$ et $d' = 1,116$ et $n' = 15$, on aura la formule du pèse-sel. Si on fait $d = 1 - n = 10 - d' = 1,085$ et $n' = 0$, on aura la formule du *pèse-liqueur*.

Formule de la résistance au mouvement des ballons dans l'air :
$$R = 0,02\, D\, S^{1,10} V^2 \text{ dans laquelle}$$
R effort en kilog. de traction du ballon sphérique,
D poids en kilog. du mètre cube de l'air où se trouve le ballon,
S la surface en mètres carrés du grand cercle de la sphère,
V la vitesse en mètres par seconde.

Or, $D = 1^{k}\cdot 2932 \dfrac{H}{760} \cdot \dfrac{1}{1 + 0,00367\, t'}$. Si H est la pression baromé-

trique en millimètres et t la température de l'air.

TABLE DES VITESSES ET PRESSIONS DU VENT.

DÉSIGNATIONS.	VITESSE par seconde en mètres.	VITESSE par heure en kilomètres.	PRESSION exercée sur 1^m carré.
	mèt.	kil.	kil.
Vent seulement sensible.........	1	3,6	0,20
Vent modéré...................	2	7,2	0,54
Vent frais ou brise (tend bien les voiles).....................	6	21,6	4,87
Vent le plus convenable aux moulins....................	7	25,2	6,64
Bon frais, très-bon pour la marche en mer	9	32,4	10,97
Grand frais, fait serrer les hautes voiles....................	12	43,2	19,50
Vent très-fort..................	15	54,0	30,47
Vent impétueux...............	20	72,0	54,16
Grande tempête...............	27	97,0	98,17
Ouragan.....................	36	129,6	176,96
Ouragan qui renverse les édifices.	45	162,0	277,87

Climatologie. — La température moyenne de l'air, à Paris, est de 10°6 ; à Calcutta, 25° ; à la Jamaïque, 21° ; au Sénégal, 20° ; à Constantine, 17°2 ; à Marseille, 14° ; à Londres, 10°4 ; à Genève, 9° ; à Moscou, 3°6 ; au Mont Saint-Gothard, 1°.

La hauteur d'eau de pluie est annuellement à Paris de $0^m 564$, qui se décompose ainsi : l'hiver, il tombe $= 0^m 107$, le printemps $= 0^m 174$, l'été $= 0^m 161$, et l'automne $= 0^m 122$.

La surface du globe embrasse 5,100,000 myriamètres carrés ; celle des mers et des lacs $= 3,700,000$; celle des continents et des îles $= 1,400,000$. Ainsi la surface des eaux est environ trois fois plus grande que celle de la terre. On peut estimer que la masse totale des eaux à la surface du globe ne dépasse pas une couche liquide qui aurait 1000 mètres de hauteur et envelopperait toute la terre.

Paratonnerre. — Une tige de paratonnerre protége un espace circulaire d'un rayon double de sa hauteur. Si le bâtiment a des pièces métalliques, il faut les faire communiquer avec le conducteur du paratonnerre.

HYGROMÉTRIE.

ÉTATS HYGROMÉTRIQUES CORRESPONDANTS AUX DEGRÉS DE L'HYGROMÈTRE A CHEVEU A LA TEMPÉRATURE DE 10 DEGRÉS.

Degrés de l'hygromètre.	États hygrométriques.	Degrés de l'hygromètre.	États hygrométriques.
0	0,000	55	0,318
5	0,022	60	0,363
10	0,046	65	0,414
15	0,070	70	0,472
20	0,094	75	0,538
25	0,120	80	0,612
30	0,148	85	0,696
35	0,177	90	0.791
40	0,208	95	0,891
45	0,241	100	1
50	0,278		

Nota. — Il faut remarquer que l'état hygrométrique E, donné en regard des degrés de l'hygromètre, n'est que le rapport de la force élastique f de la vapeur qui se trouve dans l'air, à la force élastique maximum F de la vapeur qui s'y trouverait si l'air était saturé.

Or, à l'aide du tableau précédent, on peut calculer le poids p de vapeur d'eau contenue dans un volume d'air donné à la température t.

En effet $E, = \dfrac{f}{F}$, d'où $f = E \times F$.

On connaît ainsi f la force élastique du poids de la vapeur d'eau cherché, puisque E est donné dans le tableau précédent, et F dans la table des forces élastiques (voir page 56); et $\dfrac{5}{8}$ étant la densité de la vapeur d'eau par rapport à celle de l'air, on aura par la formule suivante le poids p demandé : $p = \dfrac{5}{8} \times \dfrac{1,3}{1 + a\,t} \times \dfrac{f}{0,76}$.

Magnétisme terrestre. — Une aiguille aimantée livrée à elle-même se dirige toujours vers le nord. La déclinaison de l'aiguille en un lieu est l'angle que fait en ce lieu le méridien magnétique avec le méridien astronomique.

L'inclinaison est l'angle que fait l'aiguille avec l'horizon lorsque le plan vertical dans lequel se meut l'aiguille coïncide avec le méridien magnétique.

Électricité. — Deux corps chargés de la même électricité se repoussent, et deux corps chargés d'électricité contraire s'attirent. La pile est l'appareil qui sert à développer l'électricité dynamique.

Action des courants sur les aimants. — Le courant tend toujours à placer l'aimant en croix avec lui; son pôle austral à gauche d'un observateur qui serait couché dans le courant de manière que, regardant l'aimant, le courant entrât par les pieds et sortît par la tête.

Action directrice des aimants sur les courants. — L'aimant étant fixe et le courant mobile, celui-ci vient se mettre en croix avec l'aimant; le pôle austral occupant toujours la gauche.

Action directrice de la terre sur les courants. — Un observateur couché dans le courant aurait à sa gauche le pôle austral de la terre.

Lois des courants parallèles. — 1° Deux courants parallèles et de même sens s'attirent; 2° deux courants parallèles et de sens contraire se repoussent.

Lois des courants angulaires. — 1° Deux courants rectilignes, dont les directions forment entre elles un angle, s'attirent lorsqu'ils s'approchent ou s'éloignent tous les deux du sommet; 2° ils se repoussent, si l'un marchant vers le sommet de l'angle, l'autre s'en éloigne.

Lois des courants sinueux. — L'action d'un courant sinueux est la même que celle d'un courant rectiligne de longueur égale en projection.

On entend par *solénoïdes* un système de courants circulaires égaux et parallèles.

Télégraphie électrique. — Les *électro-aimants* des barreaux de fer doux, qui s'aimantent sous l'influence d'un courant voltaïque, ont une application utile dans les chemins de fer, les horloges électro-magnétiques et la force motrice.

La pile Daniel, généralement employée, se compose d'un certain nombre d'éléments, suivant l'intensité du courant qu'il faut produire; chaque élément est formé d'un vase en verre, un vase poreux en porcelaine, un cylindre de zinc et d'une lame de cuivre.

Le vase poreux est rempli d'une dissolution saturée de sulfate de cuivre dans laquelle plonge la lame de cuivre; le cylindre de zinc est placé entre le vase poreux et le vase en verre. Lorsqu'on réunit par un fil métallique le cylindre de zinc et la lame de cuivre, il se produit un courant dont il est facile de constater la présence au moyen de l'aiguille aimantée.

L'intensité des courants produits est proportionnelle au nombre des éléments employés; 15 éléments correspondent à 220 et 225 kilomètres; 40 éléments correspondent à 500 ou 600 kilomètres.

Transmission de signaux. — Une source électrique étant donnée, si on réunit deux stations par un circuit métallique, dont les extrémités peuvent être mises en contact avec les pôles de la pile, il suffira, pour échanger des signaux entre deux stations, de placer, à la station qui doit les transmettre, un appareil qui puisse facilement établir la communication entre le circuit et les pôles de la pile; et à celle qui doit le recevoir un appareil sur lequel le courant puisse agir d'une manière quelconque en laissant une trace de son passage.

Comme la terre est un bon conducteur, on a utilisé cette propriété pour supprimer l'un des fils; on fait alors communiquer à la terre l'un des pôles de la pile de la station qui transmet et le récepteur de la station qui reçoit. Les *fils de terre* établissent cette communication et le *fil de ligne* réunit les deux stations.

Chaque station télégraphique possède, pour chaque direction, une pile, un manipulateur et un récepteur, un régulateur de pile, une boussole pour indiquer le passage du courant, une sonnerie, un communicateur établissant à volonté la communication entre le fil de ligne et le récepteur ou la sonnerie, et enfin, un paratonnerre.

On distingue dans la télégraphie électrique : le télégraphe à cadran, le télégraphe à signaux, et le télégraphe écrivant. La vitesse de transmission varie de 60 à 80 signes par minute.

Galvanoplastie. — La galvanoplastie repose sur la décomposition des sels par la pile électrique.

Voici un aperçu de la manière dont se comportent les acides et les bases avec les piles :

		Pôle positif.	Pôle négatif.
Action de la pile sur différents sels.	Acide et base peu stables.	Acide..........	Oxyde.
	Acide peu stable.........	Oxygène	Radical.
	Oxyde faible.............	Acide et oxygène.	Métal réduit.
	Acide et oxyde complétement réduits.........	Oxygène.........	Radicaux.

FORMULES DE CHIMIE.

La chimie procède par analyse et par synthèse dans l'étude des combinaisons des corps.

L'analyse consiste à séparer les éléments des corps; et la synthèse, au contraire, a pour but de les rapprocher et de les combiner.

Tous les corps de la nature peuvent se classer en corps simples et en corps composés.

Les corps simples se divisent en métalloïdes et en métaux.

Les métalloïdes, corps solides, liquides ou gazeux à la température ordinaire, diffèrent des métaux en ce qu'ils n'ont pas leur éclat, ni la propriété de conduire la chaleur et l'électricité.

Les corps composés sont ou binaires ou ternaires :

Les composés binaires sont formés : soit de deux métalloïdes comme le chlorure de soufre, soit d'un métalloïde et d'un métal comme le sulfure d'étain, soit de deux métaux alliage d'or et d'argent, soit d'un métalloïde ou d'un métal uni avec l'oxygène; les premiers, formés d'un métalloïde avec l'oxygène, portent le nom d'oxydes-acides, rougissent la teinture bleue du tournesol, et ont une saveur aigre. *Ex. :* Acide sulfurique. Les seconds, formés d'un métal avec l'oxygène, appelés oxydes basiques, ramènent au bleu la teinture de tournesol rougie par un acide, et jouent envers les acides le rôle de bases. *Ex. :* Oxyde de fer.

Les composés peuvent être encore formés d'un métalloïde uni à un métal oxygéné. *Ex. :* L'oxysulfure d'antimoine.

Les composés ternaires sont presque toujours des sels.

Un sel est la combinaison d'un acide avec un oxyde métallique, c'est-à-dire qu'il est toujours formé d'un acide et d'une base, tel est le phosphate de chaux.

La nomenclature établie en 1782 consiste à donner aux corps composés des noms tirés des corps simples, pouvant en rappeler les principes constituants.

NOMENCLATURE CHIMIQUE.

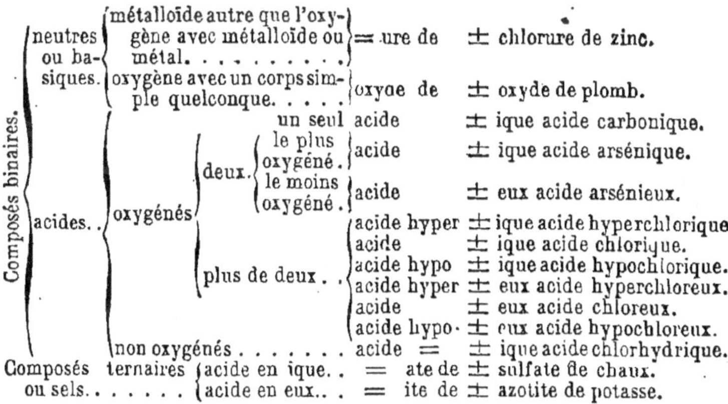

Composés binaires.	neutres ou basiques.		métalloïde autre que l'oxygène avec métalloïde ou métal.	= ...ure de	± chlorure de zinc.
			oxygène avec un corps simple quelconque.	oxyae de	± oxyde de plomb.
	acides. .	oxygénés	un seul acide		± ique acide carbonique.
			deux. — le plus oxygéné. acide		± ique acide arsénique.
			deux. — le moins oxygéné. acide		± eux acide arsénieux.
			plus de deux. — acide hyper		± ique acide hyperchlorique
			plus de deux. — acide		± ique acide chlorique.
			plus de deux. — acide hypo		± ique acide hypochlorique.
			plus de deux. — acide hyper		± eux acide hyperchloreux.
			plus de deux. — acide		± eux acide chloreux.
			plus de deux. — acide hypo·		± eux acide hypochloreux.
		non oxygénés . . . . acide	=	± ique acide chlorhydrique.
Composés ternaires ou sels.	acide en ique. .			= ate de	± sulfate de chaux.
	acide en eux.. .			= ite de	± azotite de potasse.

Dans ce tableau, le principe électro-négatif est indiqué par le signe — placé au-dessus du trait long qui tient la place du radical du nom du corps, et le principe électro-positif par le signe + placé de la même manière. Ainsi dans = ure de ±, le premier signe = tient la place du radical électro-négatif convenablement abrégé : *Chlor.*, *sulf.*, *phosph.*, et le second signe ± la place du radical électro-positif, métalloïde ou métal.

Équivalents chimiques. — Il existe pour chaque corps simple une quantité pondérable telle que les combinaisons des corps simples entre eux ont toujours lieu suivant des multiples de ces quantités pondérables individuelles par des nombres très-simples, tels que :

$1, \frac{3}{2}, 4, \frac{5}{2}, 3, \frac{7}{2}, 4, 5.$ Ainsi on trouve dans les corps composés les rapports de 1 : 2, de 1 : 3, de 1 : 4, de 1 : 5, ou les rapports de 2 : 3, de 2 : 5, de 2 : 7. Ce sont ces quantités pondérables que la chimie dénomme : nombres proportionnels ou équivalents chimiques.

TABLE

DES ÉQUIVALENTS CHIMIQUES DES CORPS SIMPLES.

Noms des corps.	Symboles chimiques.		Équivalents l'oxygène = 100.	Équivalents l'hydrogène = 1.
Oxygène	(métalloïdes).	O	100,0	8,00
Hydrogène	—	H	12,5	1,00
Azote	—	Az	175,0	14,00
Soufre	—	S	200,0	16,00
Sélénium	—	Se	491,0	39,28
Tellure	—	Te	806,5	64,52
Chlore	—	Cl	443,2	35,45
Brôme	—	Br	978,3	78,26
Iode	—	Io	1578,2	125,33
Fluor	—	Fl	239,8	19,18
Phosphore	—	Ph	400,0	32,00
Arsenic	—	As	937,5	75,00
Carbone	—	C	75,0	6,00
Bore	—	Bo	136,2	10,88
Silicium	—	Si	266,7	21,35
Potassium	(métaux).	K	490,0	39,20
Sodium	—	Na	287,2	22,98
Lithium	—	Li	80,4	6,43
Baryum	—	Ba	858,4	68,67
Strontium	—	Sr	548,0	43,84
Calcium	—	Ca	250,0	20,00
Magnésium	—	Mg	151,3	12,10
Aluminium	—	Al	174,0	13,68
Glucinium	—	Gl	87,1	6,97
Zirconium	—	Zr	420,0	33,60
Thorium	—	Th	743,9	59,51
Ystrium	—	Yt	402,3	32,20
Erbium	—	Er	»	»
Terbium	—	Tr	»	»
Cerium	—	Ce	590,8	47,26
Lantane	—	La	588,0	47,04
Didyme	—	Di	620,0	49,60

Noms des corps.	Symboles chimiques.	Équivalents l'oxygène $= 100$.	Équivalents l'hydrogène $= 1$.
Manganèse.........	—	Mn	344,7	27,57
Fer...............	—	Fe	350,0	28,00
Chrôme...........	—	Cr	328,0	26,24
Cobalt...........	—	Co	369,0	29,52
Nickel...........	—	Ni	369,7	29,57
Zinc.............	—	Zn	406,6	32,53
Cadmium.........	—	Cd	696,8	55,74
Étain............	—	Sn	735,3	58,82
Titane...........	—	Ti	314,7	25,17
Plomb...........	—	Pb	1294,5	103,56
Bismuth..........	—	Bi	1330,0	106,40
Antimoine........	—	Sb	806,5	64,52
Uranium..........	—	U	750,0	60,00
Tungstène.........	—	W	1150,0	92,00
Molybdène........	—	Mo	589,0	47,12
Vanadium.........	—	Vd	855,8	68,46
Cuivre...........	—	Cu	395,6	31,65
Mercure..........	—	Hg	1250,0	100,00
Argent...........	—	Ag	1350,0	108,00
Or..............	—	Au	1227,8	98,22
Platine...........	—	Pt	1232,0	98,56
Osmium..........	—	Os	1244,2	99,53
Iridium..........	—	Ir	1233,2	98,66
Palladium.........	—	Pd	655,2	53,22
Rhodium.........	—	Rh	652,1	52,17
Ruthénium........	—	Ru	646,0	51,68
Tantale ou colombium	—	Ta	»	»
Niobium..........	—	Nb	»	»
Pelopium.........	—	Pp	»	»

LOIS DE BERTHOLLET.

PHÉNOMÈNES QUI SE PRODUISENT DANS LE CONTACT DES SELS.

1o Avec les acides.

L'ACIDE EST LE MÊME QUE CELUI DU SEL.

1o Il pourra ne se rien produire :

Ex. : Acide sulfurique sur le sulfate de baryte.

2o L'acide augmentera la solubilité du sel, dans ce cas il y a combinaison sans proportions définies.

Ex. : Acide azotique sur l'azotate de potasse.

3o Il y aura combinaison atomique, et alors la solubilité du sel sera diminuée, le sel acide étant moins soluble que le sel neutre.

Ex. : Acide carbonique sur le carbonate de soude.

L'ACIDE EST DIFFÉRENT DE CELUI DU SEL.

Réaction complète.

1o à température ordinaire.

Si l'acide forme avec la base du sel un composé insoluble.

Ex. : Acide chlorhydrique sur l'azotate d'argent.

2o à haute température.

Si l'acide forme avec la base du sel un composé soluble.

Ex. : Acide chlorhydrique sur l'azotate de potasse.

Réaction complète à température ordinaire.

1o Si le nouvel acide est insoluble.

Ex. : Acide sulfurique sur le silicate de potasse.

2o Si le nouvel acide est plus fixe que celui du sel.

Ex. : Acide azotique sur les chlorures.

3o Si les deux acides ayant même énergie, les masses en présence sont très-différentes.

Ex. : Un courant d'acide sulfurique décompose le carbonate de potasse.

2º *Avec les bases.*

LA BASE EST LA MÊME QUE CELLE DU SEL.

Rien ou faible réaction; quelquefois il se forme un sous-sel.

Ex. : Acétate neutre de plomb et oxyde de plomb.

Il se forme :

Ex. : Un acétate tri-basique de plomb.

LA BASE EST DIFFÉRENTE DE CELLE DU SEL.

Réaction complète.
1º à température ordinaire.

Si la nouvelle base peut former avec celle du sel un composé insoluble.

Ex. : de la chaux et du carbonate de potasse.

2º à haute température.

S'il peut se former un composé soluble.

Ex. : Soude et sulfate de potasse.

Réaction complète à température ordinaire.

1º Si la base nouvelle est soluble, et si celle du sel est insoluble.

Ex. : Potasse sur tous les sels dont les bases sont insolubles.

2º Si la base nouvelle est plus fixe que celle du sel.

Ex. : Toutes les bases sur les sels ammoniacaux.

3º Si elles sont insolubles toutes les deux.

Ex. : L'oxyde d'argent chasse l'oxyde de cuivre.

3º *Avec les sels.*

LES DEUX SELS ONT LE MÊME ACIDE.

Ils se combinent et forment un sel double.

Ex. : Sulfate d'alumine et sulfate de potasse. On a un sulfate double d'alumine et de potasse.

LES DEUX SELS SONT COMPLÈTEMENT DIFFÉRENTS.

Réaction complète
1º par voie sèche.

Si de la décomposition des deux sels il résulte un composé volatil.

Ex. : Sulfate d'ammoniaque et carbonate de chaux.

Il se forme du carbonate d'ammoniaque volatile, et il reste du sulfate de chaux solide.

2º par voie humide.

S'il résulte un composé insoluble.

Ex. : Sulfate de soude avec azotate de baryte.

Il se forme du sulfate de baryte insoluble et de l'azotate de soude.

DES PRINCIPAUX MÉTALLOÏDES.

	ÉQUI-VALENT	DENSITÉ.	SOLUBILITÉ A 0°	PRÉPARATION.	PROPRIÉTÉS ET USAGES.
Oxygène..	100	1,1056	$\frac{1}{21}$	$1^o\ Hg\,O = Hg + O$ $2^o\ KO\,Cl\,O^5 = K\,Cl + 6\,O$ $3^o\ Mn\,O^2 + SO^3 = Mn\,OSO^3 + O$	Ce gaz entre dans la composition de l'air, active la combustion, forme des oxydes avec tous les corps. Il entre dans la composition de l'eau dans le rapport de 1 vol. d'oxygène et 2 d'hydrogène.
Hydrogène	12,50	0,0692	$\frac{1}{200}$	$Na + H\,O = Na\,O + H$ $K + H\,O = K\,O + H$ $Fe + S\,O^3 + H\,O = Fe\,O\,SO^3 + H$	Ce gaz brûle, n'entretient pas la combustion. Sa légèreté l'a fait employer dans les aérostats. — Il détonne en présence de l'air et de l'oxygène.
Azote. . .	175	0,9713	$\frac{1}{33}$	$Az\,H^3 + 3\,Cl = 3\,H\,Cl + Az$ $Az\,H^3,\ H\,O,\ Az\,O^3 = 4\,H\,O + 2\,Az$	Ce gaz entre dans la composition de l'air. — Il ne s'unit aux autres corps qu'à l'état naissant.
Soufre . .	200	2,07	insoluble.	État naturel.	Ce corps fond à 111°, à 160 il passe du jaune au brun ; à 200 il devient brun foncé ; à 400 il entre en ébullition.—Il est solide à la températ. ordin.
Chlore . .	443,2	2,44	$\frac{1}{2}$	$Mn\,O^2 + 2\,H\,Cl = Mn\,Cl + 2\,H\,O + Cl$ $Na\,Cl + Mn\,O^2 + 2\,SO^3 = Na\,OSO^3 + Mn\,OSO^3 + Cl$	Le contre-poison du chlore est le lait. Il décompose les substances contenant de l'hydrogène. — Mélangé à la chaux, il favorise le blanchiment. — Le chlore est gazeux à l'état naturel.
Brôme...	978,3	2,97	avec l'eau il forme un hydrate.	$Na\,Br + Mn\,O^2 + 2\,SO^3 = Na\,OSO^3 + Mn\,OSO^3 + Br$	Le brôme est employé dans les opérations daguérriennes et détruit les matières colorantes organiques. — Corps liquide.
Iode. . . .	1578	4,93	$\frac{7}{1000}$	$H\,Io + S\,O^3 = S\,O^2 + H\,O + Io$	Ce corps solide répand dans l'air des vap. violettes.–Il combat le goître, les scrof., bleuit l'amid.
Phosphore	400	1,77	$\frac{1}{8}$ à l'état de vapeur.	On traite les os par l'ac. sulf. On en isole le phosphate acide que l'on traite par le charbon. Il se forme du phosphate de chaux basique et de l'ac. phosphorique qui se change en phosphore en présence du charbon. $Ph\,O^5 + 5\,C = Ph + 5\,C\,O$	Ce corps est lumineux dans l'obscurité. — On le conserve dans l'eau.— C'est un poison violent. — Il est employé en médecine.
Arsenic. .	937	5,8	$\frac{11}{100}$	On décompose le mispickel par la chaleur.	Ce corps est un poison violent. — Il donne des vapeurs blanches et une odeur d'ail. — On combat l'arsenic par la magnésie.
Carbone..	75	3,50	insoluble.	Le carbone cristallisé donne le diamant. Plus le carb. est dense moins il est combust.–On distingue le graphite, l'anthracite, la plombagine et le noir de fumée qui sont, comme le diamant, des carbones purs.	

4.

DES PRINCIPAUX COMPOSÉS BINAIRES DES MÉTALLOÏDES EMPLOYÉS DANS L'INDUSTRIE

	ÉQUIVALENTS.	DENSITÉ.	POIDS D'UN LITRE.	LIQUÉFACTION.	SOLUBILITÉ	PRÉPARATION.	PROPRIÉTÉS. — USAGES.
Acide azotique.	$Az\,O^5$	1,522	1,572	—50°	14 p. 0/0	On traite le nitrate de potasse par l'acide sulfurique. $KO,\ Az O^5 + SO^3 = KOSO^3 + Az O^5$	L'acide azotique avec 4 équivalents d'eau, est employé dans l'industrie sous le nom d'eau forte pour la gravure et pour le décapage des métaux. C'est un poison violent presque sans remède.
Acide sulfurique.	$S\,O^3$	1,843	1,903	—34°	avide d'eau.	On l'obtient en mélangeant de l'acide sulfureux de l'air humide avec du bioxyde d'azote dans des chambres disposées à cet effet. $1^0\ 2\,Az O^4 + HO = Az O^5\,HO + Az O^3$ $2^0\ 3\,Az O^3 + n HO = Az O^5 + n\,H\,O + 2\,Az O^2$ $3^0\,6\,Az O^4 + n HO = 4\,Az O^5 + n HO + 2\,Az O^2$ $4^0\,SO^2 + Az O^5 + n HO = n\,HO + Az O^4$	Cet acide a une grande affinité pour l'eau avec laquelle il forme des hydrates; il perfore et carbonise les tissus. C'est un poison violent combattu par la magnésie et la cendre. Sous le nom d'huile de vitriol, il sert à la fabrication d'un grand nombre d'acides, à l'extraction du suif, à l'épuration des huiles et à la préparation des peaux.
Ammoniaque.	$Az\,H^3$	0,597	0,771	—40°	1 litre d'eau en dissout 670.	Il s'obtient en traitant une partie de sel ammoniac et 2 parties de chaux vive. $Az H^3,\ HCl + CaO = Az H^3 + Ca\,Cl + HO$	Il éteint les corps en combustion; à l'état liquide, sous le nom d'alcali volatil, il est employé dans la médecine comme rubéfiant, et sert dans la teinture pour raviver les couleurs.
Acide chlorhydrique	$H\,Cl$	1,247	1,612	—10°	1 litre d'eau en dissout 500.	On traite le sel marin par l'acide sulfurique concentré. $Na\,Cl + SO^3,\ HO = Na\,OSO^3 + HCl$	Ce gaz répand des vapeurs blanches dans l'air, et est décomposé par la plupart des métaux. Il précipite l'argent dans ses dissolutions. Dans l'industrie, il porte le nom d'acide muriatique ou esprit de sel.

L'eau régale, mélange d'acide azotique et d'acide chlorhydrique, est le seul acide qui puisse dissoudre l'or.

PRINCIPAUX MÉTAUX EMPLOYÉS DANS L'INDUSTRIE.

NOMS des métaux.	ÉQUIVALENT	DENSITÉ.	FUSIBILITÉ.	COMBINAISON DES MÉTAUX avec l'oxygène.	COMBINAISON DES MÉTAUX avec les métalloïdes.
Fer......	350,0	de 7,7 à 7,9	1100 à 1200°	Protoxyde de fer $Fe\,O$ Sesquioxyde de fer $Fe^2\,O^3$ Acide ferrique $Fe\,O^3$	Fer...... soufre.... { $Fe\,S$ / $Fe^2\,S^3$ / $Fe\,S^2$ / $Fe^7\,S^3$ } arsenic.. $Fe\,S^2 + Fe\,As^2$ chlore.... { $Fe\,Cl$ / $Fe^2\,Cl^3$ } carbone.. { fonte / acier }
Zinc.....	406,6	6,86 à 7,20	500°	Oxyde de zinc $Zn\,O$	Sulfure de zinc...... $Zn\,S$
Étain....	735,3	7,29	228°	Protoxyde d'étain $Sn\,O$ Bioxyde d'étain $Sn\,O^2$	Étain..... soufre.... { $Sn\,S$ / $Sn\,S^2$ } chlore.... { $Sn\,Cl$ / $Sn\,Cl^2$ }
Plomb ...	1294,5	11,445	335°	Suboxyde de plomb $Pb^2\,O$ Protoxyde » $Pb\,O$ Bioxyde » $Pb\,O^2$ Minium $2\,Pb\,O.\ Pb\,O^2$	Plomb.... chlore.... $Pb\,Cl$ iode..... $Pb\,Io$
Bismuth..	1330	9,9	264°	Oxyde de bismuth $Bi^2\,O^3$ Acide bismutique $Bi^2\,O^5$	Bismuth.. soufre.... $Bi^2\,S^3$ chlore.... { $Bi^2\,Cl^3$ / $Bi^2\,Cl^3 + 2\,(Bi^2\,O^3 + 8\,H\,O)$ }
Antimoine	860,5	6,8	450°	Acide antimonique $Sb^2\,O^5$ Sesquioxyde d'antimoine $Sb^2\,O^3$ Acide antimonieux $Sb\,O^2$	Antimoine soufre.... { $Sb^2\,S^3$ / $Sb^2\,O^5$ } chlore.... { $Sb^2\,Cl^3$ / $Sb^2\,Cl^5$ }

PRINCIPAUX MÉTAUX EMPLOYÉS DANS L'INDUSTRIE.

NOMS des métaux.	ÉQUIVALENT	DENSITÉ.	FUSIBILITÉ.	COMBINAISON DES MÉTAUX avec l'oxygène	COMBINAISON DES MÉTAUX avec les métalloïdes.
Cuivre.....	395,6	8,78 à 8,96	chaleur rouge.	Oxydule de cuivre $Cu^2 O$ Protoxyde de cuivre $Cu\,O$ Bioxyde de cuivre $Cu\,O^2$ Acide cuivrique	Cuivre.... { soufre..... $Cu^2 S$; phosphore.. $Cu^2 Ph$; azote...... $Cu^6 Az$; chlore..... { $Cu^2 Cl$, $Cu\,Cl$
Mercure....	1250	13,596	liquide à l'état ordinaire.	Oxydule de mercure $Hg^2 O$ Oxyde rouge $Hg\,O$	Mercure... { soufre..... { $Hg^2 S$, $Hg\,S$; chlore..... { $Hg^2 Cl$, $Hg\,Cl$; brôme..... $Hg\,Br$; iode...... $Hg\,Io$
Argent.....	13,50	10,5	1000° du thermomètre à air.	Suboxyde d'argent $Ag^2 O$ Protoxyde d'argent $Ag\,O$ Bioxyde d'argent $Ag\,O^2$	Argent.... { soufre..... $Ag\,S$; chlore..... $Ag\,Cl$; brôme..... $Ag\,Br$
Or.........	1227	19,5	1200.° du thermomètre à air.	Oxydule d'or $Au^2 O$ Sesquioxyde $Au^2 O^3$	Or........ { soufre..... $Au^2 S^2$; chlore..... { $Au^2 Cl^3$, $Au^2 Cl$
Platine....	1232	21,5	résiste aux plus hautes températures du feu de forge.	Protoxyde $Pt\,O$ Bioxyde $Pt\,O^2$	Platine.... { chlore..... { $Pt\,Cl$, $Pt\,Cl^2$
Aluminium..	171,0	2,56	de 900° à 1000° du thermomètre à air.	Ce corps s'allie au zinc, au cuivre, à l'étain, au fer et à l'argent, pour constituer des alliages appelés à jouer un grand rôle dans l'industrie. — L'aluminium est inoxydable, et conduit l'électricité 8 fois mieux que le fer.	

Produits céramiques. — *Poterie*. — Les terrines, pots, etc., sont faits avec des terres argileuses chargées d'oxyde de fer hydraté et d'oxyde de manganèse qui leur donnent à la cuisson une teinte foncée. On les recouvre d'une couverte opaque et colorée tantôt en vert par des rognures ou battitures de cuivre, ou en brun par du manganèse, tantôt en jaune par un mélange de minium et de fer oxydé. On forme cette couverte par un mélange de 6 à 7 parties de litharge et 4 à 5 parties d'argile.

Grès cérame. — Mélange dur et vitrifié, servant à la fabrication des vases en grès.

Composition : Argile = 25 parties, — kaolin argileux = 25, et feldspath = 50. La couverte s'obtient en jetant dans le four des poignées de sel de cuisine humide ; la volatilisation de ce sel avec l'eau forme au contact de l'argile un silicate de soude qui se vitrifie.

Faïence commune. — Elle est composée d'argiles plastiques de marnes argileuses et calcaires, de sable jaune et ferrugineux. La couverte se forme en fondant dans un creuset 100 parties de sable quartzeux, 80 parties de carbonate de soude et 120 à 150 parties de minium.

Faïence fine. — Elle est composée de 87 parties d'argile plastique et de 13 parties de silex étonné et pulvérisé.

Il n'entre dans la couverte qu'une très-faible proportion d'oxyde de plomb. On obtient dans les faïences un ton blanc moins mat en ajoutant 1 à 2 parties de smalt.

Porcelaine. — Le kaolin de Saint-Yrieix, près Limoges, présente, après lévigation, la composition suivante : silice = 48 parties ; alumine = 37 : potasse = 2,50 ; eau = 12,50. La cuisson de la porcelaine exige 15 à 1600° centigrades.

La manufacture de Sèvres emploie la préparation suivante :

	Pâte de service.		Pâte de sculpture.	
Kaolin lavé	64	0	62	0
Craie de Bougival	6	»	4	»
Sable d'Aumont	20	»	17	»
Petit sable ou feldspathique	10	»	0	»
Feldspath quartzeux	0	»	17	»
	100	»	100	»

Verre soluble. — Ce produit vitreux employé comme enduit préservateur incombustible, s'obtient en fondant dans un creuset en terre réfractaire ou en quartz finement divisé, 15 parties de sable, 10 parties de carbonate de potasse et 1 partie de charbon. On coule le mélange, on le pulvérise et on le traite par 4 ou 5 fois son volume d'eau bouillante.

COMPOSITION DU VERRE.

Verres blancs légers à base de potasse.

Verre de Bohême; densité : 2,39

Quartz...................... 100
Potasse du commerce purifiée. 50 à 60
Chaux calcinée.............. 15 à 20
Acide arsénieux..... } à petites doses.
Nitre............... }

Crown-glass [1]; densité : 2,48

Quartz..................... 100
Potasse .... 60 à 65
Chaux .... 20 à 25
Acide arsénieux..... } à petites doses.
Nitre .... }
On emploie l'acide borique concurremment avec l'acide silicique.

Verres blancs à base de soude.

Verre à glaces; densité : 2,49

Sable blanc................. 300
Carbonate de soude.......... 100
Chaux éteinte............... 40
Rognures de verre.......... 300

Verre à vitres; densité : 2,64

Sable 100
Sulfate de soude......... }
Charbon................. } 53
Chaux éteinte........... 6
Rognures de verre....... *ad libitum.*

Verres blancs et denses.

Cristal; densité : 3,25

Sable pur.................. 300
Carbonate de potasse purifié.. 100
Minium.................... 200
Acide arsénieux...... } à petites doses.
Bioxyde de manganèse }

Flint-glass; densité : 3,60

Sable pur.................. 300
Potasse 150
Minium.................... 300
Nitre .... }
Acide arsénieux..... } à petites doses.
Bioxyde de manganèse }

Verres colorés.

Verre à bouteilles; densité : 2,75

Sable jaune........................... 100
Soude naturelle 40
Cendres alcalines..................... 200
Argile jaune.......................... 100
Rognures de verre..................... 100

Coloration. — Toutes ces substances étant ferrugineuses, le verre est coloré en vert jaunâtre plus ou moins foncé par le silicate de protoxyde de fer. Pour obtenir des verres colorés artificiellement et dans la pâte, on ajoute aux matières vitrifiantes les oxydes suivants :

Pour les verres bleus ... L'oxyde de cobalt ou le protoxyde de cuivre.
— jaunes... Le chlorure d'argent ou l'urane.
— verts.... L'oxyde de chrome ou l'oxyde de fer.
— violets .. L'oxyde de manganèse.
— rouges .. Le sousoxyde de cuivre ou l'or.

Glaces de Saint-Gobain.

00 parties de sable quartzeux très-blanc.
100 — de carbonate de soude sec.
43 — de chaux éteinte à l'air.
300 — de calcin ou rognures de glace.

1. On emploie en optique deux espèces de verres : le *flint-glass* est un verre plombeux très-réfringent; le *crown-glass* n'est pas plombeux.

Émail. — L'émail se prépare avec un cristal très-fusible. On oxyde dans un four à réverbère 15 parties d'étain et 100 de plomb. On purifie par lévigation ce stannate d'oxyde de plomb.

On mélange 100 parties de ce stannate avec 100 parties de sable pur et 80 parties de carbonate de potasse. On colore au besoin en ajoutant au mélange de petites doses de certains oxydes métalliques. L'émail blanc se compose de 300 parties verre blanc sans plomb, 100 parties de borax, 25 parties de nitre et 100 parties d'antimoine diaphorétique lavé.

CALORIQUE.

Les corps émettent et rayonnent de la chaleur; ils l'absorbent et la réfléchissent en partie; ils jouissent plus ou moins de la propriété conductrice du calorique; la chaleur les dilate et les vaporise, le froid les contracte et les congèle ou solidifie.

TABLE DES POUVOIRS RAYONNANTS

DE CERTAINS CORPS PLACÉS DANS LE MÊME MILIEU.

DÉSIGNATION des corps.	POUVOIRS émissifs.	DÉSIGNATION des corps.	POUVOIRS émissifs.
Noir de fumée.........	100	Mercure...............	20
Eau..................	100	Plomb brillant.........	19
Papier à écrire........	98	Fer poli...............	15
Verre ordinaire........	90	Étain, argent, or et toute	
Glace................	85	surface métallique....	12

TABLE DES POUVOIRS RÉFLECTEURS

DE QUELQUES CORPS.

DÉSIGNATION des corps.	POUVOIRS réflecteurs.	DÉSIGNATION des corps.	POUVOIRS réflecteurs.
Cuivre jaune..........	100	Fer...................	77
Acier doré, poli.......	97	Fonte.................	75
Argent plaqué.........	97	Acier.................	70
Or plaqué............	95	Plomb................	60
Cuivre rouge.........	93	Étain mouillé de mer-	
Fer cuivré...........	93	cure................	50
Étain en feuille.......	85	Verre................	10
Étain plané..........	80	Verre enduit de cire...	5
Mercure liquide.......	77	Noir de fumée........	0

Le pouvoir absorbant d'un corps égale son pouvoir émissif, et il est le complément de son pouvoir réflecteur.

TABLE DE CONDUCTIBILITÉ DE CERTAINS CORPS

POUR LA CHALEUR.

DÉSIGNATION des corps.	POUVOIRS conducteurs.	DÉSIGNATION des corps.	POUVOIRS conducteurs.
Or..................	1000	Zinc	363
Platine................	981	Etain................	303
Argent................	973	Plomb................	179,5
Cuivre................	898,2	Marbre	23,6
Laiton	548,6	Porcelaine............	12,2
Fonte.	561,5	Terre cuite............	11,4
Fer...................	374,3		

Dilatation. — La propriété de se dilater par la chaleur appartient à tous les corps, mais à divers degrés.

La dilatation linéaire d'un solide s'entend de chacune de ses dimensions; elle est à peu près proportionnelle à l'accroissement de température de 0 à 100 degrés.

La dilatation superficielle est environ le double de la dilatation linéaire, et la dilatation cubique en est environ le triple.

Le coefficient de dilatation absolue du mercure entre 0 et 100°
$= \dfrac{1}{555}$; mais la dilatation apparente a pour coefficient $\dfrac{1}{648}$.

La dilatation des gaz est uniforme sous une même pression; elle est de $\dfrac{1}{267}$ ou 0,00375 du volume par degré, d'après Gay-Lussac, mais M. Regnault a trouvé pour coefficient de l'air sec $= 0,003667$, soit $\dfrac{11}{3000}$ environ.

Calorie. — Unité de chaleur, ou quantité nécessaire de calorique pour élever d'un degré la température d'un kilog. d'eau.

Chaleur spécifique. — La capacité calorifique d'un corps ou le nombre de calories nécessaire pour élever d'un degré la température d'un kilog. de ce corps varie peu de 0 à 100°; dans les corps simples les chaleurs spécifiques sont en raison inverse de leurs poids atomiques.

TABLE DES DILATATIONS

LINÉAIRES ET EN VOLUME, DE DIVERSES SUBSTANCES, POUR UNE
AUGMENTATION DE TEMPÉRATURE DE 0° A 100° CENTIGRADES.

NOMS DES SUBSTANCES.	DILATATIONS.		Coefficient de dilatation linéaire, ou dilatation pour 1°
	en décimales; le millimètre pris pour unité.	en fractions ordinaires.	
	m/m		m/m
Zinc....................	3,0540	1/328	0,03108
Plomb	2,8484	1/356	0,02848
Etain de Falsmouth........	2,1730	1/462	0,02173
Argent de coupelle........	1,9097	1/523	0,01910
Cuivre jaune ou laiton.....	1,8782	1/533	0,01867
Cuivre..................	1,7173	1/582	0,01712
Or de départ.............	1,4661	1/682	0,01544
Fer passé à la filière.......	1,2350	1/812	0,01200
Fer doux forgé............	1,2205	1/819	0,01182
Fonte..................	1,1094	1/901	0,01110
Acier non trempé..........	1,0791	1/927	0,01080
Verre de Saint-Gobain.....	0,8909	1/1122	0,00861
Platine.................	0,8565	1/1167	0,00884
Flint-glass anglais.........	0,8117	1/1246	0,00812

DILATATION CUBIQUE DE QUELQUES LIQUIDES

DE 0° A 100°.

DÉSIGNATION DES LIQUIDES.	DILATATION APPARENTE	
	en fractions décimales	en fractions ordinaires
Alcool......................	0,110	1/9
Acide azotique (densité 1,40).....	0,110	1/9
Acide chlorhydrique (densité 1,137).	0,060	1/17
Acide sulfurique (densité 1,85)...	0,060	1/17
Eau........................	0,0433	1/23
Essence de térébenthine..........	0,070	1/14
Eau saturée de sel marin..........	0,050	1/20
Huile d'olive ou de lin...........	0,080	1/12
Mercure....................	0,015	1/64

Chaleur latente. — Elle s'entend de la quantité de chaleur absorbée par un corps, changeant d'état, sans variation de température.

Ex. : L'eau, en se transformant en vapeur, absorbe de 537 à

550 calories, bien que la température reste à 100°; la chaleur absolue est ainsi de 637 à 650 calories. L'éther a une chaleur latente de 91°. L'alcool, qui bout à 78°4, a une chaleur latente de 207°; la chaleur absolue est de 255°.

CHALEURS SPÉCIFIQUES DE QUELQUES CORPS

DE 0° A 100° (REGNAULT).

DÉSIGNATION des corps.	CHALEURS spécifiques.	DÉSIGNATION des corps.	CHALEURS spécifiques.
Fer	0,1138	Nickel	0,0086
Zinc	0,0955	Platine	0,0325
Cuivre	0,0952	Or	0,0324
Argent	0,0570	Soufre	0,2026
Arsenic	0,0814	Acier	0,1185
Plomb	0,0314	Fonte	0,0130
Bismuth	0,0308	Charbon	0,2411
Antimoine	0,0507	Mercure	0,0333
Étain	0,0669		

CHALEURS SPÉCIFIQUES DE QUELQUES GAZ.

	1° SOUS UNE MÊME PRESSION (Laroche et Bérard).			2° A VOLUME CONSTANT (Dulong).	
	Chaleur spécifique celle de l'air étant 1.		Chaleur spécifique celle de l'eau étant 1 à poids égal.	Chaleur spécifique celle de l'air étant 1.	Rapport des chaleurs spécifiques à pression constante aux chaleurs spécifiques à volume constant.
	à volume égal.	à poids égal.			
Air atmosphérique.	1,0000	1,0000	0,2669	1,000	1,421
Hydrogène	0,9033	12,5401	3,2936	1,000	1,407
Oxygène	0,9765	0,8848	0,2361	1,000	1,415
Azote	1,0000	1,0318	0,2754	»	»
Oxyde de carbone.	1,0340	1,0805	0,2884	1,000	1,427
Acide carbonique..	1,2588	0,8280	0,2210	1,249	1,343
Oxyde d'azote	1,3503	0,8878	0,2369	1,227	1,338
Gaz oléifiant	1,5530	1,5763	0,4207	1,754	1,240
Vapeur d'eau	1,9600	3,1360	0,8470	»	»

TEMPÉRATURES ET PRESSIONS DE LIQUÉFACTION

DE QUELQUES GAZ.

GAZ.	TEMPÉRATURE en degrés centigrades.	PRESSION. en atmosphères.	GAZ.	TEMPÉRATURE en degrés centigrades.	PRESSION en atmosphères.
Acide sulfureux....	+ 7	2	Acide chlorhydrique.	— 16	20
Cyanogène.........	+ 7	3,6	Id.	— 4	25
Chlore...........	+ 15,5	4	Id.	+ 10	40
Ammoniaque......	0	5	Acide carbonique...	— 11	20
Id.	+ 10	6,50	Id.	0	36
Hyrogène sulfuré...	— 16	14	Oxyde nitreux.....	0	44
Id. ...	+ 10	17	Id.	+ 7	51

TABLE DU FROID

PRODUIT PAR QUELQUES MÉLANGES RÉFRIGÉRANTS.

DÉSIGNATION DES MÉLANGES.	Abaissement de température.	Froid produit.
Eau, 16 parties, 5 ; hydrochlorate d'ammoniaque, 5..........................	de + 10° à — 12°	22°
Eau, 16 ; hydrochlorate d'ammoniaque, 5 ; nitre, 5 ; sulfate de soude, 8...........	de + 10° à — 16°	26°
Eau, 1 ; nitrate d'ammoniaque, 1..........	de + 10° à — 16°	26°
Eau, 1 ; nitrate d'ammoniaque, 1 ; sous-carbonate de soude, 1...................	de + 10° à — 19°	29°
Eau, 4 ; chlorure de potassium, 57 ; chlorhydrate d'ammoniaque, 32 ; nitrate de potasse, 20.....................	» »	15°
Neige ou glace pilée, 2 ; sel marin, 1.......	» »	20°
Neige ou glace pilée, 5 ; sel marin, 2 ; sel ammoniaque, 1..................	» »	24°
Neige ou glace pilée, 24 ; sel marin, 10 ; sel ammoniaque, 5 ; nitre, 5..............	» »	25°
Neige ou glace pilée, 12 ; sel marin, 5 ; nitrate d'ammoniaque, 5................	» »	31°
Sulfate de soude, 3 ; acide azotique étendu, 2.	de + 10° à — 19°	29°
Sulfate de soude, 6 ; nitrate d'ammoniaque, 4 ; nitre, 2 ; acide azotique étendu, 4.......	de + 10° à — 23°	33°
Sulfate de soude, 6 ; nitrate d'ammoniaque, 5 ; acide azotique étendu, 4..............	de + 10° à — 26°	36°
Phosphate de soude, 9 ; acide azotique étendu, 4.....................	de + 10° à — 29°	39°
Sulfate de soude, 20 ; acide sulfurique à 36°, 16.	de + 10° à — 8°,15	18°,15
Sulfate de soude, 22 ; résidu d'éther à 33°, 17.	de + 10° à — 8°	18°
Sulfate de soude, 8 ; acide chlorhydrique, 5.	de + 10° à — 17°	27°

D'après M. Regnault, la chaleur latente de la vapeur d'eau est donnée par la formule $N = 606,5 + 0,305\ T^o$. N exprimant le nombre de calories renfermées dans un kilog. de vapeur saturée à la température T^o.

TABLE DES CHALEURS TOTALES,

LATENTES ET SENSIBLES (REGNAULT).

Température de la vapeur saturée.	Chaleur totale.	Chaleur latente.	Température de la vapeur saturée.	Chaleur totale.	Chaleur latente.
degrés.	degrés.	degrés.	degrés.	degrés.	degrés.
0	606,5	606,5	80	630,9	550,6
10	609,5	599,5	100	637,0	536,5
20	612,6	592,6	120	643,1	522,3
30	615,7	585,7	150	652,2	500,7
40	618,7	578,7	180	661,4	479,0
50	621,7	571,6	20	667,5	464,3

ORDRE DÉCROISSANT

DE DUCTILITÉ ET DE MALLÉABILITÉ DES MÉTAUX.

DUCTILITÉ	MALLÉABILITÉ	
à la filière.	au laminoir.	au marteau.
Argent..........	Or..............	Plomb..........
Aluminium.......	Argent..........	Etain..........
Platine..........	Aluminium.......	Or..............
Laiton..........	Cuivre..........	Zinc..........
Fer..............	Etain..........	Argent..........
Cuivre..........	Platine..........	Aluminium.......
Zinc..........	Plomb..........	Cuivre..........
Etain..........	Laiton..........	Platine..........
Plomb..........	Zinc..........	Fer..............
	Fer..............	
	Nickel..........	

TEMPÉRATURE DE FUSION DE DIVERS CORPS

EN DEGRÉS CENTIGRADES.

Mercure	— 40	Bismuth	256
Essence de térébenthine	— 10	Zinc	360
Glace	0	Verre	400
Suif	33	Bronze	900
Phosphore	44	Argent pur	1000
Stéarine	50 à 60	Aluminium	1000
Potassium	58	Or pur	1250
Cire blanche	68	Fonte blanche	1100
Acide stéarique	70	Fonte grise	1200
Sodium	90	Fonte manganésée	1250
Iode	107	Acier	1400
Soufre	109	Fer doux français	1500
Étain	230	Fer martelé anglais	1600
Plomb	334		

PRINCIPAUX ALLIAGES.

Fer-blanc	Alliage de fer et étain simplement superficiel.
Fer galvanisé	Alliage de fer et zinc également superficiel.
Tôle plombée	Alliage de fer et plomb superficiel.

Alliage des mesures pour les liquides.	Étain	82	Bronze [1], statues et canons.	Cuivre	90
	Plomb	18		Étain	10
Soudure des plombiers.	Étain	66,66	Airain	Laiton	85
	Plomb	33,33		Étain	12 à 15
Poterie d'étain de Paris.	Étain	90	Cloches	Cuivre	78
	Antimoine	9		Étain	22
	Cuivre	1	Cymbales	Cuivre	80
Métal d'Alger	Étain	69,5		Étain	20
	Plomb	26	Maillechort	Cuivre	50
	Antimoine	4,5		Zinc	31,25
Caractères d'imprimerie.	Plomb	80		Nickel	18,75
	Antimoine	20	Alliage d'Arcet pour clicher les médailles.	Bismuth	50
Laiton	Cuivre	65		Plomb	31,25
	Zinc	35		Étain	18,75
Chrysocale	Cuivre	90			
	Zinc	10			

Plaqué.	Alliage superficiel d'argent et cuivre ; l'argent est adhérent au cuivre sans lui être précisément allié.

Argent de soudure.	Argent	66,66
	Cuivre	23,33
	Zinc	10

La température de fusion de l'alliage est toujours moins élevée que celle du métal le moins fusible. Ainsi, l'étain fond à 228°, le plomb à 334°, mais tous les alliages de plomb et d'étain fondent à dès températures inférieures à 334°. Il en est même plusieurs qui fondent

(1) La colonne de Juillet contient : cuivre = 94,41, zinc = 5,50, étain = 1,70 et plomb = 1.37.

b.

au-dessous de 228°. La température de fusion s'abaisse à mesure que l'étain devient prédominant dans l'alliage, au moins jusqu'à une certaine proportion, car au delà de cette limite la température se relève comme on peut en juger par les nombres suivants :

100 plomb............ 19 étain............ Fusion à 290°
100 — .... 56 — .... — 241
100 — .... 113 — .... — 196
100 — .... 169 — .... — 186
100 — .... 226 — .... — 189
100 — .... 283 — .... — 195

Cet abaissement du point de fusion est surtout remarquable dans les alliages ternaires et surtout dans ceux où entre le bismuth. Ainsi, l'alliage du bismuth, plomb et étain, fait dans les proportions suivantes : bismuth, 8, plomb, 5, étain, 3, fond à 94°5. En mettant 5 de bismuth, 2 d'étain et 3 de plomb, on abaisse encore la température à 91°.

Le mercure, introduit dans un alliage, peut le rendre liquide même à la température ordinaire, s'il est en proportion un peu notable.

ALLIAGES MÉTALLIQUES TERNAIRES

LIMITANT LES BASSES ET MOYENNES TEMPÉRATURES.

BISMUTH.	PLOMB.	ÉTAIN.	TENSION de la vapeur en atmosphères.	TEMPÉRATURES correspondantes en degrés centigrades.
parties.	parties.	parties.	atmosphères.	degrés.
8	6,44	3,80	1	100,0
8	8,00	3,80	1 1/2	112,2
8	8,00	7,50	2	122,2
8	9,69	8,00	2 1/2	129,0
8	12,64	8,00	3	135,0
8	13,80	8,00	3 1/2	140,7
8	15,00	8,00	4 1/2	145,2
8	16,00	9,00	5	150,0
8	16,00	19,00	5 1/2	154,0
8	25,15	24,00	6	158,0
8	27,33	24,00	6 1/2	164,0
8	28,66	24,00	7	168,0
8	29,41	24,00	7 1/2	170,0
8	38,24	24,00	8	173,0

ALLIAGES MÉTALLIQUES BINAIRES

INDIQUANT LES HAUTES TEMPÉRATURES.

ZINC.	CUIVRE.	TEMPÉRATURE de fusion correspondante en degrés centigrades.
parties.	parties.	degrés.
1	4	1050
1	5	1100
1	6	1130
1	8	1160
1	12	1230
1	20	1300

VAPORISATION.

L'eau échauffée à l'air libre possède à la température de 100° une tension élastique égale à la pression atmosphérique, qui correspond à 0^{m}76 de mercure et à 1^{k}033 par centimètre carré.

TABLE DE TEMPÉRATURE D'ÉBULLITION

DE QUELQUES MATIÈRES SOUS LA PRESSION ATMOSPHÉRIQUE.

SUBSTANCES.	TEMPÉRATURE en degrés centigrades.	SUBSTANCES.	TEMPÉRATURE en degrés centigrades.
Eau.............	100,0	Huile de lin.......	316,0
Acide sulfurique...	310,0	Huile de naphte...	85,5
Alcool...........	78,4	Mercure...........	360,0
Essence de téré-		Phosphore........	290,0
benthine.......	157,0	Soufre...........	299,0
Éther sulfurique..:	37,8	Sulfure de carbone.	47,0

La vapeur d'eau chauffée et concentrée à vase clos, augmente de température et de tension; et à chaque température correspond un maximum de saturation.

La tension de la vapeur et des gaz est en raison inverse de leur volume.

TABLE DES FORCES ÉLASTIQUES DE LA VAPEUR D'EAU

A DIFFÉRENTES TEMPÉRATURES (REGNAULT).

Des formules compliquées et variables donnent ces valeurs. Le tableau suivant pourra les remplacer :

TEMPÉRATURES.	FORCES ÉLASTIQUES.		TEMPÉRATURES.	FORCES ÉLASTIQUES.	
	en centimètres.	en atmosphères.		en centimètres.	en atmosphères.
degrés.	kil.	kil.	degrés.	kil.	kil.
— 32	0,0320	»	80	35,4643	0,466
10	0,2093	»	100	76,0000	1,000
0	0,4600	0,006	106	93,8310	1,235
+ 10	0,9165	0,012	110	107,5370	1,415
20	1,7391	0,023	112	114,983	1,513
30	3,1548	0,042	120	149,128	1,962
40	5,4906	0,072	150	358,123	4,712
50	9,1982	0,121	200	1168,896	15,380
60	14,8791	0,196	230	2092,640	27,535

Le mètre cube de vapeur à 0° sous la pression atmosphérique pèse $0^k 810$.

Le mètre cube d'air à la même température et pression pèse $1^k 30$.

La vapeur pèse alors 0,623 de l'air à même pression.

Le gaz hydrogène est lui-même 14,5 fois plus léger que l'air.

Un kilog. d'eau chauffée à 100°, sous la pression atmosphérique, développe 1696 litres de vapeur; par suite 1 litre de vapeur pèse $0^g 5894$.

Le poids P d'un mètre cube de vapeur à toute pression s'obtient par la formule $P = \dfrac{0,7827}{1 + 0,00367\, t} \times p$; p exprimant la pression en kilog. sur un centimètre carré et t la température en degrés centigrades.

Le volume V′ inconnu à une pression p' et à une température t' connues, s'obtient en supposant connu le volume V d'un gaz de pression p et de température t par la formule :

$$V' = V \times \frac{p}{p'} \left(\frac{1 + 0,00367\, t'}{1 + 0,00367\, t} \right)$$

La formule empirique de Tredgold, pour établir la relation entre la température et la force élastique de la vapeur entre 1 et 4 atmosphères, prend la forme :

$$t = 85 \sqrt[6]{p} - 75, \text{ d'où } p = \frac{t + 75^G}{85} ;$$

t exprime la température de la vapeur en degrés centigrades et p la tension de la vapeur en centig. de mercure.

MM. Dulong et Arago ont établi une table d'expériences allant jusqu'à la température de 224° 20 et correspondant à 24 atmosphères, d'après la formule :

$$t = 138,883 \sqrt[5]{p} - 39,802, \text{ d'où } p = (028628 + 0,0072003\, t)^5 ;$$

t exprimant la température en degrés centigrades et p la tension de la vapeur en kilog. par centimètre carré.

TABLE DES TENSIONS, (1).

DE LA TEMPÉRATURE, DES VOLUMES, DES VITESSES ET DES DENSITÉS DE LA VAPEUR DE 0 A 10 ATMOSPHÈRES.

TENSION DE LA VAPEUR.			Températures en degrés centigrades correspondant aux différentes pressions. 4.	Volumes en litres d'un kilogramme de vapeur. 5.	Poids en kilogrammes du mètre cube de vapeur. 6.	Vitesse de la vapeur s'échappant dans l'atmosphère. 7.
en atmosphères. 1.	en millimètres de hauteur de mercure. 2.	en kilogrammes par centim. car. 3.				
atm.	m/m	kil.	degrés.	lit.	kil.	mèt.
0,25	190	0,260	65,36	6135	0,163	»
0,50	380	0,518	81,71	3205	0,312	»
0,75	579	0,776	92,15	2003	0,454	»
1,00	730	1,034	100,00	1696	0,592	0
1,18	900	1,218	105,00	1454	0,684	232
1,50	1140	1,531	111,74	1169	0,861	343
2,00	1520	2,067	120,60	896	1,122	427
2,50	1900	2,584	127,80	732	1,377	472
3,00	2280	3,100	133,91	619	1,628	502
3,50	2660	3,618	139,24	538	1,875	520
4,00	3040	4,134	144,00	476	2.116	537
4,50	3420	4,652	148,29	428	2,359	549
5,00	3800	5,168	152,22	389	2,598	558
6,00	4560	6,201	159,22	328	3,066	572
7,00	5320	7,235	165,34	286	3,529	584
8,00	6080	8,268	170,81	254	3,981	594
9,00	6840	9,302	175,77	228	4,431	601
10,00	7600	10,336	180,31	208	4,873	607

Les tensions des vapeurs d'autres liquides que l'eau sont égales à des températures également éloignées de leur point d'ébullition, ainsi la tension de l'alcool à 78° 4 + 30 = 108° 4 est la même que celle de l'eau à 100 + 30 = 130°.

(1) Voir la suite de cette table page 107.

VITESSE D'ÉCOULEMENT DE LA VAPEUR

DANS UN MILIEU A UNE PRESSION PLUS FAIBLE.

VAPEUR à 5 atmosphères absolues.			VAPEUR à 4 atmosphères absolues.			VAPEUR à 3 atmosphères absolues.		
Pression dans le récipient.	Pression effectuée en kilogrammes par mètre carré.	Vitesse d'écoulement en mètres par 1″.	Pression dans le récipient.	Pression effectuée en kilogrammes par mètre carré.	Vitesse d'écoulement en mètres par 1″.	Pression dans le récipient.	Pression effectuée en kilogrammes par mètre carré.	Vitesse d'écoulement en mètres par 1″.
4,95	517	63	3,95	517	69	2,95	517	79
4,90	1034	89	3,90	1034	97	2,90	1034	112
4,85	1550	108	3,85	1550	120	2,85	1550	137
4,80	2067	125	3,80	2067	139	2,80	2067	158
4,75	2584	140	3,75	2584	155	2,75	2584	178
4,65	3618	166	3,65	3618	184	2,65	3618	240
4,55	4651	188	3,55	4651	209	2,55	4651	288
4,50	5168	198	3,50	5168	220	2,50	5168	251
4,25	7752	242	3,25	7752	260	2,25	7752	307
4,00	10336	281	3,00	10336	311	2,00	10336	355
3,75	12920	314	2,75	12920	347	1,75	12920	396
3,50	15504	344	2,50	15504	380	1,50	15504	423
3,25	18088	371	2,25	18088	411	1,25	18088	469
3,00	20672	396	2,00	20672	439	»	»	»
2,75	23256	421	1,75	23256	466	»	»	»
2,50	25340	444	1,50	25840	491	»	»	»
2,25	28424	465	1,25	28424	515	»	»	»

La vitesse d'écoulement d'un gaz à l'air libre par un orifice à mince paroi est donnée par la formule :

$$V = 0,985 \sqrt{\frac{2g(H - h) \times 13596}{P}};$$

H exprime la hauteur de la colonne de mercure due à la pression du gaz dans le réservoir; h la hauteur de mercure due à l'atmosphère; et P le poids du mètre cube de gaz dans le récipient.

La vitesse d'écoulement de la vapeur dans l'atmosphère est exprimée par $V = \sqrt{\dfrac{2gh}{d}}$; $h = 10^m,33$ et d représente la densité de la vapeur.

Dans une chaudière où la vapeur aurait une pression de 5 atmosphères, $d = 0,00259$, la densité de l'eau étant 1; alors

$$V = \sqrt{\frac{2g(5 - 1) \times 10,33}{0,00259}} = 558 \text{ mètres.}$$

VITESSE D'ÉCOULEMENT
DANS L'AIR D'UN MÉLANGE D'EAU ET DE VAPEUR.

COMPOSITION du mélange		DENSITÉ du mélange ou poids du mètre cube.	VITESSE D'ÉCOULEMENT A LA PRESSION DE					
vapeur.	eau.		1 atm. effectif	2 atm. effect.	3 atm. effect.	4 atm. effect.	5 atm. effect.	6 atm. effect.
			m.	m.	m.	m.	m.	m.
100	0,00	2,57	279	397	486	562	628	688
0,9998	0,0002	2,76	270	383	470	542	606	664
0,999	0,001	3,50	239	340	417	483	538	590
0.994	0,006	8,43	159	223	273	346	353	387
0,99	0,01	11,84	129	185	227	276	292	320
0,98	0,02	21,12	98	139	170	195	249	240
0,97	0,03	30,40	80	116	141	164	182	200
0,95	0,05	48,94	66	91	112	129	143	157
0,93	0,07	67,40	53	77	95	110	122	134
0,90	0,10	95,30	44	65	80	92	103	113
0,85	0,15	141,60	35	54	66	75	85	92
0,80	0,20	188,00	31	46	57	65	73	80
0,75	0,25	234,40	29	42	51	59	66	72
0,65	0,35	326,70	25	35	43	50	55	61
0,50	0,50	466,30	20	29	36	42	46	51
0,25	0,75	637,60	17	24	30	34	38	42
0,00	1,00	930,00	15	21	26	29	82	36

La densité de la vapeur d'eau est les 5/8 de celle de l'air sous la même température, et à volume égal la densité de l'air à 0° et sous la pression atmosphérique est $\frac{1}{770}$ de celle de l'eau.

La formule $d' = d\,\frac{p'}{p}\left(\frac{1}{1 + 0,00367}\right)t$ donne les densités respectives de deux gaz ou vapeurs ; p représente la pression connue d'un volume V de gaz, et p' la pression inconnue de l'autre gaz.

Condensation de la vapeur. — Connaissant la température t de la vapeur à condenser, celle t' de l'eau froide, celle t'' du mélange condensé, on peut déterminer le volume d'eau V nécessaire à la la condensation d'un poids en kilog. P de vapeur, par la formule

$$V = P\,\frac{(550 + t - t'')}{t'' - t'}.$$

Distillation. — Dans cette opération, qui consiste à séparer de l'eau les parties les plus volatiles on estime qu'un mètre carré de surface de chauffe vaporise moyennant 20 kilog. d'eau par heure et 50 kilog. d'alcool.

TABLE DES DENSITÉS DE LA VAPEUR

A DIVERSES TENSIONS, LA DENSITÉ DE LA VAPEUR A 100° ET A 0^m76 LE MERCURE ÉTANT 1 (FLACHAT ET PETIET).

Tensions absolues de la vapeur.	Densités de la vapeur.	Tensions absolues de la vapeur.	Densités de la vapeur.	Tensions absolues de la vapeur.	Densités de la vapeur.	Tensions absolues de la vapeur.	Densités de la vapeur.
1 atm.	1,000	atm.		atm.		atm.	
1,05	1,046	1,65	1,584	2,25	2,102	2,85	2,612
1,10	1,094	1,70	1,628	2,30	2,145	2,90	2,655
1,15	1,137	1,75	1,672	2,35	2,188	2,95	2,697
1,20	1,182	1,80	1,715	2,40	2,232	3,00	2,739
1,25	1,228	1,85	1,759	2,45	2,275	3,25	2,947
1,30	1,273	1,90	1,802	2,50	2,318	3,50	3,153
1,35	1,317	1,95	1,845	2,55	2,360	3,75	3,359
1,40	1,362	2,00	1,889	2,60	2,402	4,00	3,563
1,45	1,406	2,05	1,932	2,65	2,444	4,25	3,769
1,50	1,451	2,10	1,974	2,70	2,486	4,50	3,969
1,55	1,495	2,15	2,047	2,75	2,528	4,75	4,167
1,60	1,539	2,20	2,059	2,80	2,570	5,00	4,366

Évaporation. — Cette opération consiste à volatiliser l'eau qui contient en dissolution une substance qui alors se solidifie.

Un mètre cube d'air sec dissout en moyenne 3 grammes d'eau. Dans un appareil à double fond alimenté de vapeur d'eau, chaque mètre carré de surface condense 3 kilog. de vapeur à l'heure pour une température de 1°. Cette condensation s'élève à 8 kilog. dans un serpentin de 25 à 35 millim. de diamètre pour un développement de 20 à 30 mètres.

L'expérience prouve qu'une plaque de cuivre chauffée à 100° vaporise en moyenne par mètre carré de surface 6^k94 d'eau à l'heure. Dans un cylindre en fonte chauffée intérieurement à la vapeur, on admet que 1 kilog. de houille vaporise 3^k63 d'eau.

On peut aussi placer dans le *vide*, notamment pour les raffineries, les dissolutions à évaporer, en se fondant sur ce que le point d'ébullition d'un liquide s'abaisse à mesure que la pression à laquelle il est soumis diminue. On opère ainsi à des températures plus basses et plus rapidement.

TABLE POUR LA VAPORISATION DE 1^{kg} D'EAU.

TEMPÉRATURE.	Qtés de chaleur absorbées par la vaporisation de 1 kilog d'eau.	Pertes dues au rayonnement pour 1 kilog d'eau vaporisée.	Quantités totales de chaleur absorbée.
20	1000	381	1381
30	942	331	1273
40	880	252	1132
50	819	185	1004
60	772	139	911
70	736	102	838
80	701	75	776
90	676	56	732

TABLE DE LA QUANTITÉ TOTALE DE CHALEUR

MOYENNEMENT ABSORBÉE PAR LA VAPORISATION D'UN KILOG. D'EAU A DIFFÉRENTES TEMPÉRATURES, Y COMPRIS LE RAYONNEMENT ET L'ÉCHAUFFEMENT DE L'AIR. (PÉCLET.),

TEMPÉRATURE.	Chaleur absorbée.	TEMPÉRATURE.	Chaleur absorbée.
de 58°,25 à 55°,25	724	de 48°,50 à 44°,75	893
55°,25 à 52°,00	780	44°,75 à 40°,75	949
52°,00 à 48°,50	837	40°,75 à 36°,25	1063

TABLE DES POIDS DE VAPEUR

FORMÉS EN UNE HEURE PAR 1^{m}.^{q}. DE SURFACE D'EAU A DIFFÉRENTES TEMPÉRATURES DANS UN AIR CALME.

TEMPÉRATURE.	Poids d'eau vaporisée.	TEMPÉRATURE.	Poids d'eau vaporisée.
	kil.		kil.
20	0,32	60	2,70
30	0,50	70	4,32
40	1,00	80	6,64
50	1,7	90	10,00

POIDS DE VAPEUR

CONTENU DANS UN MÈTRE CUBE D'AIR SATURÉ A DIFFÉRENTES TEMPÉRATURES
D'APRÈS REGNAULT.

Température en degrés centigrades.	Poids en grammes.	Température en degrés centigrades.	Poids en grammes.	Température en degrés centigrades.	Poids en grammes.
0	4,87	35	39,27	70	196,65
5	6,76	40	50,75	75	239,91
10	9,30	45	64,97	80	290,73
15	12,76	50	82,36	85	350,04
20	17,21	55	103,65	90	418,92
25	22,81	60	129,23	95	498,49
30	29,09	65	160,05	100	591,30

TABLE

EXPRIMANT LE POIDS DIFFÉRENTIEL ET LE VOLUME TOTAL DE VAPEUR
ÉCOULÉ POUR DÉTENDRE LA VAPEUR RENFERMÉE A PRESSION DANS UNE
CAPACITÉ D'UN MÈTRE CUBE, JUSQU'A LA PRESSION ATMOSPHÉRIQUE
(FLACHAT ET PETIET).

Pression absolue en atmosphères.	Poids différentiel du mètre cube de vapeur entre deux pressions successives.	Volume total écoulé pour détendre la vapeur à la pression atmosphérique.	Pression absolue en atmosphères.	Poids différentiel du mètre cube de vapeur entre deux pressions successives.	Volume total écoulé pour détendre la vapeur à la pression atmosphérique.
atm.	kil.	mèt. c.	atm.	kil.	mèt. c.
5,00	0,1168	1,4720	2,25	0,1264	0,7424
4,75	0,1169	1,4255	2,00	0,1276	0,6349
4,50	0,1170	1,3766	1,75	0,1300	0,5134
4,25	0,1213	1,3252	1,50	0,0787	0,3746
4,00	0,1205	1,2690	1,35	0,0525	0,2755
3,75	0,1208	1,2098	1,25	0,0268	0,2054
3,50	0,1213	1,1467	1,20	0,0269	0,1676
3,25	0,1224	1,0793	1,15	0,0268	0,1282
3,00	0,1237	1,0061	1,10	0,0269	0,0873
2,75	0,1239	0,9262	1,05	4,0268	0,0445
2,50	0,1258	0,8392			

M. Poncelet, partant du principe qu'un volume donné de vapeur à une tension déterminée, en se détendant d'une même quantité, développe la même quantité de travail, a établi la table suivante dans laquelle il a pris pour base le travail de 1 mètre cube de vapeur à 1 atmosphère de pression sans détente sur un piston de 1 mètre carré de surface.

QUANTITÉS DE TRAVAIL

PRODUITES SOUS DIFFÉRENTES DÉTENTES PAR 1 MÈTRE CUBE DE VAPEUR A DIVERSES TENSIONS.

Volume après la détente.	QUANTITÉ DE TRAVAIL EN KILOGRAMMÈTRES correspondante pour des tensions de :						
	1 atmosph.	1 1/2 atmosph.	2 atmosph.	3 atmosph.	4 atmosph.	5 atmosph.	6 atmosph.
mèt. c.	kilog. m.	kilog. m.	kilog. m.	kilog. m.	kilog. m.	kilog. m.	kilog. m.
1,00	10333	15500	20666	31000	41333	51666	62000
1,25	12639	18958	25278	37917	50556	63195	75834
1,50	14523	21784	29046	43569	58092	72615	87138
1,75	16116	24174	32232	48348	64464	80580	96696
2,00	17496	26244	34992	52488	69984	87480	104976
2,25	18713	28069	37426	56139	74852	93565	112278
2,50	19802	29703	39604	59406	79208	99010	118812
2,75	20787	31180	41574	62361	83148	103935	124722
3,00	21686	32529	43372	65058	86744	108430	130146
3,25	22513	33769	45026	67539	90052	112565	135078
3,50	23279	34918	46558	69837	93116	116395	139674
3,75	23992	35988	47984	71976	95968	119960	143952
4,00	24658	36987	49316	73974	98632	123290	147948
4,25	25285	37927	50570	75855	101140	126425	151710
4,50	25875	38812	51730	77625	103500	129375	155250
4,75	26134	39651	52868	79302	105736	132170	158604
5,00	26964	40446	53928	80892	107856	134820	161784
5,25	27467	41200	54934	82401	109868	137335	164802
5,50	27949	41923	55898	83847	111796	139745	167694
5,75	28408	42612	56816	85224	113632	142040	170448
6,00	28848	43272	57696	86544	115392	144240	173088
6,25	29270	43903	58540	87810	117080	146350	175620
6,50	29675	44512	59350	89025	118700	148375	178050
6,75	30065	45097	60130	90195	120260	150325	180390
7,00	30441	45661	60882	91323	121764	152205	182646
7,25	30804	46206	61608	92412	123216	154020	184224
7,50	31154	46731	62308	93462	124616	155770	186924
7,75	31493	47239	62986	94479	125972	157465	188958
8,00	31820	47730	63640	95460	127280	159100	190920
8,25	32139	48208	64278	96417	128556	160695	192834
8,50	32447	48670	64894	97341	129788	162235	194682
8,75	32747	49120	65494	98241	130988	163735	196482
9,00	33038	49557	66076	99114	132152	165190	198228
9,25	33321	49981	66642	99963	133284	166605	199926
9,50	33597	50395	67194	100791	134388	167985	201582
9,75	33865	50797	67730	101595	135460	169325	203490
10,00	34127	51190	68254	102381	136508	170635	204762

DEUXIÈME PARTIE

CONSTRUCTIONS MÉCANIQUES

Travail mécanique. — Le travail de tout moteur animé ou inanimé a pour expression deux conditions, l'effort ou la pression exercée et le chemin parcouru ou la vitesse ; la formule théorique est $T = P \times E$; P pression en kilog., E espace parcouru en mètres par seconde, et T le travail en kilogrammètres.

Mais, en pratique, cette formule se modifie ainsi : $T = c \times P E$; c coefficient exprimant le travail absorbé par le frottement et autres résistances nuisibles.

Les formules $E = V t$, $V = \dfrac{E}{t}$ et $t = \dfrac{E}{V}$ expriment dans le mouvement uniforme la relation entre l'espace parcouru pendant un certain temps et la vitesse par seconde.

Dans le mouvement uniformément varié, l'espace parcouru est donné par la formule $E = e + V t \pm \dfrac{a\,t^2}{2}$; a exprimant l'accélération de vitesse, et e l'espace initial. Un corps lancé en l'air est uniformément retardé par la pesanteur ; dans sa chute, il est uniformément accéléré.

Le poids d'un corps s'exprime ainsi : $P = M g$; M la masse, et g, ou 9,8088, la vitesse acquise par un corps au bout de la 1re seconde de sa chute. On tire de cette formule $M = \dfrac{P}{g}$.

La force vive d'un corps a pour expression : $M V^2$ ou $\dfrac{P V^2}{g}$.

La formule $V = \sqrt{2\,g\,H}$ exprime la vitesse acquise par un corps tombé d'une hauteur H ; on en tire $H = \dfrac{V^2}{2\,g}$. Le travail théorique, développé par un poids P tombant d'une hauteur H pendant un temps t, est exprimé par : $T = \dfrac{P \times H}{t}$

TABLE EXPRIMANT EN MÈTRES

LES VITESSES CORRESPONDANTES A DIVERSES HAUTEURS, ET RÉCIPROQUE-
MENT LES HAUTEURS CORRESPONDANTES A DIFFÉRENTES VITESSES.

$$V = \sqrt{2\,g\,H} \qquad V^2 = 2\,g\,H \qquad H = \frac{V^2}{2g}$$

HAUTEURS en mètres.	VITESSES correspondantes.	HAUTEURS en mètres.	VITESSES correspondantes.	VITESSES en mètres.	HAUTEURS correspondantes.	VITESSES en mètres.	HAUTEURS correspondantes.
0,01	0,45	1,80	5,943	0,01	0,00001	2,60	0,3446
0,05	0,99	1,90	6,105	0,10	0,00051	2,70	0,3716
0,10	1,40	2,00	6,264	0,20	0,00204	2,80	0,3996
0,15	1,715	2,10	6,419	0,30	0,00459	2,90	0,4287
0,20	1,981	2,20	6,570	0,40	0,00816	3,00	0,4588
0,25	2,215	2,30	6,748	0,50	0,0127	3,10	0,4899
0,30	2,426	2,40	6,862	0,60	0,0184	3,20	0,5220
0,35	2,620	2,50	7,003	0,70	0,0250	3,30	0,5551
0,40	2,802	2,60	7,143	0,80	0,0326	3,40	0,5893
0,45	2,972	2,70	7,279	0,90	0,0413	3,50	0,6244
0,50	3,132	2,80	7,412	1,00	0,0510	3,60	0,6606
0,55	3,285	2,90	7,542	1,10	0,0617	3,70	0,6978
0,60	3,403	3,00	7,672	1,20	0,0734	3,80	0,7361
0,65	3,600	3,25	7,985	1,30	0,0861	3,90	0,7753
0,70	3,705	3,50	8,288	1,40	0,0999	4,00	0,8156
0,75	3,836	3,75	8,577	1,50	0,1147	4,25	0,9207
0,80	3,961	4,00	8,859	1,60	0,1305	4,50	1,0322
0,90	4,208	4,25	9,14	1,70	0,1473	4,75	1,1501
1,00	4,430	4,50	9,40	1,80	0,1651	5,00	1,2744
1,10	4,645	4,75	9,66	1,90	0,1840	5,25	1,4050
1,20	4,852	5,00	9,91	2,00	0,2039	5,50	1,5420
1,30	5,050	5,25	10,146	2,10	0,2248	6,00	1,8351
1,40	5,241	5,50	10,385	2,20	0,2467	7,00	2,4978
1,50	5,425	6,00	10,847	2,30	0,2696	8,00	3,2624
1,60	5,603	6,50	11,289	2,40	0,2936	9,00	4,1290
1,70	5,775	7,00	11,746	2 50	0,3186	10,00	5,0975

Nota. La vitesse de l'eau qui sort d'un vase par un très-
petit orifice, est égale à celle d'un corps pésant qui serait tombé
de toute la hauteur du niveau au-dessus de l'orifice.

6.

Dans sa chute un corps acquiert des vitesses proportionnelles aux temps écoulés, et les espaces parcourus sont comme les carrés des temps.

Ainsi :

Temps d'observation.	$1''$	$2''$	$3''$	$4''$
Rapport et vitesses correspondantes.	1	2	3	4
	9^m808	19^m6	29^m	39^m2
Rapport et espaces parcourus.	1	4	9	16
	4^m9	19^m6	44^m1	78^m4

Ces lois se formulent ainsi : $v : V :: t : T$, et $h : H :: t^2 : T^2$.

Mesure du travail. — L'unité du travail mécanique est le kilogrammètre, qui correspond au produit de la pression de 1 kilog. par 1 mètre de vitesse en une seconde.

On peut estimer en moyenne à 7 kilogrammètres la quantité de travail d'un homme en une seconde, et à 45 kilogrammètres celle d'un cheval vivant, en supposant un travail journalier.

Pour les forts moteurs, l'unité adoptée est le cheval-vapeur, qui correspond à un travail de 75 kilogrammètres par seconde. Un moteur animé étant soumis à la fatigue et exigeant du repos, on a dû estimer l'effort, la vitesse et la durée d'action qui donnent le travail journalier soutenu : tel est le résultat indiqué dans le tableau p. 67.

Mais lorsqu'il ne s'agit que d'un travail momentané, d'un coup de collier, la quantité de travail que développe un fort manœuvre peut s'élever à 40 kilogrammètres et même au delà par seconde.

Frottement des corps en mouvement. — D'après Coulomb, cette résistance se compose de l'adhérence et du frottement.

L'adhérence croît proportionnellement à l'étendue et à la nature des surfaces en contact, tandis que le frottement qui ne dépend ni de l'étendue de la surface ni de la vitesse est proportionnel à la pression.

Frottement par glissement. — La table (page 69) de M. Morin donne pour des surfaces planes, en mouvement rectiligne l'une sur l'autre, le coefficient de frottement c, variable suivant la nature et l'état des surfaces en contact. Il faut multiplier par ce coefficient c la pression P, pour obtenir la résistance R que le frottement oppose au mouvement; on a $c = \dfrac{R}{P}$, et $R = cP$, puis $P = \dfrac{R}{c}$.

TABLE DES QUANTITÉS DE TRAVAIL

QUE PEUVENT FOURNIR L'HOMME ET LES ANIMAUX.

NATURE DU TRAVAIL.	Poids élevé ou effort moyen exercé.	Vitesse par seconde.	Travail par seconde.	Durée du travail journalier.	Quantité de travail journalière.
	kilog.	mètres.	kgm.	heures.	kgm.
1o Élévation verticale des poids.					
Un homme montant une rampe douce ou un escalier, sans fardeau, son travail consistant dans l'élévation du poids de son corps........	65	0,15	9,75	8	280800
Un manœuvre élevant des poids avec une corde et une poulie, ce qui l'oblige à faire descendre la corde à vide...............	18	0,20	3,6	6	77760
Un manœuvre élevant des poids en les soulevant avec la main......	20	0,17	3,4	6	73440
Un manœuvre élevant des poids en les portant sur son dos, au haut d'une rampe douce ou d'un escalier et revenant à vide...............	65	0,04	2,6	6	56160
Un manœuvre élevant des matériaux avec une brouette, en montant une rampe ou 1/12 et revenant à vide.	60	0,20	1,2	10	43200
Un manœuvre élevant des terres à la pelle à la hauteur moyenne de 1 m 60......................	2,7	0,40	1,08	10	38880
2o Action sur les machines et outils.					
Un manœuvre agissant sur une roue à chevilles ou à tambour :					
1o Au niveau de l'axe de la roue.	60	0,15	9	8	259200
2o Vers le bas de la roue ou à 24o.	12	0,70	8,4	8	241920
Un manœuvre marchant et poussant ou tirant horizontalement d'une manière continue................	12	0,60	7,2	8	207360
Un manœuvre agissant sur une manivelle..................	8	0,75	6	8	172800
Un manœuvre exercé poussant et tirant alternativement dans le sens vertical.....................	5	1,10	5,50	8	158400
Un cheval attelé à une voiture et allant au pas...................	70	0,90	63	10	2168000
Un cheval attelé à une voiture et allant au trot..................	44	2,20	96,8	4,5	1568160
Un cheval attelé à un manége et allant au pas..................	45	0,90	40,5	8	1466400

TABLE DES QUANTITÉS DE TRAVAIL, ETC. (*Suite*).

NATURE DU TRAVAIL.	Poids élevé ou effort moyen exercé.	Vitesse par seconde.	Travail par seconde.	Durée du travail journalier.	Quantité du travail journalière.
	kilog.	m.	km.	heures.	km.
Un cheval attelé à un manége et allant au trot..................	30	2,00	60	4,5	972400
Un bœuf attelé à un manége et allant au pas...................	60	0,60	36	8	1036800
Un mulet attelé à un manége et allant au pas...................	30	0,90	27	8	777600
Un âne attelé à un manége et allant au pas...................	14	0,80	11,2	8	322560
3° *Transport horizontal des poids.*					
Un homme marchant sur un chemin horizontal, sans fardeau, son travail consistant dans le transport du poids de son corps...........	65	1,50	97,5	10	3510000
Un manœuvre transportant des matériaux dans une petite charrette ou camion à deux roues, et revenant à vide chercher de nouvelles charges.	100	0,50	50	10	1800000
Un manœuvre transportant des matériaux dans une brouette et revenant à vide chercher de nouvelles charges.	60	0,50	30	10	1080000
Un homme voyageant en transportant des fardeaux sur son dos.....	40	0,75	30	7	756000
Un manœuvre transportant des matériaux sur son dos, et revenant à vide chercher de nouvelles charges.	65	0,50	32,5	6	702000
Un manœuvre transportant des fardeaux sur une civière, et revenant à vide chercher de nouvelles charges.	50	0,33	16,5	10	594000
Un manœuvre employé à jeter de la terre au moyen de la pelle, à 4 mètres de distance horizontale..	2,7	0,68	1,8	10	64800
Un cheval transportant des fardeaux sur une charrette et marchant au pas, continuellement chargé....	700	1,10	770	10	27720000
Un cheval attelé à une voiture et marchant au trot, continuellement chargé.......................	350	2,20	770	4,5	12474000
Un cheval transportant des fardeaux sur une charrette, au pas, et revenant à vide chercher de nouvelles charges...................	700	0,60	420	10	15120000
Un cheval chargé sur le dos et allant au pas..................	120	1,10	132	10	4752000
Un cheval chargé sur le dos et allant au trot..................	80	2,20	176	7	4435000

TABLE DU FROTTEMENT PAR GLISSEMENT

DES SURFACES PLANES, 1º AU DÉPART, APRÈS UN CERTAIN TEMPS DE CONTACT, ET 2º LORSQU'ELLES SONT EN MOUVEMENT LES UNES SUR LES AUTRES.

INDICATION	RAPPORT	
	du frottement à la pression.	
SURFACES EN CONTACT.	après un certain temps de contact des surfaces.	lorsqu'elles sont en mouvement les unes sur les autres.
Chêne sur chêne, sans enduit..........	0,62	0,48
Id. frotté de savon sec....	0,44	0,16
Id. mouillé d'eau.........	0,70	0,25
Fer ou fonte sur chêne, sans enduit......	0,62	0,26
Id. frotté de saindoux ou de suif.	0,62	0,26
Id. mouillé d'eau.............	0,65	0,20
Fonte ou fer sur fonte, sans enduit.......	0,16	0,10
Id. frotté d'huile ou de saindoux.	0,12	0,08
Courroie sur poulie en fonte polie, sans enduit...........................	0,28	0,27
Courroie sur poulie en fonte brute, sans enduit.....	0,54	0,54
Courroie sur tambour en chêne, sans enduit.	0,47	0,27
Chêne, orme, charme, fer, fonte et bronze, glissant deux à deux l'un sur l'autre, enduits d'huile ou de saindoux	0,15	0,10
Cuir de bœuf pour garniture de piston, sur fonte, mouillé d'eau...................	0,62	0,36
Id. avec huile, suif ou saindoux	0,15	0,12
Corde de chanvre sur chêne, sans enduit..	0,62	0,52

Le coefficient de frottement indiqué pour bois suppose les fibres parallèles; il diminue de 0,05 lorsque les fibres sont perpendiculaires.

On admet un coefficient $c = 0,07$ à $0,08$ pour le glissement de bois sur métaux ou réciproquement, et $c = 0,10$ pour métaux sur métaux lorsque l'enduit est renouvelé à la manière ordinaire; mais pour un graissage continu, le coefficient moyen pour les bois comme pour les métaux descend à 0,05.

Frottement par roulement. — La table suivante de M. Morin donne le coefficient du frottement d'un corps en mouvement rotatif sur un autre. Cette résistance est indépendante de la longueur du tourillon que l'on doit faire alors aussi étendue que possible pour diminuer d'autant le diamètre du tourillon.

TABLE DES RAPPORTS DU FROTTEMENT

A LA PRESSION, POUR LES TOURILLONS DES AXES EN MOUVEMENT
DANS DES BOITES OU COUSSINETS.

INDICATION des SURFACES EN CONTACT.	ÉTAT DES SURFACES.	RAPPORT du frottement à la pression.	
		lorsque l'enduit est renouvelé à la manière ordinaire.	lorsque l'enduit est sans cesse renouvelé.
Tourillons en fer sur coussinets en bronze.	Enduits d'huile d'olive, de saindoux, de suif cu de cambouis onctueux.	0,075	0,054
Id. fer sur fonte........	Id...........	0,075	0,054
Id. fonte sur bronze....	Id...........	0,075	0,054
Id. fonte sur fonte.....	Id...........	0,075	0,054
Id. fer sur gaïac.......	Id...........	0,125	» » » »
Id. fonte sur gaïac.....	Id...........	0,100	0,092
Id. fer ou fonte sur fonte.	Et mouillés d'eau......	0,140	» » » »

TABLE

DES RAPPORTS DU FROTTEMENT A LA PRESSION, DANS LE CAS DU ROU-
LEMENT DE SURFACES CYLINDRIQUES SUR DES SURFACES DE NIVEAU
(PONCELET).

DÉSIGNATION DE L'ESPÈCE DE ROUES et de l'état des surfaces en contact.	COEFFICIENT du frottement.
Roues de voitures garnies de bandes de fer, cheminant : sur une chaussée en sable et cailloutis nouveaux..........	0,0634
Id. en empierrement à l'état ordinaire.......	0,0414
Id. id. en parfait état.........	0,0150
Id. en pavé bien entretenu, au pas.........	0,0185
Id. id. au trot.........	0,0238
Id. en planches de chêne brute...........	0,0102
Roues en fonte sur rails en bois saillants et rectilignes (Gerstner)	0,0023
Id. sur ornières plates en fer...............	0,0035
Id. id. saillantes, avec alimentation de graisse ordinaire.................	0,0012
Roues en fonte sur ornières saillantes, avec alimentation de graisse continue..................	0,0010

TABLE DU RAPPORT DE L'EFFORT DU TIRAGE

A LA CHARGE TRAINÉE.

NATURE DE LA ROUTE SUPPOSÉE HORIZONTALE.	RAPPORT du tirage à la charge totale.
Terrain naturel, non battu et argileux, mais sec.............	0,250
Id. siliceux et crayeux......................	0,165
Terrain ferme battu et très-uni......................	0,040
Chaussée en sable ou cailloutis nouvellement placés........	0,125
Id. en empierrement, à l'état d'entretien ordinaire.......	0,080
Id. id. parfaitement entretenue et roulante.	0,033
Id. pavée à la manière ordinaire et la { au pas.........	0,030
voiture étant supendue........ { au grand trot...	0,070
Id. pavée en carreaux de grès bien { au pas.........	0,025
entretenus................. { au grand trot...	0.060
Id. en madriers de chêne non rabotés...............	0,022
Chemins à ornières plates, en fonte de fer ou en dalles très-dures et très-unies......................	0,010
Chemins de fer à ornières saillantes, en bon état d'entretien..	0,007
Id id. parfaitement entretenus, et les essieux continuellement huilés...................	0,005

Plan incliné. — La force nécessaire pour vaincre la résistance due au frottement d'un corps placé sur un plan incliné est donnée par la formule : $F = \dfrac{\sin. \alpha \pm c \cos. \alpha}{\sin. \beta \pm c \cos. \beta}$;

F est la force requise agissant dans une direction donnée; P la pression ou le poids du corps; α l'angle du plan incliné avec l'horizontale; β l'angle de la direction de la force avec le plan incliné; c le coefficient de frottement.

Lorsque la force F est horizontale, $F = P\dfrac{h \pm cb}{b \mp ch}$; $b =$ base du plan incliné, $h =$ sa hauteur.

Le travail total de cette force horizontale F, pour faire glisser le corps d'une quantité donnée, est exprimée par la formule :

$$T = Peh \pm \frac{Pec}{b \pm ch} ;$$

$e =$ projection du chemin parcouru sur la direction de la force.

Dans cette dernière expression, $\dfrac{Pec}{b \mp ch}$ est le travail absorbé par le frottement.

Dans ces formules le signe $+$ est employé quand le corps monte, le signe $-$ quand il descend.

Presse à coins. — La force F, nécessaire pour vaincre une résistance ou pression P à l'aide d'une presse à coin, se calcule par la formule : $F = \dfrac{2(1 + c \tan. \alpha)}{\tan. \alpha (1 - c^2) - 2c} P$, dans laquelle α est l'angle que fait la tête du coin avec chacune des faces travaillantes.

Pour un espace e parcouru par le coin en s'abaissant, le bloc comprimé avancera de $2e'$, e' étant égal à e tang. α, le travail moteur sera $F e = \dfrac{\tan. \alpha + c \tan.^2 \alpha}{\tan. \alpha (1 - c^2) - 2c} \times 2 P e'$.

Frottement de la vis et de son écrou. — La force F, nécessaire pour produire, à l'aide d'une vis à filets carrés, une pression donnée, s'obtient par la formule : $F = P \left(\dfrac{r}{R} \times \dfrac{h + 6{,}28 c r}{6{,}28 r - c h} \right)$.

Le travail T du frottement dans un tour de manivelle ou de levier est donné par $T = P h + P c \left(\dfrac{h^2 + 39{,}44 r^2}{6{,}28 r - c h} \right)$.

R le bras de levier ou le rayon de manivelle de la force P ;
r le rayon moyen de la surface hélicoïdale en contact ;
h le pas de la vis.

Pour les *vis à filets triangulaires* la formule du travail pour une révolution est : $T = P h + \dfrac{P c}{m} \left(\dfrac{h^2 + 39, 44 r^2}{6{,}28 r - c h} \right)$;

m étant le rapport de la hauteur au côté du triangle générateur.

Vis sans fin. — Le rayon R de la roue, devant décrire une révolution pendant un nombre n déterminé de tours de la vis, est donné par la formule : $R = \dfrac{n \times h}{6{,}28}$.

Frottement d'un tourillon dans un coussinet. — Le travail du frottement par seconde est $T = c P \times 6{,}28 r \times \dfrac{n}{60}$; r est le rayon du tourillon.

Frottement d'un tourillon sur des roues ou roulettes. — Le travail du frottement est donné par la formule : $T = c P \dfrac{r}{R} \times \dfrac{n}{60}$. Ainsi, plus le rayon R de la roue sera grand par rapport à r rayon du tourillon, plus le travail de frottement sera réduit.

Frottement d'un pivot dans une crapaudine. — Le travail du frottement par seconde est donné par la formule :

$$T = c P \frac{2}{3} 2 \pi r \times \frac{n}{60}, \text{ ou } T = \frac{4{,}19 \, r c P \times n}{60}.$$

Soit $c = 0{,}07$ — P $= 8000^k$ — $n = 10$ révolutions par minute — $r = 0{,}10$, alors $T = \dfrac{4{,}19 \times 0{,}10 \times 0{,}07 \times 8000 \times 10}{60} = 23^{k.m.}45$.

Frottement des boutons de manivelles et excentriques. — Le travail du frottement par seconde est donné par la formule :

$$T = \frac{0{,}1046 \, r \, c.\mathrm{P} \times n}{60}$$

P est la pression transmise par la bielle ou par la barre d'excentrique, et r le rayon du bouton ou de l'excentrique.

Frottement d'un piston dans un corps de pompe. — Le travail du frottement pour une course du piston est $T = 3{,}14 \, \mathrm{D} c \mathrm{P} \, h \, \mathrm{L}$, dans laquelle D est le diamètre du piston, h la hauteur de la garniture, P la pression du liquide ou gaz sur 1 mètre carré de surface, et L la course du piston.

Calculs des ressorts. — On distingue trois espèces de ressorts : les ressorts de suspension, les ressorts de traction et les ressorts de choc qui servent quelquefois comme ressorts de traction.

Les formules suivantes de MM. Philipps et Blacher servent à calculer les données des ressorts à feuille de même épaisseur.

Ressorts de suspension. — *Données préalables :* a = largeur des feuilles; i = la flexibilité par 1000 kilog.; $2 \, Q$ = la charge normale; $2 \, L$ = la longueur développée de la première feuille entre les points d'appui; $2 \, c$ = la corde de fabrication; $2 \, c'$ = la corde sans charge; f = la flèche de fabrication; r = le rayon de fabrication des feuilles; $2 \, P$ = la charge d'aplatissement du ressort; α = l'allongement correspondant; e = l'épaisseur des feuilles, on aura :

$$2\mathrm{P} = \frac{2\mathrm{Q} \times 0{,}005}{0{,}0022}; \quad f = \frac{i \cdot \times 2\,\mathrm{P}}{\mathrm{Q}}; \quad r = \frac{\mathrm{L}^2}{2f}; \, e = 2\,r\,\alpha.$$

Dans le cas où les épaisseurs de feuilles ne varient que de millimètres en millimètres, on prend comme épaisseur celle en millimètres qui se rapproche le plus de $e = 2\,r\,\alpha$; on en déduit

$$r = \frac{e}{2\,\alpha} \text{ et } f = \frac{\mathrm{L}^2}{2\,r}.$$

L'étagement se détermine par $l = \dfrac{\mathrm{M}}{\mathrm{P}\,r}$; M, le moment d'élasticité d'une feuille, s'obtient par $\mathrm{M} = \dfrac{\mathrm{E}\,a\,e^3}{12}$; $\mathrm{E} = 20{,}000{,}000{,}000$;

et $n = \dfrac{\mathrm{L}}{l}$ donne le nombre de feuilles.

Poids et volume d'un ressort. — a et b étant la largeur et l'épaisseur des lames, le volume d'un ressort est $V = \dfrac{(n+1)\,L'\,a\,b}{2}$;

n exprime le nombre de feuilles, et L' deux fois la force normale à la lame; et le poids $Q = \dfrac{(n+1)\,L'\,a\,b\,D}{2}$.

Les calculs pour déterminer les dimensions d'un ressort de traction ne diffèrent en rien de ceux pour les ressorts de suspension.

La quantité de travail que les ressorts de choc peuvent absorber s'obtient par $T = \dfrac{E\,V\,\alpha^2}{6}$; $V =$ volume du ressort.

Nota. — Dans les chemins de fer l'épreuve des ressorts suit la progression suivante :

Ressorts de wagons et voitures à voyageurs. $= 2000^k$
Ressorts de wagons à marchandises et tenders. $= 3000$ à 4500^k
Ressorts de locomotives.................... $= 5$ à 6000^k

La durée des expériences varie de 15 à 20 minutes.

ORGANES DE TRANSMISSION.

Chaînes. — Lorsqu'il s'agit d'une charge permanente la tension T par millimètre carré d'une chaîne en fer sans étais est en moyenne de 6 kilog.; elle est, pour les chaînes garnies d'étais, de 8 kilog. La résistance du fer d'une maille d'un diamètre d est égal au produit du double de sa section S par la tension T.

La double section $2\,S = \dfrac{2\,\pi\,d^2}{4}$ ou $1.5708\,d^2$; alors le poids P suspendu à la chaîne est obtenu par la formule $P = T \times 1.5708\,d^2$.

Cordages. — Un cordage sec en chanvre ne doit pas être chargé de plus de 400^k par centimètre carré; la formule pratique de résistance d'un cordage en chanvre est alors $R = 400\,d^2$. R exprimant la résistance en kilog., et d le diamètre du cordage en centimètres; le résultat correspond à moitié environ de la résistance absolue.

Un cordage goudronné perd 1/3 de sa force; un câble mouillé en perd les 2/3.

On calcule le poids en kilog. d'un cordage en chanvre par la formule $P = 0,00826\,c^2\,L$; c exprime la circonférence et L la longueur du cordage.

De deux câbles, l'un en chanvre, l'autre en fil de fer, la résistance est dans le rapport approximatif de 1 : 3.

TABLE DE RÉSISTANCE

A 1/6 DE LA FORCE ABSOLUE D'ÉPREUVE DES CABLES EN FIL DE FER.

DIAMÈTRE en millimètres	POIDS du mètre en kilogr.	FORCE à l'emploi en kilogr.	DIAMÈTRE en millimètres.	POIDS du mètre en kilogr.	FORCE à l'emploi en kilogr.
12	0,6	750	22	1,4	2000
14	0,7	1000	24	1,6	2250
16	0,8	1250	26	2,0	2500
18	1,0	1500	28	2,50	2750
20	1,2	1750	30	3,0	3000

Pour des transmissions à grande distance, on substitue avantageusement aux arbres de couche un câble métallique marchant sur des poulies en bois de 1 mètre de diamètre et soutenu de distance en distance par des poulies intermédiaires de même diamètre.

Courroies. — La résistance pratique d'une courroie est de 0^k2 par millimètre de section, soit de 20^k par centimètre carré. L'épaisseur ordinaire est de 5 millimètres.

La largeur des courroies se détermine dans de bonnes conditions par la formule $L = \dfrac{1500 \times F}{v}$; F exprimant la force en chevaux-vapeur, et v la vitesse en centimètres par seconde.

Ex. : si F = 2 chevaux-vapeur, et v = 3 mètres par seconde, alors $L = \dfrac{1500 \times 2}{300} = 10$ centimètres.

Il convient pour les courroies croisées ou non croisées de rester dans les limites de 1/4 à 3/4 pour le développement de l'arc embrassé par la courroie sur les poulies.

La résistance d'une courroie sur une poulie croît en proportion géométrique, alors que le nombre de points de contact croît en proportion arithmétique.

L'effort E à transmettre par une courroie s'obtient en divisant la force transmise, exprimée en kilogrammètres, par la vitesse V en mètres par seconde à la circonférence de la poulie; la formule est :
$$E = \left(\frac{N \times 75}{V} \right) ; (N \times 75) \text{ exprimant la force en chevaux.}$$

Cet effort connu, on en déduit la largeur de la courroie d'après la résistance propre du cuir à la traction.

M. Laborde a reconnu qu'une courroie d'une largeur de $0^m,081$, et douée d'une vitesse de $102^m,50$ par minute, peut transmettre la force d'un cheval-vapeur. On estime qu'une courroie est capable, en vertu de sa friction sur sa poulie, de transmettre un effort moyen de 6 kilog. par chaque centimètre de largeur.

TABLE

SERVANT A DÉTERMINER LA LARGEUR DES COURROIES, LA PRESSION EXERCÉE SUR LES AXES DES POULIES, D'APRÈS LA PUISSANCE A TRANSMETTRE ET LA QUANTITÉ DE CIRCONFÉRENCE ENVELOPPÉE. PAR M. ARMENGAUD AINÉ.

L'ENVELOPPEMENT DES POULIES ÉTANT SUPPOSÉ DE :

PRESSION PRIMITIVE en kilogrammes.	1/4 — Pression sur les axes.	1/4 — Largeur de la courroie en mill.	1/3 — Pression sur les axes.	1/3 — Largeur de la courroie en mill.	1/2 — Pression sur les axes.	1/2 — Largeur de la courroie en mill.	2/3 — Pression sur les axes.	2/3 — Largeur de la courroie en mill.
	k.		k.		k.		k.	
10	51	30	41	25	34	21	26	18
15	76	45	61	38	47	31	40	27
20	101	61	81	51	62	41	53	36
25	126	76	102	63	78	51	66	45
30	156	91	122	76	93	62	79	55
35	177	106	142	89	109	72	92	64
40	202	121	163	101	124	82	106	73
45	227	136	183	114	140	92	119	82
50	253	151	203	127	155	103	132	91
55	278	166	224	139	171	113	145	100
60	303	182	244	152	186	123	158	109
65	328	197	264	165	202	133	172	118
70	354	212	285	177	217	144	185	127
75	379	227	305	190	233	154	198	136
80	404	242	325	203	248	164	211	146
85	429	257	346	215	264	174	224	155
90	455	272	366	228	279	185	238	164
95	480	287	386	241	295	195	251	173
100	505	302	407	253	310	205	263	182
110	»	»	448	279	341	226	290	200
120	»	»	488	304	372	246	317	218
130	»	»	»	»	403	267	343	236
140	»	»	»	»	434	287	369	255
150	»	»	»	»	465	308	395	273

Poulies. — La largeur de la courroie étant donnée permet de calculer les proportions des poulies.

Ainsi, la largeur L' de la couronne $= 1,2\,L$; l'épaisseur du bord de la jante en millimètres ou $e = (0,03\,L) + 0,005\,R$; L exprimant la largeur de la courroie, et R le rayon de la poulie.

La jante ayant une surface bombée pour retenir la courroie, l'épaisseur au milieu ou $e' = 0,06$ L $+ 0,005$ R ou $e' = e + 0,03$ L; on ajoute 0,006 L pour la dépouille.

L'épaisseur e'' des bras $= 0,12$ L et près du moyeu $= 0,18$ L.

La largeur des bras près du moyeu ou $l = \sqrt{\dfrac{50 \text{ R}}{6}}$.

L'épaisseur du moyeu E $= 0,3$ L. La portée ou L'' $= 1,4$ L.

Engrenages. — Les formules des roues, poulies et tambours découlent des principes suivants : 1° les nombres N n de deux roues en contact sont proportionnels aux circonférences, diamètres ou rayons R r de ces mêmes roues; 2° les vitesses V v des roues sont en sens inverse du nombre de dents, et les vitesses des roues des poulies et tambours sont en raison inverse des rayons; d'où

$$\text{N} : n :: \text{R} : r, \quad \text{V} : v :: n : \text{N}, \quad \text{et } \text{V} : v :: r : \text{R}.$$

La formule $n = \dfrac{2\,\pi\,\text{R}}{p}$ donne le nombre de dents d'une roue; la formule D $= \dfrac{p \times n}{\pi}$ donne le diamètre.

La vitesse à la circonférence d'une roue est donnée par

$$\text{V} = \frac{2\,\pi\,\text{R} \times t}{60}; \quad t \text{ indiquant le nombre de tours.}$$

La vitesse angulaire est $v = \dfrac{\text{V}}{2\,\pi\,\text{R}}$; puis la formule $t = \dfrac{\text{V} \times 60}{2\,\pi\,\text{R}}$ exprime le nombre de révolutions d'une roue par minute.

L'effort exercé sur une dent de roue est donné comme pour la courroie par E $= \dfrac{\text{N} \times 75}{\text{V}}$; N $\times$ 75 est la quantité de travail en kilogrammètres ou en chevaux-vapeur de 75 kilogrammètres, et **V** la vitesse à la circonférence primitive de la roue.

L'épaisseur de la dent dépend de l'effort à transmettre; M. Benoit établit les rapports suivants entre la largeur l, l'épaisseur e et la saillie s des dents : $l = 5\,e$; $6\,l = 25\,s$, et $6\,e = 5\,s$. Il fait pour les dents de bois :

$$e = 9 \sqrt{\frac{\text{N}}{\text{V}}} \text{ pour } l = 5\,e; \quad e = 8,1 \sqrt{\frac{\text{N}}{\text{V}}} \text{ pour } l = 6\,e;$$

$$e = 7,6 \sqrt{\frac{\text{N}}{\text{V}}} \text{ pour } l = 7\,e;$$

7.

et pour les dents en fonte pour arbres premiers moteurs :

$$e = 6,30 \sqrt{\frac{N}{V}} ;$$

puis pour arbres de navires ou à volants : $e = 7,5 \sqrt{\frac{N}{V}}.$

Dans ces formules N est la force nominale en chevaux;

V la vitesse en mètres à la circonférence primitive de la roue;

Et e l'épaisseur en millimètres.

De l'épaisseur de la dent dérivent toutes les autres dimensions d'une roue d'engrenage.

Ainsi le pas des dents dans un engrenage brut de fonte est donné par $p = 2,1\ e$; si la dent est taillée $p = 2,05\ e$.

Dans un engrenage de bois et fonte, où la dent en fonte est les $\frac{4}{5}$ de la dent en bois, le pas $p = e + 0,8\ e$, on ajoute $\frac{1}{20}$ pour le jeu.

Le nombre des bras d'une roue est généralement 4, 6 et 8.

L'épaisseur de la jante = l'épaisseur de la dent.

L'épaisseur des bras $= 0,15 \times re + 2$ millim.; r rapport entre la largeur et l'épaisseur des dents = 5 d'ordinaire.

La largeur des bras ou $l = \dfrac{18\ e + 30\ \text{millim.}}{n}$; n est le nombre des bras. L'épaisseur du moyeu ou $E = 1,5\ e + 10$ millim.

La longueur du moyeu ou $L = re + 0,10\ R$; r rapport entre la largeur et l'épaisseur des dents = 5 d'ordinaire, et R rayon de la circonférence primitive de la roue.

L'épaisseur des nervures est égale à la largeur des dents; la hauteur des nervures aux extrémités correspond à la couronne et au moyeu.

Lorsque l'on connaît la pression P en kilog. l'épaisseur des dents se détermine encore par la formule :

1° $e = 0,105 \sqrt{P}$ pour la fonte; 2° $e = 0,145 \sqrt{P}$ pour le bois; et 3° pour le bronze et le cuivre $e = 0,131 \sqrt{P}$, en supposant la largeur $l = 4,5\ e$.

TABLE DES DIMENSIONS A DONNER AU PAS

ET A L'ÉPAISSEUR DES DENTS D'ENGRENAGES QUAND ON CONNAIT LA
PRESSION QU'ELLES DOIVENT SUPPORTER.

PRESSION en kilogr.	ROUES EN FONTE.		ROUES A DENTS DE BOIS.	
	Épaisseur des dents en millimètres.	Pas de l'engrenage en millimètres.	Épaisseur des dents en millimètres.	Pas de l'engrenage en millimètres.
5	2,3	4,9	3,2	6,8
10	3,3	6,9	4,7	9,8
15	4,0	8,5	5,6	11,8
20	4,6	9,7	6,4	13,4
30	5,7	12,0	7,9	16,6
40	6,6	13,9	9,1	19,2
50	7,4	15,6	10,2	21,5
60	8,1	17,0	11,2	23,5
70	8,7	18,4	12,1	25,4
80	9,4	19,7	12,9	27,3
90	9,9	20,8	13,7	28,8
100	10,5	22,0	14,5	30,4
125	11,6	24,4	16,1	33,8
150	12,8	26,9	17,7	37,1
175	13,8	29,1	19,1	40,2
200	14,8	31,1	20,2	42,5
225	15,7	33,0	21,7	47,6
250	16,6	34,8	22,9	48,1
275	17,3	36,3	23,9	50,2
300	18,2	38,1	25,1	52,6
350	19,6	41,2	27,1	56,9
400	21,0	43,2	29,0	60,9
500	23,4	49,1	32,3	67,9
600	25,7	54,0	35,5	74,6
700	27,7	58,2	37,2	78,3
800	29,7	62,4	41,0	86,2
900	31,5	66,1	43,5	91,3
1000	33,2	69,6	45,8	96,2

Dans les roues d'engrenage en fonte à grande vitesse, la denture peut, pour la commande des meules de moulins, être réduite à 25 ou 26 millimètres ; mais alors on fait $l = 5$ ou $6\ e$.

Si, par le croisement d'une courroie, on change le sens de mouvement de deux poulies ou tambours, il n'en est pas de même d'une roue intermédiaire entre deux roues ; elle ne change ni leur vitesse ni leur direction respective.

TABLE SERVANT A DÉTERMINER LES NOMBRES

DE DENTS OU LES DIAMÈTRES DES ROUES D'ENGRENAGES, QUAND ON CONNAIT LE PAS DE LA DENTURE, ET RÉCIPROQUEMENT.

Nombre de dents.	Diamètre.	Nombre de dents.	Diamètre.	Nombre de dents.	Diamètre.	Nombre de dents.	Diamètre.
10	3,183	46	14,642	82	26,100	118	37,559
11	3,501	47	14,960	83	26,419	119	37,878
12	3,820	48	15,278	84	26,737	120	38,196
13	4,138	49	15,597	85	27,055	121	38,514
14	4,456	50	15,945	86	27,374	122	38,833
15	4,774	51	16,233	87	27,692	123	39,151
16	5,093	52	16,552	88	28,010	124	39,469
17	5,411	53	16,870	89	28,329	125	39,788
18	5,729	54	17,188	90	28,647	126	40,106
19	6,048	55	17,506	91	28,965	127	40,424
20	6,366	56	17,825	92	29,284	128	40,742
21	6,684	57	18,143	93	29,602	129	41,064
22	7,002	58	18,461	94	29,920	130	41,379
23	7,321	59	18,780	95	30,238	131	41,697
24	7,639	60	19,098	96	30,557	132	42,016
25	7,957	61	19,416	97	20,875	133	42,334
26	8,276	62	19,734	98	31,193	134	42,652
27	8,594	63	20,053	99	31,512	135	42,970
28	8,912	64	20,371	100	31,830	136	43,289
29	9,231	65	20,689	101	32,148	137	43,607
30	9,549	66	21,008	102	32,467	138	43,925
31	9,867	67	21,326	103	32,785	139	44,244
32	10,186	68	21,644	104	33,103	140	44,562
33	10,504	69	21,963	105	33,421	141	44,880
34	10,822	70	22,281	106	33,740	142	45,199
35	11,140	71	22,599	107	34,058	143	45,517
36	11,459	72	22,917	108	34,376	144	45,835
37	11,777	73	23,236	109	34,695	145	46,153
38	12,095	74	23,554	110	35,013	146	46,472
39	12,414	75	23,872	111	35,331	147	46,790
40	12,732	76	24,191	112	35,650	148	47,108
41	13,050	77	24,509	113	35,968	149	47,427
42	13,369	78	24,827	114	36,286	150	47,745
43	13,687	79	25,146	115	36,604	151	48,063
44	14,005	80	25,464	116	36,923	152	48,382
45	14,323	81	25,782	117	37,241	153	48,700

On détermine le diamètre en mètres d'une roue d'engrenage, connaissant le pas des dents et leur nombre, en multipliant le diamètre correspondant dans cette table au nombre des dents, par le *pas* indiqué en mètres.

Arbres et Tourillons. — Dans le calcul du diamètre d'un arbre ou de ses tourillons, on tient compte à la fois de la torsion et de la flexion, et on adopte le plus grand des deux nombres trouvés dans les deux cas. Généralement c'est l'effort de torsion qui a le plus d'influence sur le résultat cherché, par la raison qu'on a le soin de rapprocher le plus possible le plan d'action de la force à transmettre des points d'appui de l'arbre dans ses coussinets.

Torsion. — L'effort de torsion peut se mesurer de deux façons différentes, soit par la puissance P multipliée par son bras de levier R, soit par le travail en chevaux N que l'arbre est chargé de communiquer. De cette double mesure résultent deux formules pratiques, qui reposent toutes deux sur cette loi très-simple, à savoir que la force de résistance d'un arbre à la torsion est proportionnelle au cube de son diamètre d. Ces deux formules sont :

$$d^3 = \frac{PR}{k} \qquad\qquad d^3 = \frac{N}{n} \times c.$$

n est le nombre de révolutions par minute, k et c sont deux coefficients dont nous donnons ci-dessous les différentes valeurs admises pour la fonte et le fer.

Pour les tourillons d'arbres premiers moteurs, c'est-à-dire arbres forts, on prend :

$$K = \begin{cases} 392940 \text{ pour le fer ou l'acier, d'après Morin.} \\ 630000 \text{ pour le fer} \\ 297000 \text{ pour la fonte} \end{cases} \text{d'après Love.}$$

$$\begin{aligned} C &= \quad 6859 \text{ pour la fonte} \\ C &= \quad 4096 \text{ pour le fer} \end{aligned} \Big\} \text{ d'après Buchanan.}$$

M. Armengand aîné a donné pour les arbres moteurs en fer une formule très-simple qui s'est trouvée vérifiée par un grand nombre d'applications. Cette formule est :

$$d = \sqrt[3]{0,007\,PR} + 1 \; {}^{c}\!/^{m}$$

Elle a l'avantage de prendre comme unité le centimètre pour d et R.

Pour les arbres de première et de deuxième transmission, dits arbres allégés, on pourra augmenter les coefficients ci-dessus dans les rapports de $\frac{3}{2}$ et de 2.

FORMULAIRE

TABLE DES DIAMÈTRES EN MILLIMÈTRES

DES TOURILLONS EN FER DES ARBRES PREMIERS MOTEURS POUR TRANS-
MISSIONS DE MOUVEMENT.

Cette table est déduite de la formule $d^3 = \dfrac{N}{n} \times c$, et $c = 4096$.

FORCE en chevaux.	NOMBRE DE TOURS PAR MINUTE.													
	10	15	20	25	30	35	40	45	50	60	70	80	90	100
	mil.	mil.	mil.	mil.	mil.	mil.	mil.	mil.	mil.	mil.	mil.	mil.	mil.	mil.
2	94	82	75	69	65	62	59	57	55	52	49	47	45	44
3	108	94	85	79	75	71	68	65	63	59	55	54	52	50
4	118	103	94	87	82	78	75	74	69	65	62	59	57	55
5	127	111	101	94	89	84	80	77	75	70	67	64	62	59
6	135	113	108	100	94	89	85	82	79	75	74	68	66	63
8	149	130	118	110	103	98	94	90	87	82	78	75	72	69
10	160	140	126	118	111	106	101	97	94	89	84	80	77	75
12	170	149	135	126	118	112	108	103	100	94	89	85	82	79
15	184	160	146	135	127	121	116	111	108	101	96	92	89	85
18	193	171	155	144	135	129	123	118	114	108	102	98	94	91
20	202	177	160	149	140	133	127	123	118	111	106	101	97	94
25	218	190	173	160	151	144	137	132	127	120	114	109	105	101
30	231	202	184	171	160	152	146	140	135	127	121	116	111	107
35	243	213	193	179	169	160	154	148	143	134	127	122	117	113
40	255	222	202	189	177	168	160	154	149	140	133	127	123	118
45	265	231	210	195	184	174	167	160	155	146	139	133	127	123
50	274	239	218	202	190	181	173	166	160	151	143	137	132	127
60	291	244	231	215	202	192	184	177	170	160	152	146	142	135
70	306	267	243	222	213	202	193	185	179	168	160	153	147	142
80	320	280	254	236	222	214	202	194	188	177	168	160	154	149
90	333	291	265	246	231	220	211	202	195	184	174	167	160	155
100	345	362	274	254	239	228	218	209	202	190	181	173	166	160

On multipliera les résultats de cette table par 0,81 ou 0,64 pour les tourillons en fer de première ou deuxième transmission.

Torsion. — Les arbres en fer dont il s'agit ici rentrent dans la catégorie des solides reposant librement sur deux points d'appui; on se sert donc pour le diamètre d, des formules :

$$d^3 = \frac{P\,L}{2356200} \quad \text{lorsque l'effort P agit au milieu de la longueur L.}$$

$$d^3 = \frac{P\,L\,L'}{2356200 \times L} \quad \text{lorsque l'effort agit à des distances L et L' des points d'appui.}$$

On peut, lorsque l'arbre est soumis à plusieurs charges, reporter toutes ces charges aux points d'appui et considérer l'arbre comme encastré au point d'application de la plus grande de ces charges. On applique alors la formule d'un solide encastré par une de ses extré-mités. $d^3 = \dfrac{pl}{589050}$, p étant l'effort résultant appliqué à l'un des points d'appui ou coussinets à une distance — l du point d'application de la charge la plus voisine.

Pour les arbres soumis à des chocs ou qui n'éprouvent que des flexions très-faibles, tels que les arbres des roues hydrauliques, il conviendra de prendre la moitié du coefficient 2356200, soit 1178100.

Vis, boulons, écrous. — M. Morin estime que l'on ne doit pas soumettre le noyau de la partie filetée à une résistance supérieure à 2^k80 par millim. carré.

Il fait alors le diamètre intérieur de la vis ou $d' = 0,674 \sqrt{P}$, d' diamètre du noyau en millim., et P la pression en kilog.

Le diamètre extérieur de la tige ou $d = \dfrac{6}{5}$ du diamètre du noyau.

M. Armengaud aîné adopte les proportions suivantes :

VIS A FILETS TRIANGULAIRES.	VIS ET BOULONS A FILETS CARRÉS.
Le diamètre extérieur $d = \dfrac{10}{9}\sqrt{P}$	Le diamètre extérieur $d = \dfrac{10}{9}\sqrt{P}$
Le pas............ $p = 0,08\,d + 1$	Le pas........ $p = 0,09\,d + 2$ mill.
La profondeur...... $h = \dfrac{19}{30}\,p$	La profondeur.... $h = \dfrac{0,855\,d + 19}{20}$
Le diamètre intérieur $d' = d - 2\,h$	Le diamètre intérieur.. $d' = d - 2\,h$
	L'épaisseur du filet... $e = 1/2\,p$

Le côté ou diamètre des têtes de boulons, rivets et écrous est gé-néralement D = 1,8 d; la hauteur des têtes de boulons est H = 0,6 à 0,8 d; celle des écrous est H' = d.

Coussinets et paliers. — En principe, l'épaisseur des coussinets en bronze est proportionnelle au diamètre du tourillon; toutefois le rapport entre l'épaisseur du coussinet et le diamètre varie selon la dimension des pièces.

L'épaisseur minimum ou $e = 0,07\,d + 4$ millim. pour les fortes pièces.

L'épaisseur maximum ou $e' = 0,11\,d + 4$ millimètres pour les pe-tites pièces.

Là saillie et l'épaisseur des joues ou $e'' = 0,1\ d$.

La portée du coussinet égale celle du tourillon ; or, la portée ou longueur d'un tourillon ou $l = 1,5\ d$, moyennement.

Palier. — La portée $l' = 1,5\ d - 2\ s$. Or, chaque saillie $s = 0,1\ d$, ainsi $l' = 1,3\ d$. L'épaisseur du palier au-dessous de la portée ou $l'' = 1,05\ d$.

La largeur de la semelle ou $L = 1,2\ d$, et la distance des trous des boulons sur la semelle ou $L' = 1,25\ d + 42$ millim.

La distance des centres des boulons sur le chapeau ou $L'' = 1,84\ d + 18$ millim.

L'épaisseur minimum et maximum du chapeau et du palier varie entre 2 fois et 2 fois 15 le diamètre des boulons de serrage. L'épaisseur de la semelle égale 1,3 le diamètre du boulon $+ 5$ millim.

TABLE DES PROPORTIONS DE VIS ET BOULONS.

BOULONS ET VIS à filets triangulaires.				BOULONS ET VIS à filets carrés.			
Diamètre extérieur	Noyau intérieur.	Pas.	Traction longitudinale.	Diamètre extérieur	Noyau intérieur.	Pas.	Traction longitudinale.
millim.	millim.	millim.	kil.	millim.	millim.	millim.	kil.
5	3,2	1,4	20	20	18,20	3,80	324
7,5	5.5	1,6	45	25	22,98	4,25	506
10	7,7	1,8	81	30	27,77	4,70	729
12	9,9	2,0	126	35	32,55	5,15	992
15	12,2	2,2	182	40	37,34	5,60	1296
17,5	14,5	2,4	248	50	46,81	6,50	2025
20	16,7	2,6	324	60	56,49	7,40	2916
25	21,2	3,0	506	70	66,06	8.30	3569
30	25,7	3,4	729	80	75,63	9,20	5184
35	30,2	3,8	992	90	85,90	10,10	6561
40	34,7	4,2	1296	100	94,78	11,00	8100
45	39,2	4,6	1640	110	104,35	11,90	9801
50	43,7	5,0	2025	120	113,92	12,80	11664

Manivelles en fer ou en fonte. — M. Morin admet que l'on peut charger de 50 kilog. par centimètre carré le bouton d'une manivelle.

On détermine le diamètre du bouton par la formule suivante :

$d = 3\ \sqrt[3]{P}$; d diamètre du bouton en centimètres, et P pression totale en quintaux métriques qui s'exerce sur lui et qui n'est autre que la pression exercée par la vapeur sur le piston.

La longueur l du bouton et des tourillons est $1,25\ d$.

Connaissant le diamètre D du tourillon de l'arbre moteur et celui d du bouton de la manivelle, on en déduit les autres dimensions de la manivelle d'après les indications suivantes de M. Armengaud aîné.

Moyeu et corps de la manivelle. — Le diamètre intérieur du moyeu correspondant au diamètre de l'arbre ou $D' = 1,1\ D + 10$ mill. pour une manivelle en fer ou en fonte montée sur arbre en fer. La longueur $L = 1,2\ D$. L'épaisseur autour de l'arbre ou $E = 0,436\ D$ pour le fer, et $E = 0,515\ D$ pour la fonte.

La largeur du corps mesuré au centre ou $A = 1,3\ D$ pour le fer, et $A = 1,55\ D$ pour la fonte.

L'épaisseur correspondante ou $H = 0,805\ D$ pour le fer, et $H = 1,02\ D$ pour la fonte.

OEil de la manivelle. — Le diamètre intérieur de l'œil ou $d' = d$, diamètre du bouton; la portée ou longueur $l = 1,3\ d$.

L'épaisseur autour de la fusée ou $e = 0,5\ d$ pour le fer, et $e = 0,628\ d$ pour la fonte.

La section du corps au centre ou $s = 1,3\ d$ fer, et $s = 1,5\ d$ fonte.

L'épaisseur correspondante ou $e' = 0,675\ d$ fer, et $1,1\ d$ fonte.

Pour les navires à vapeur la manivelle M, placée sur l'arbre moteur entre les deux cylindres, est plus forte que la manivelle M' placée sur l'arbre portant la roue à palettes.

Ces manivelles M M' ont des dimensions communes :

Partie du moyeu $D' = D$		Partie de l'œil $d' = d$	
—	$E = 0,3\ D$	—	$e = 0,357\ d$
—	$A = 1,35\ D$	—	$s = 0,7\ d$.

Les épaisseurs de ces manivelles se répartissent comme suit :

Moyeu.

Manivelle M.

$L = D$, et $H = 0,644\ D$

Manivelle M'.

$L' = 0,8\ D$, et $H' = 0,515\ D$.

OEil.

$l = 1,1\ d$

$e' = 0,65\ d$

$l' = 0,9\ d$

$e'' = 0,47\ d$.

Bielles en fer et en fonte. — Cette pièce, qui relie la tige du piston au bouton de la manivelle, a deux efforts à supporter; l'un de traction dû au tirage du piston et égal à la pression de la vapeur sur

ce dernier, l'autre d'écrasement et de flexion quand le piston re-
pousse la bielle.

Exprimant par d' le diamètre en millimètres de l'extrémité de la
bielle en fer, et P la pression en kilog., on a $d' = \sqrt{P} + 5$ millim.

Le diamètre au milieu du corps de la bielle ou $D = d' \sqrt{\dfrac{30 + r}{30}}$,

r exprimant le rapport entre la longueur L de la bielle et le diamètre d de chaque extrémité.

Or, si ce rapport $= 25$, la formule devient

$$D = d' \sqrt{\frac{30 + 25}{30}} = d' + 1,353.$$

Si le rapport était 10 : 1 on aurait $D = d' + 1,153$.

Cette formule suppose une résistance de 80 à 100 kilog. par cent.
carré pour le fer; mais pour la fonte, on n'admet qu'une charge de
30 à 35 kilog. par centimètre carré aux extrémités, et seulement de
20 à 25 kilog. vers le milieu pour éviter la flexion.

Le diamètre de la section milieu du corps à nervures d'une bielle
en fonte, en tenant compte de la réduction pour parties méplates, ou

$$D = \sqrt{\frac{P}{23,6}};$$ P pression effective de la vapeur en kilog., et
D diamètre en centimètres.

Balancier en fonte. — D'après M. Armengaud aîné cette pièce est
calculée suivant la longueur L en centimètres des bras, et suivant
la pression P de la vapeur en kilog. sur le piston.

La formule est $P L = \dfrac{R \, a \, b^2}{6}$, de laquelle on tire $a \, b^2 = \dfrac{6 \, P \, L}{R}$;

a dimension horizontale du balancier; b dimension verticale; R coefficient de résistance pour la fonte $= 700$.

La longueur L de chaque bras $= 1,5$ la course du piston ou 3 fois
la longueur de la manivelle. Dans les machines à basse pression
cette longueur égale 3 fois le diamètre du cylindre.

Le rapport entre a et b est compris entre 1 à 12, 1 à 16 et 1 à 20.
Le rapport de b à L ne doit pas dépasser 1/4 ou 1/3.

Si l'on fait $\dfrac{b}{a} = 16$, on aura $b = \sqrt[3]{\dfrac{6 \times P \times L \times 16}{R}}$; on donne

aux nervures la même épaisseur qu'au balancier, et on fait $a' = a$,

puis on fait la largeur $b' = \dfrac{b}{5}$ ou $0,2 \, b$.

Cette dimension connue permet de déterminer les autres.

La longueur de l'arbre central du balancier ou $l = 1,5\ b$.

Le diamètre au milieu du corps de cet arbre ou $D = \sqrt[3]{\dfrac{P\,b}{140}}$;

P charge en kilog.

Le diamètre de chaque tourillon ou $d = 0,8\ D$.

La largeur du moyeu ou $l' = 0,45\ b$, et l'épaisseur minimum de $e = 0,09\ b$.

Les tourillons extrèmes du balancier auxquels sont suspendues la bielle et la tige du piston ont un diamètre $d' = 0,8\ d$, d diamètre du bouton de la manivelle; le corps de l'arbre de chaque tourillon ou $d'' = 1,25\ d'$. Les bouts sphériques du balancier ou $D' = 0,4\ b$; la portée de ces moyeux ou $l' = 0,32\ b$.

Tige des pistons. — Le diamètre de la tige en fer des pistons, qui dans les machines à vapeur à basse pression est égal au 1/10 du

diamètre du piston, se calcule par la formule $d = \sqrt{\dfrac{S \times P}{100}}$; S surface du piston en centimètres carrés; P pression en kilog. sur chaque centimètre carré, et 100 la charge à laquelle résiste chaque centimètre carré de la tige. Cette règle s'applique aux tiges de piston de pompe à air où la pression sur le piston équivaut à 1 kilog. par centimètre carré.

La formule pour une tige en acier est $d = 0,6 \sqrt{\dfrac{S \times P}{100}}$, c'est-à-dire que le diamètre de la tige en acier est les 0,6 de celui de la tige en fer.

Cylindre en fonte. — L'épaisseur en centimètres d'un cylindre à vapeur est donnée par la formule de Tredgold :

$$E = \left(\frac{4\,P \times D^2}{420\,(D - 5,5)} \right) + 1;$$

P pression de la vapeur en kilog. sur un centimètre circulaire, D diamètre intérieur en centimètres.

Volants. — M. Morin donne, pour calculer le poids de la jante d'un volant de machine à vapeur, la formule suivante :

$$P\,V^2 = \frac{4645 \times c \times F}{n}, \text{ d'où } P = \frac{4645 \times c \times F}{n \times V^2};$$

F nombre de chevaux-vapeur; n nombre de révolutions de l'arbre du volant par minute; V la vitesse à la circonférence moyenne du volant; c est un coefficient qui varie suivant le degré de régularité à obtenir.

Ainsi $c = 20$ à 25 pour machines à vapeur, commandant des moulins à farine, scieries, pompes, etc.; $c = 35$ à 40 pour les machines commandant les filatures, n°s 40 à 60 (1); $c = 50$ à 60 pour les filatures, n^{os} très-fins.

Pour les machines de laminoirs, M. Morin établit la formule :

$$P = \frac{130,000\ F \times c}{n \times V^2};$$

alors il fait $c = 20$ pour machines de 80 à 100 chevaux; $c = 25$ pour machines de 60 chevaux; et $c = 80$ pour machines de 30 à 40 chevaux.

Cette valeur variable du coefficient c provient de ce qu'il y a à la fois plus ou moins d'appareils en fonction ou en repos.

Le poids de la jante étant connu, on en détermine la section par la formule $V = \dfrac{P}{d}$, V volume, P le poids et d la densité de la fonte, de laquelle on tire, en faisant $V = S \times 2\pi R$, la formule $S = \dfrac{P}{d \times 2\pi R}$.

S section de la jante, R rayon de la circonférence moyenne.

Le diamètre d'un volant peut se déduire du nombre de révolutions qu'il doit faire par minute; il est reconnu, en effet, que la vitesse à la circonférence moyenne des volants placés sur l'arbre de la manivelle est de 5 à 7 mètres par seconde.

Dans les machines à basse pression ce diamètre est 3,5 à 4 fois la course du piston. L'énergie des volants étant proportionnelle à leur poids et au carré des vitesses, on les monte quelquefois sur des arbres accélérés.

Le diamètre du volant d'une scierie alternative est généralement $D = 1^m$ à $1^m 30$. Le poids de la jante est donné par $P = \dfrac{2500}{V^2}$; or, si l'on fait $V = 6^m$, alors $P = \dfrac{2500}{36} = 590$ kilog.

Pendule conique de Watt. — Le régulateur à boules centrifuges peut s'assimiler à un pendule simple dont la longueur est égale à la distance du point de suspension au plan horizontal passant par les centres des boules; la durée d'une révolution entière des boules équivaut à la durée d'une oscillation complète du pendule.

Il se présente les questions suivantes :

La distance verticale en centimètres du point d'attache ou de sus-

(1) En filature, le numéro d'un fil de coton est le nombre d'écheveaux de 1000 mètres pesant ensemble 500 grammes.

pension d'un régulateur au plan horizontal passant par les centres des boules, ou $h = \dfrac{89478}{n^2}$; n nombre de révolutions par minute.

Sous l'angle de 30° que font les branches du pendule à la plus petite vitesse avec l'axe, la longueur en centimètres des branches, depuis le point d'attache jusqu'au centre des boules, est donnée par

$$l = \frac{103320}{n^2}, \text{ d'où } n = \sqrt{\frac{103320}{l}}.$$

D'après Poncelet, la force centrifuge d'un corps animé d'une certaine vitesse, et dont le poids est connu, est donné par

$$F = \frac{P \times n^2 \times D}{1789};$$

D diamètre en mètres du cercle décrit par les boules; P poids des boules.

Le poids des boules résulte des diverses résistances à vaincre; frottement des articulations des deux leviers, de la douille sur l'axe, du poids de la valve, du robinet d'introduction, etc.

Pompes. — Le travail utile d'une pompe est égal au poids de la colonne d'eau élevée à chaque oscillation.

Appelant H la distance en mètres qui existe entre le niveau du puisard et le point de versement, D le diamètre en mètres du piston, et P la charge ou la pression en kilogrammes sur le piston, on a

$$P = \frac{1000\,\pi\,D^2 \times H}{4} = 785\,D^2\,H \text{ en kilog.}$$

Le travail en une seconde est exprimé par $T = 785\,D^2\,H \times v$.

Dans les pompes ordinaires, le volume d'eau élevé n'est que les 0,9 environ du volume que cube la pompe.

Si donc l représente la course du piston, le volume théorique sera $V = \dfrac{\pi\,D^2 \times l}{4}$; mais le volume pratique sera exprimé par

$$V' = \frac{0,9 \times \pi\,D^2 \times l}{4}.$$

La vitesse du piston ou $v = \dfrac{2\,l \times n}{60}$, n nombre de coups par minute.

Pour les usages domestiques, la vitesse du piston ou $v = 0^m16$ à 0^m25 par seconde; pour les locomotives et autres applications industrielles, cette vitesse est supérieure. Le diamètre des tuyaux d'aspiration et d'ascension égale les 2/3 de celui du corps de pompe;

l'ouverture des soupapes doit être moitié au moins de celle du corps de pompe.

On a pour les pompes les formules suivantes à 0,60 d'effet utile :

Puissance à employer ou $F = 1100\ D^2 \times H \times v$ kilogrammètres ;

volume théorique du cylindre pour une course l ou $V = \dfrac{\pi\,D^2 \times l}{4}$;

et volume d'eau élevé par coup de piston, $V' = \dfrac{0,9\,\pi\,D^2\,l}{4}$.

Diamètre de la pompe ou $D = \sqrt{\dfrac{4\,V}{\pi\,l}}$.

Presse hydraulique. — Cette machine est fondée sur le principe suivant de Pascal : La pression des liquides est proportionnelle à la surface sur laquelle ils agissent.

La pression exercée par une presse hydraulique est le produit de deux efforts combinés, l'un mécanique et l'autre hydrostatique ; elle est exprimée par $E = \dfrac{c\,P\,L\,D^2}{l\,d^2}$; E effort en kilogrammes, P pression à l'extrémité du levier, D et d diamètres du grand et du petit piston, L et l grand et petit bras du levier, c coefficient variant de 0,80 à 0,85 des moyennes aux fortes pressions.

Vis d'Archimède. — Le noyau intérieur porte d'ordinaire trois filets hélicoïdes équidistants ; son diamètre est le 1/3 de l'enveloppe, qui porte de 0ᵐ33 à 0ᵐ66 de diamètre.

La longueur de la vis varie de 12 à 18 fois le diamètre extérieur. L'angle d'inclinaison de l'hélice sur l'axe est d'ordinaire de 55 à 60°, l'inclinaison de l'axe de la vis avec l'horizon varie de 30 à 45°. Pour le meilleur effet, la base inférieure de la vis doit plonger moitié dans l'eau.

Un ouvrier peut élever 15 mètres cubes d'eau à 1 mètre et par heure ; le travail journalier est alors de 6 heures.

Frein de Prony. — Cet appareil d'estimation de la force des moteurs est fondé sur l'équilibre du frottement et de la résistance à vaincre.

En appelant R le levier à l'extrémité duquel est suspendu le plateau, P la somme des poids, n le nombre de révolutions de l'arbre par minute, et F la force nominale en chevaux vapeur, on détermine

soit le poids à placer dans le plateau par la formule $P = \dfrac{4500\,F}{2\,\pi\,R \times n}$,

soit la force réelle en chevaux vapeur par la formule $F = \dfrac{2\,\pi\,R \times n\,P}{4500}$.

Le frein dynamométrique de M. Morin, pour déterminer la force permanente d'un moteur, consiste en un style ou crayon, qui, soumis aux flexions de lames d'acier, trace sur une bande de papier une courbe exprimant graphiquement les effets du moteur transmis et mesurés par ces lames.

Location de force motrice. — On peut se servir, pour distribuer ou mesurer la force motrice, soit de courroies libres avec poulies de tension chargées de poids proportionnels, soit de cônes de friction, de telle sorte que le mouvement soit interrompu dès que la résistance dépasse le maximum de force louée.

CHAUFFAGE DES FOYERS INDUSTRIELS.

Les combustibles généralement employés sont la houille, le coke, le bois, l'anthracite, la tourbe et certains agglomérés. Un kilog. de bonne houille développe 7500 calories, et un kilog. de vapeur à 100° absorbe 650 calories de chaleur latente et sensible, il résulte une production en vapeur théorique exprimée par $\dfrac{7500}{650} = 11^k54$ par kilog. de houille; or, en pratique, sous les générateurs cylindriques, avec ou sans bouilleurs, on n'obtient en moyenne d'un kilog. de houille que 6^k50 de vapeur, et sous les meilleurs générateurs tubulaires on n'a pu encore dépasser 10 kilog.

La puissance calorifique du coke à celle de la houille est comme 13 : 14; dans les locomotives le coke encrasse moins les tubes et la grille, il est fumivore, il concentre mieux le calorique et il ne doit donner que 5 à 8 p. 0/0 de résidus ou cendres.

La puissance calorifique de la tourbe ordinaire, par rapport à celle de la houille, est comme 1 : 2,50; celle du bois ordinaire est comme 1 : 2,28; celle du coke de gaz est au coke de four comme 6 : 8. Ainsi, lorsqu'un kilog. de houille évapore 6^k50 d'eau, 1 kilog. de coke en vaporise 5^k8 à 6^k, la tourbe 2^k6, et le bois 2^k8 d'eau moyennement.

Mesurage de la houille et du coke. — L'hectolitre de houille mesurant 0^m503 de diamètre et de hauteur, pèse 78 à 80 kilog.; le mètre cube pèse $10 \times 80 = 800^k$. La voie ancienne mesurait 15 hectolitres et pesait 1200 kilog. L'hectolitre de coke pèse 38 à 40 kilog.; le mètre cube pèse 380 à 400 kilog. La voie ancienne mesurait $15 \times 40 = 600$ kilog.

Pour mesurer un bateau chargé de houille ou de coke on évalue le volume d'eau déplacé, on cherche le nombre d'hectolitres contenu dans le volume trouvé et on le multiplie par le rapport existant entre le volume d'eau et celui de houille ou de coke à poids égal, en se guidant sur les données suivantes :

```
1 hectolitre ou 100 kil. d'eau équivalent à 2 hect. 64 de coke à   38 kil.
1    id.        id.              id.      2      44    id.     40
1    id.        id.              id.      1      28 de houille à 78
1    id.        id.              id.      1      25    id.     80
```

Dans la combustion du bois, un tiers du volume de l'air passe dans la cheminée sans être brûlé; pour la houille et les autres combustibles, la moitié du volume de l'air échappe à la combustion. C'est d'après cette donnée que se trouve calculée la sixième colonne de la table suivante :

TABLE

DONNANT LA COMPOSITION DE DIVERS COMBUSTIBLES, LEUR PUISSANCE CALORIFIQUE, LE VOLUME D'AIR ABSOLU ET DE COMBUSTION, ET LE VOLUME DE GAZ S'ÉCHAPPANT PAR LA CHEMINÉE, EN SUPPOSANT UNE TEMPÉRATURE DE 300°.

COMBUSTIBLES.	COMPOSITION			Puissance calorifique.	VOLUME D'AIR.		Volume de gaz s'échappant par la cheminée à 300°.
	Carbone.	Hydrogène.	Autres gaz et cendres.		Théorique.	Pratique.	
	(1)	(2)	(3)	(4)	(5)	(6)	(7)
Bois ordin. à 0,20 d'eau	0,416	»	»	2800	3,60	5,40	12,85
Bois sec	0,51	0,10	0,37	3600	4,50	6,75	15,43
Tourbe sèche 1re. qual.	0,58	0,02	0,40	4000	5,64	11,25	24,63
Charbon de tourbe.....	0,75	»	0,25	5800	6,60	13,20	27,72
Charbon de bois	0,80	0,02	0,18	7000	8,20	16,40	34,44
Anthracite	0,90	0,024	0,076	7350	»	»	»
Houille moyenne......	0,88	0,05	0,07	7500	9,05	18,10	38,72
Coke.............	0,85	»	0,15	6000	7,50	15,00	31,50
Goudron de gaz......	0,58	0,19	0,23	10758	10,17	20,34	»
Oxyde de carbone....	0,43	»	0,57	2488	3,78	»	»
Carbone...........	»	»	»	7170	8,81	»	»
Alcool............	0,52	0,14	0,34	6855	8,31	16,62	»
Ether sulfurique.....	0,53	»	»	9430	10,17	»	»
Hydrogène..........	0,58	»	»	34742	26,66	»	»

Le pouvoir rayonnant du bois et de la tourbe est de 0,25 à 0,28; celui du charbon de bois, de la tourbe carbonisée, de la houille et du coke est de 0,50 à 0,55, en supposant les puissances calorifiques égales à l'unité.

La puissance calorifique utilisable d'un combustible dépend de la quantité de cendre qu'il fournit; ainsi, la houille qui donnerait 0,15 p. 0/0 de cendre n'aurait de calorique effectif que $0,85 \times 7500 = 6375$ calories.

Dans les marchés de l'État les conditions suivantes sont prescrites: 6^k50 de vaporisation minimum par kilog. de houille, 13 p. 0/0 maximum de cendres et résidus, 2 p. 0/0 de mâchefer, et le poids maximum de l'hectolitre de houille = 80 kilog.

Générateurs à vapeur. — Leur disposition varie pour machines fixes, locomotives et navires à vapeur.

La chaudière des usines à vapeur est cylindrique et munie ou non d'un ou de deux bouilleurs extérieurs. Ce générateur est de préférence en tôle de fer au bois du Berry. La tôle est un métal résistant et très-malléable. Le poids d'un tel générateur s'apprécie moyennement à raison de 12 kilog. le mètre carré de tôle par chaque millimètre d'épaisseur non compris les accessoires qui entrent pour 25 à 30 p. 0/0 du poids total. Son prix de revient est six fois moindre que celui du cuivre, en tenant compte de sa densité relativement plus faible.

D'après l'expérience, la tenacité de la tôle croît de 1/6 environ de 0 à 205°; mais au-delà elle diminue rapidement et descend à 715° au 1/30 de celle à zéro.

On subdivise la surface totale d'un générateur en surface de chauffe rayonnante et de contact. L'évaporation par heure d'un mètre carré de surface rayonnante est d'environ 40 à 45 kilog. d'eau; mais la surface de contact, celle exposée aux gaz dans les carneaux ne produit que 6 à 7 kilog. par mètre carré, ce qui porte en moyenne à 25 ou 30 kilog. la production en vapeur par heure et par mètre carré de surface totale de chauffe directe et indirecte.

Dans les générateurs tubulaires de locomotives, le mètre carré du foyer en cuivre, exposé au feu rayonnant le plus intense, produit par heure 100 à 120 kilog. de vapeur, tandis que le mètre carré de surface tubulaire, au contact de la flamme et des gaz, ne produit que 40 kilog., soit le 1/3 seulement.

Bien qu'un mètre carré de surface de chauffe suffise dans beaucoup de cas à la puissance d'un cheval-vapeur ou à la vaporisation de 25 à 30 kilog., cependant, pour conserver les bouilleurs et la chaudière des machines fixes, et en prévision d'une plus grande production, on donne en pratique 1$^{m.q.}$50 de surface de chauffe par force de cheval-vapeur, ce qui suppose une évaporation moyenne de 18 à 20 kilog., que l'on peut augmenter à volonté.

La surface totale d'un générateur à bouilleurs se décompose ainsi : 4/5 de la surface des bouilleurs et 1/2 surface de la chaudière. Soit une chaudière de 30 chevaux à raison de 1$^{m.q.}$50 par cheval-vapeur ; la surface totale de chauffe sera de 45 mètres carrés. La chaudière, ayant un mètre de diamètre et une longueur de 10 mètres, aura pour surface de chauffe $\dfrac{30}{2} = 15$ mèt. carrés. La surface de chauffe des deux bouilleurs, ayant 0^{m}60 de diamètre et 10^{m}50 de long., sera les $\dfrac{4}{5}$ de 38 mètres carrés, soit 30 mètres carrés.

Une chaudière cylindrique sans bouilleurs présente à surface égale environ le même produit en vapeur qu'avec un ou deux bouilleurs extérieurs.

Tout générateur mis temporairement au repos doit être bien nettoyé et enduit de goudron ou de graisse mêlée de plombagine.

On entend par *surface de chauffe réduite* dans une locomotive la surface intégrale du foyer, plus le $\dfrac{1}{3}$ de la surface tubulaire ; on estime alors qu'un mètre carré de surface de chauffe réduite vaporise moyennement 90 à 100 kilog. d'eau à l'heure.

Il est utile, pour se conformer aux ordonnances réglementaires, de connaître la capacité totale d'un générateur.

Le volume total d'une chaudière cylindrique de longueur L et de rayon R est exprimé par $V = L \times \pi R^2 + \dfrac{4}{3} \pi R^3$; celui d'un générateur avec deux bouilleurs de rayon r et de longueur l est donné par $V = L \left(\pi R^2 + \dfrac{4}{3} \pi R^3 \right) + 2 l \left(\pi r^2 + \dfrac{4}{3} \pi r^3 \right).$

Dans la table suivante, M. Grouvelle admet :

1° Une chaudière cylindrique et à deux bouilleurs ;
2° Le diamètre des bouilleurs moitié de celui de la chaudière ;
3° La longueur des bouilleurs = 1,1 fois celle de la chaudière ;
4° La longueur de la chaudière = 5 fois son diamètre ;
5° Deux mètres carrés de surface par force de cheval.

DES CATÉGORIES AUXQUELLES CORRESPONDENT LES DIFFÉRENTES CAPACITÉS DE CHAUDIÈRES POUR DIFFÉRENTES TENSIONS DE LA VAPEUR EXPRIMÉES PAR LES NUMÉROS DES TIMBRES.

CAPACITÉS des chaudières en mètres cubes.	FORCES en chevaux à peu près correspondantes (1).	NUMÉROS DES CATÉGORIES AUXQUELLES CORRESPONDENT LES CHAUDIÈRES POUR LES NUMÉROS DES TIMBRES.																		
		1	1 1/2	2	2 1/2	3	3 1/2	4	4 1/2	5	5 1/2	6	6 1/2	7	7 1/2	8	8 1/2	9	9 1/2	10
0,300	1,37	4me																		4me
0,345	1,44	4me																	4me	3me
0,330	1,50	4me																4me	3me	3me
0,350	1,60	4me															4me	3me		3me
0,375	1,71	4me														4me	3me			3me
0,400	1,82	4me													4me	3me				2me
0,425	1,94	4me												4me	3me					3me
0,460	2,10	4me											4me	3me						3me
0,500	2,28	4me										4me	3me							3me
0,540	2,46	4me									4me	3me								3me
0,600	2,74	4me								4me	3me									3me
0,660	3,00	4me							4me	3me										3me
0,750	3,42	4me						4me	3me									3me	2me	2me
0,850	3,78	4me					4me	3me								3me	2me			2me
1,000	3,95	4me				4me	3me							3me	2me					2me
1,200	4,14	4me			4me	3me						3me	2me							2me
1,500	4,47	4me		4me	3me					3me	2me									2me
2,000	6,89	4me	4me	3me		3me	2me								2me	1re				1re
3,000	10,30	4me	3me	3me	2me			2me	1re											1re
4,000	13,80	3me	3me	2me			2me	1re												1re
5,000	17,20	3me	2me			2me	1re													1re
6,000	20,70	3me	2me		2me	1re														1re
7,000	24,10	3me	2me	2me	1re															1re
8,000	27,50	2me	2me	1re																1re
9,000	31,00	2me	2me	1re																1re
10,000	34,50	2me	2me	1re																1re
11,000	38,00	2me	1re																	1re
12,000	41,25	2me	1re																	1re

(1) Cette deuxième colonne s'appuie sur des données spéciales, et M. Grouvelle ne la donne qu'à titre de renseignements approximatifs.

L'épaisseur en millimètres des tôles de chaudières cylindriques à vapeur se calcule par la formule administrative :

$$e = 1,8\,D(N-1)+3 \; ; \; \text{et } N = 1 + \frac{e-3}{1,8\,D}.$$

D diamètre de la chaudière en mètres, et N nombre d'atmosphères de la vapeur à l'intérieur de la chaudière.

TABLE DES ÉPAISSEURS

A DONNER AUX CHAUDIÈRES A VAPEUR CYLINDRIQUES EN TOLE
ET EN CUIVRE LAMINÉ.

DIAMÈTRES des Chaudières.	NUMÉROS DES TIMBRES EXPRIMANT LES TENSIONS DE LA VAPEUR.					
	2 atmosph.	3 atmosph.	4 atmosph.	5 atmosph.	6 atmosph.	7 atmosph.
mèt.	m/m	m/m	m/m	m/m	m/m	m/m
0,50	3,9	4,8	5,7	6,6	7,5	8,4
0,55	4,0	5,0	6,0	7,0	7,9	8,9
0,60	4,1	5,1	6,2	7,3	8,4	9,5
0,65	4,2	5,3	6,5	7,7	8,8	10,0
0,70	4,3	5,5	6,8	8,0	9,3	10,5
0,75	4,3	5,7	7,0	8,4	9,7	11,1
0,80	4,4	5,9	7,3	8,8	10,2	11,6
0,85	4,5	6,1	7,6	9,1	10,6	12,2
0,90	4,6	6,2	7,9	9,5	11,1	12,7
0,95	4,7	6,4	8,1	9,8	11,5	13,3
1,00	4,8	6,6	8,4	10,2	12,0	13,8
1,10	5,0	7,0	8,9	10,9	12,9	14,9
1,20	5,2	7,3	9,5	11,6	13,8	16,0
1,30	5,3	7,7	10,0	12,4	14,7	»
1,40	5,5	8,0	10,6	13,1	15,6	»
1,50	5,7	8,4	11,1	13,8	»	»

A la pression de 8 atm. dans la chaudière, on aurait les épaisseurs suivantes :

Diamètre : 0ᵐ50 0,55 0,60 0,65 0,70 0,75 0,80 0,85 0,90 0,95 1,00
Épaisseur : 9ᵐᵐ3 9,9 10,5 11,2 11,8 12,4 13,1 13,7 14,3 15,0 15,16

Il est préférable de ne pas établir de générateur au-dessus de 1 mètre de diamètre, et d'accoupler deux chaudières pour de puissantes machines en les alimentant séparément.

TABLE

DES DIMENSIONS ADOPTÉES POUR LES GÉNÉRATEURS A BOUILLEURS ET DES ÉPAISSEURS DES TÔLES POUR UNE PRESSION DE 5 ATMOSPHÈRES (PÉCLET).

NOMBRE de chevaux.	LONGUEUR des chaudières	LONGUEUR des deux bouilleurs.	DIAMÈTRE des chaudières	DIAMÈTRE des bouilleurs.	ÉPAISSEUR de la tôle des chaudières	ÉPAISSEUR de la tôle des bouilleurs.
	m.	m.	m.	m.	m.	m.
2	1,65	1,75	0,66	0,28	8	8
4	2,10	2,20	0,70	0,30	8	8
6	2,70	2,85	0,75	0,35	9	10
8	3,40	3,60	0,80	0,35	9	10
10	4,10	4,30	0,80	0,38	10	10
12	4,80	5,00	0,80	0,38	10	10
15	5,60	5,80	0,80	0,45	10	10
20	6,60	6,80	0,85	0,50	10	10
25	8,00	8,20	0,85	0,50	10	10
30	8,30	8,50	1,00	0,60	10,5	10
35	9,50	9,70	1,00	0,60	11	10
40	10,00	10,30	1,00	0,70	11	10

Cette table sert d'indication aux constructeurs pour une pression de 5 atmosphères, qui est la plus généralement usitée.

La formule générale pour établir l'épaisseur e en millimètres des tubes, cylindres et réservoirs soumis à une pression intérieure est $e = 10 \cdot \dfrac{PD}{2R} + e'$, à laquelle il est prudent d'ajouter une épaisseur constante e' pour une complète sécurité; ce qui donne $e = 10 \dfrac{PD}{2R}$, dans laquelle P est la pression effective en kilogr., par centimètre carré. D diamètre intérieur en centimètres. R résistance du métal par centimètre carré : soit pour la tôle de fer 600; pour le cuivre laminé 350 et pour la fonte 217. — On donne, au maximum, à e', 3^{mm} pour la tôle de fer, 4^{mm} pour le cuivre laminé et 8^{mm} pour la fonte.

Si l'on prend, par exemple, P = 6 kilog. et D = 30 c/m.

On aura : pour cylindre en fer $e = 10 \dfrac{6 \times 30}{2 \times 600} + 3 = 4^{mm}5$;

pour cylindre en cuivre $e = 10 \dfrac{6 \times 30}{2 \times 350} + 4 = 6^{mm}57$;

pour cylindre en fonte $e = 10 \dfrac{6 \times 30}{2 \times 217} + 8 = 12^{mm}14.$

9

TABLE DES DIMENSIONS PRATIQUES

DES GÉNÉRATEURS A FLAMME MONTANTE ET DESCENDANTE

(Revue par M. Houel, ingénieur.)

FORCE EN CHEVAUX.		DIAMÈTRE du corps du cylind.	DIAMÈTRE des bouilleurs.	SURFACE DE CHAUFFE				SECTION DES CARNEAUX par force de cheval.		SURFACE DE GRILLE TOTALE		LONGUEUR des CORPS DE CYLINDRE	
				ASCENDANTE		DESCENDANTE							
				p.cheval	totale.	p.cheval	totale.	Ascend.	Descend.	Ascend.	Descend.	Ascend.	Descend.
		m/m	m/m	m. carr.	m. carr.	m. carr.	m. carr.	déc. carr.	déc. carr.	déc. carr.	déc. carr.	mètres.	mètres.
Sans bouilleur.	1	600	»	1,50	1,50	»	»	1,00	»	10	»	1,965	»
	2	600	»	1,50	3,00	»	»	1,00	»	12	»	3,565	»
	3	700	»	.1,50	4,50	»	»	1,00	»	18	»	4,100	»
	4	700	»	1,45	5,80	»	»	1,00	»	23,2	»	5,300	»
Avec 1 bouilleur.	6	700	500	1,45	8,70	1,35	8,10	0,95	90	34,8	32,40	4,000	3.200
	8	700	500	1,45	11,60	1,35	10,80	0,95	90	46,4	43,20	4,870	4,260
	10	800	600	1,40	14,00	1,30	13,00	0,95	87	56	52,00	5,100	4,400
	12	800	600	1,40	16,80	1,30	15,60	0,95	87	67,2	62,70	5,970	5,260
	16	900	500	1,35	21,60	1,25	20,00	0,90	84	86,4	80,00	5,590	4,550
	20	900	500	1,35	27,00	1,25	25,00	0,90	84	108	100,00	6,760	5,680
Avec 2 bouilleurs.	25	1,000	500	1,30	32,50	1,20	30,00	0,90	80	130	120,00	7,670	6,670
	30	1,000	500	1,30	39,00	1,20	36,00	0,90	80	156	144,00	9,090	8,020
	35	1,100	550	1,25	43,75	1,15	40,25	0,85	77	175	162,00	9,360	8,110
	40	1,100	550	1,25	50,00	1,15	45,00	0,85	77	200	180,00	10,340	9,320
	45	1,200	600	1,20	54,00	1,10	49,50	0,80	74	216	200,00	10,500	9,220
	50	1,200	600	1,20	60,00	1,10	55,00	0,80	74	240	220,00	11,600	10,250

Accessoires de sûreté des générateurs à vapeur. — Tout générateur doit être muni d'un manomètre, d'un flotteur ou d'un tube indicateur du niveau de l'eau ou de robinets à différentes hauteurs, de soupapes de sûreté et d'un sifflet d'alarme.

Manomètre. — Anciennement on se servait d'un manomètre à air comprimé pour mesurer la tension de la vapeur dans la chaudière. La graduation de cet instrument était fondée sur la compression d'un certain volume d'air soumis à la loi de détente de Mariotte et renfermé dans un tube en verre bien sec; ce dernier, d'un diamètre de 8 à 9 millimètres et d'une longueur de 35 centimètres, était fermé à la partie supérieure et plongeait par sa base dans une cuvette à mercure.

Mais l'usage du manomètre à air libre, c'est-à-dire dont le tube est ouvert à la partie supérieure, et à l'intérieur duquel la colonne de mercure pressée par la vapeur fonctionne librement et s'élève de 0^m76 par atmosphère, est prescrit par l'administration toutes les fois que la pression ne dépasse pas 4 atmosphères.

Pour les hautes pressions on emploie sur les machines fixes et locomotives les manomètres métalliques. Le manomètre aréonide est un tube creux de forme lenticulaire et roulée en spirale; une extrémité de ce tube est mise en communication avec la chaudière à vapeur, l'autre extrémité communique avec l'aiguille d'un cadran; le tube contourné en hélice se gonfle et se déroule ou s'aplatit et s'enroule proportionnellement à l'accroissement ou à la diminution de la pression intérieure de la vapeur; ce changement de courbure fait tourner l'aiguille qui indique sur le cadran les diverses pressions en degrés d'atmosphères.

Sifflet d'alarme. — Cet indicateur sonore porte un tube qui descend dans la chaudière à un niveau au-dessous duquel ne doit pas s'abaisser le niveau normal de l'eau sans que la vapeur y pénètre et produise le sifflement aigu qui prévient le chauffeur du besoin d'alimentation.

Tube indicateur. — Le niveau normal de l'eau, qui doit toujours être à un décimètre au moins au-dessus des carneaux, est indiqué à l'extérieur par une ligne tracée d'une manière apparente et servant de repère au tube indicateur.

Flotteur. — On emploie dans les machines fixes un flotteur d'un poids spécifique supérieur à celui de l'eau; cet appareil, qui repose sur le principe physique que tout corps plongé dans l'eau y perd une partie de son poids égale au poids du volume d'eau déplacée, se compose d'une pierre plate, ronde ou ovale immergée moitié de son épaisseur dans l'eau du générateur; cette pierre est suspendue à un fil métallique qui, traversant une boîte à étoupes, vient à l'extérieur passer sur une poulie pour être tendu par un contre-poids. L'axe de la poulie porte une aiguille qui parcourt un cadran et indique au chauffeur la position du flotteur et par suite le niveau de l'eau.

Soupapes de sûreté. — Elles servent à donner issue à la vapeur lorsque la tension à l'intérieur de la chaudière dépasse la pression réglementaire.

Le diamètre en centimètres des soupapes de sûreté est donné par la formule administrative $d = 2,6 \sqrt{\dfrac{S}{N - 0,412}}$; S surface totale de chauffe en mètres carrés, et N nombre d'atmosphères indiqué par le timbre.

TABLE POUR RÉGLER LES DIAMÈTRES

A DONNER AUX ORIFICES DES SOUPAPES DE SURETÉ.

Surface de chauffe des chaudières.	NUMÉROS DES TIMBRES indiquant les tensions de la vapeur en atmosphères.						Surface de chauffe des chaudières.	NUMÉROS DES TIMBRES indiquant les tensions de la vapeur en atmosphères.					
	1 1/2	2	3	4	5	6		1 1/2	2	3	4	5	6
m. q.	mil.	mil.	mil.	mil.	mil.	mil.	m. q.	mil.	mil.	mil.	mil.	mil.	mil.
1	25	21	16	14	12	11	10	79	65	51	43	38	35
2	35	29	23	19	17	15	12	87	71	56	47	42	38
3	43	36	29	24	21	19	15	96	80	62	53	47	42
4	50	44	32	27	24	22	18	106	87	68	58	51	47
5	56	46	36	30	27	24	20	111	92	72	61	54	49
6	61	50	39	34	30	27	25	125	103	81	69	60	55
7	66	54	43	36	32	29	30	136	113	88	75	66	60
8	70	58	46	39	34	31	40	156	130	101	86	75	69
9	75	62	48	41	36	33	50	174	145	113	96	84	76

En multipliant le nombre d'atmosphères à l'intérieur de la chaudière par 1^k033 et par la surface en centimètres carrés de l'orifice de la soupape, on a la pression maximum de la soupape de sûreté. Cette pression s'exerce directement sur la soupape ou au moyen d'un levier à contre-poids.

Si on représente en millimètres le diamètre de l'orifice de la soupape de sûreté par les nombres 20, 25, 30, 35, 40, 45, 50, 55, 60 et au-dessus, les valeurs 0,67, 0,83, 1,00, 1,17, 1,32, 1,50, 1,67, 1,83, 2,00 représenteront en millimètres la largeur de la surface annulaire de contact de la soupape; cette largeur ne doit pas dépasser le 1/30 du diamètre de l'orifice, et en aucun cas 2 millimètres.

Nota. — L'extrait des ordonnances sur les chaudières à vapeur et leurs accessoires est donné dans l'appendice de ce Formulaire.

FOURNEAUX A VAPEUR.

Un générateur à vapeur est monté sur un massif en maçonnerie qui comprend la grille, les carneaux et la cheminée. La quantité de combustible qui peut brûler sur une grille dans un temps donné dépend de la quantité d'air qui la traverse, et par suite de la section de la hauteur de la cheminée ou de la vitesse du courant.

Pour une combustion active, on estime à 100 kilog. la consommation de la houille à l'heure par mètre carré de surface de grille, soit 1 déc. carré par kilog. de houille et 4 à 5 déc. carrés par cheval.

On donne dans ce cas à la cheminée et aux carneaux une section égale au $\frac{1}{3}$ de celle de la grille, soit 1ᵈ·ᵠ·5 par cheval.

Pour une combustion lente, la consommation n'est que de 45 kilog. environ par mètre carré de grille, et alors la section des carneaux et de la cheminée est réduite au $\frac{1}{4}$ ou au $\frac{1}{5}$ de la surface de la grille.

Ainsi, pour les cheminées de 8 à 10 mètres de hauteur, la surface de la grille étant de 1 mètre carré par 100 kilog. de houille, la section de la cheminée et des carneaux est de 33 déc. carrés, ou de 0ᵈ·ᵠ·33 par kilog. de houille.

Ces dimensions concernent les générateurs à pression et les foyers métallurgiques. Mais pour les générateurs à basse pression, et certains traitements chimiques et métallurgiques à feu lent, où la consommation de la houille à l'heure est réduite à 45 kilog. par mètre carré de grille, la section de la cheminée et des carneaux n'est que 20 à 25 déc. carrés.

La section de la cheminée et des carneaux équivaut au $\frac{1}{20}$, et la surface de la grille correspond au $\frac{1}{6}$ de la surface de chauffe de la chaudière à vapeur.

La distance respective de la grille à la chaudière pour divers combustibles se règle ainsi : houille ou coke, 35 cent. ; tourbe, 50 cent.;

9.

bois de chêne, 60 cent.; bois de hêtre ou de sapin, 70 cent. Le vide des barreaux $= \dfrac{1}{4}$ ou $\dfrac{1}{3}$ de la surface de la grille.

La surface de la grille diminue de $\dfrac{1}{4}$ environ pour le bois; ainsi 228 kilog. de bois, dont la puissance calorifique correspond à celle de 100 kilog. de houille, n'exigent que 75 déc. carrés de surface de grille.

La grille dans les locomotives n'a que 1 déc. carré pour 3 à 4 kilog. de coke à l'heure sans réduire la section de la cheminée.

Cheminée. — Le tirage d'une cheminée a pour cause la différence de température à l'extérieur et à l'intérieur. On estime la déperdition par le tirage d'une cheminée en constatant qu'un kilog. de vapeur a absorbé 650 calories, et qu'un kilog. de bonne houille vaporise $6^k 50$ d'eau ou développe $650 \times 6,5 = 4225$ calories sous une chaudière. Or, en retranchant 4225 de 7500, puissance absolue d'un kilog. de houille, la différence $3275 : 7500 = 0,43$ exprime la perte absorbée par le tirage, et dont il faut déduire $\dfrac{1}{10}$ pour le refroidissement du fourneau. La déperdition par la cheminée s'élève, dans les fours de fusion, puddlage, verrerie, poterie, à 80 p. 0/0.

Lorsqu'on produit un tirage artificiel par ventilateur, la force d'un homme ou $\dfrac{1}{6}$ de cheval-vapeur suffit pour lancer 16 à 18 mètres cubes d'air, quantité que nécessite la combustion de chaque kilog. de houille.

Dans les locomotives, le tirage est produit par un jet de vapeur qui donne une vitesse théorique d'écoulement 20 fois supérieure à celle qui résulterait du simple tirage de la cheminée. C'est à la réalisation de la grande surface de chauffe tubulaire et de l'excessif tirage par le jet de vapeur qu'est due la solution du problème à grande vitesse sur les chemins de fer.

La vitesse théorique des gaz dans une cheminée est donnée par la formule $V = \sqrt{2g\,H \times c\,(t' - t)}$, dans laquelle H représente la hauteur de la cheminée, c le coefficient de dilatation de l'air pour 1 degré $= 0,00367$, t' température des gaz à l'intérieur de la cheminée, soit moyennement 300°, et t température extérieure $=$ environ 15°.

La vitesse étant trouvée, on calcule le volume d'air évacué par la cheminée; prenant alors 20 mètres cubes d'air pour chaque kilog.

de houille (1), on trouve la quantité de houille que peut brûler par heure une cheminée; si l'on divise enfin ce poids de houille par 4 kilog., dépense moyenne de houille par cheval-vapeur dans une machine à condensation, on a la puissance de chaque cheminée en chevaux-vapeur.

La résistance que les conduits de fumée opposent au mouvement des gaz est en raison directe de la longueur des conduits, proportionnelle au carré de la vitesse, mais en raison inverse du diamètre; aussi le tirage augmente bien plus par la section que par la hauteur des cheminées.

VITESSE DE L'AIR CHAUD

A TEMPÉRATURE ET A DIAMÈTRE ÉGAUX DANS DES CHEMINÉES DONT LA HAUTEUR VARIE (PÉCLET).

HAUTEUR	DIAMÈTRE	EXCÈS de la température moyenne de l'air chaud sur celle de l'air extérieur.	VITESSE.	RAPPORTS	
				de hauteur.	de vitesse.
mètres.	mètres.	degrés.			
3,65	0,2115	45	1,33	1	1
9,95	»	42	1,48	3	1,11
3,65	»	88	2,10	1	1
6,80	»	80	2,20	2	1,05
9,95	»	81	1,99	3	0,95
3,65	»	148	2,70	1	1
9,80	»	155	3	2	1,11
9,95	»	154	2,87	3	1,06
3,65	0,175	80	1,82	1	1
6,80	»	80	1,80	2	1
9,95	»	75	1,73	3	0,95
6,80	»	95	2,31	1	1
9,95	»	96	2,20	1,50	1,03
3,93	0,12	227	2,75	1	1
7,07	»	230	2,83	1,8	1,03
10,23	»	237	2,70	2,6	0,98
13,38	»	243	2,95	3,4	1,07
39,03	0,08	113	1,60	1	1
7,08	»	114	1,70	1,8	1,06
10,23	»	102	1,60	2,6	1
13,38	»	120	1,67	3,4	1,04

(1) On estime en pratique 18 à 20 mètres cubes d'air pour brûler 1 kilog. de houille sur la grille.

VITESSE DE L'AIR CHAUD

A HAUTEUR ET A TEMPÉRATURE ÉGALES DANS DES CHEMINÉES DONT LA SECTION VARIE (PÉCLET).

HAUTEUR.	DIAMÈTRE	TEMPÉRATURE	VITESSE.	RAPPORTS	
				de surface.	de vitesse.
mètres.	mètres.	degrés.	mètres.		
3,65	0,080	210	2	1	1
»	0,120	227	2,75	2,2	1,37
»	0,175	221	3,04	4,7	1,52
»	0,2115	220	3,22	7	1,61
6,18 et 7,08	0,08	94	1,57	1	1
	0,120	98	1,77	2,2	1,12
	0,175	80	1,80	4,7	1,14
	0,2115	80	2,20	7	1,40

TABLE DRESSÉE PAR M. GROUVELLE

DES DIMENSIONS ET PUISSANCE EN HOUILLE BRULÉE ET EN CHEVAUX-VAPEUR DES GRANDES CHEMINÉES D'USINES.

DIAMÈTRE minimum des cheminées en haut.	HAUTEUR verticale.	PENTE par mètre sur chaque côté.	VITESSE de la fumée par seconde.	MÈTRES cubes d'air débités par heure.	HOUILLE brûlée par heure.	PUISSANCE de la cheminée en chevaux-vapeur.
mètres.	mètres.	mètres.	mètres.	mètres.	kilog.	chevaux.
0,50	30	0,020	5,30	3,700	180	45
0,60	30	0,020	5,90	6,000	300	75
0,70	30	0,025	6,20	8,600	400	100
0,80	30	0,025	6,60	11,800	600	150
0,90	39	0,025	7	16,000	800	200
1	30	0,025	7,40	20,000	1,000	250
1,25	30	0,030	8,20	34,000	1,600	400
1,50	30	0,030	8,85	54,000	2,800	700
1,75	40	0,030	10,80	90,000	4,000	1,000
2	40	0,030	11,50	120,000	6,000	1,500

La nature de la cheminée est à considérer; ainsi, le rapport du tirage d'une cheminée métallique avec une cheminée en brique est comme 1,36 : 1; on donne alors à une cheminée en tôle pour diamètre le côté du carré d'une cheminée en brique.

Pour les grandes usines, où les cheminées ont des hauteurs de

25 à 40 mètres, et où les vitesses s'élèvent 7 à 8 mètres par seconde, M. Péclet donne la formule suivante :

$$V = 8{,}85 \sqrt{\dfrac{H\,c\,t' - t\,D}{L + 4\,D}}\,;$$

D diamètre intérieur à la partie supérieure de la cheminée; L longueur totale de circulation dans les carneaux.

RÉSUMÉ COMPARATIF

DES EXPÉRIENCES FAITES SUR DIVERSES CHAUDIÈRES A L'EXPOSITION DE 1855.

CHAUDIÈRES.	RAPPORT de la surface de chauffe à celle de la grille.	MISE EN PRESSION A 5 ATMOSPHÈRES.			QUANTITÉ MOYENNE DE VAPEUR.	
		Volume d'eau à 17° introduit.	Temps employé.	Combustible brûlé.	par kilog. de charbon.	par mètre carré et par heure.
		litres.	h. m.	kil.	kil.	kil.
Molinos (1)....	38,00	2460	0,35	60	10,467	29,73
Farcot (2)....	29,50	7730	1.30	210	7,50	16,16
Beaufumé (3)..	»	2380	2,00	406	7,75	»
Lyon (4)......	72,44	2400	1,15	135	7,91	12.32
Duraine (5)....	22,64	5200	2,00	310	6,70	21,07
Zambaux (6)..	88,61	240	0,15	70	8,30	16,47
Clavières (7)..	28,14	115	0,25	30	8,12	30,44

(1) Chaudière fumivore comme une locomotive, composée d'une boite à feu à bouilleur central, d'un corps cylindrique et d'une boîte à fumée. Tirage par un ventilateur qui envoie de l'air ; 1° sous la grille ; 2° au-dessus du foyer ; et 3° au-dessus de l'autel.

(2) Chaudière composée d'un corps cylindrique évaporateur, de deux tubes réchauffeurs latéraux légèrement inclinés ; l'eau suit une marche inverse de celle de la fumée et s'échauffe en montant, tandis que les gaz se refroidissent en descendant.

(3) On produit dans un gazogène fonctionnant à l'instar d'une chaudière à haute pression les gaz combustibles qu'on brûle ensuite au-dessous d'une chaudière. L'alimentation de combustible se fait au moyen de chargeurs fermés. L'air est poussé dans le foyer au moyen d'un ventilateur. L'air et les gaz combustibles sont enflammés et lancés dans les carneaux placés sous la chaudière.

(4) La chaudière de Lyon est tubulaire, la prise de vapeur se fait latéralement sur la boite à soupapes.

(5) Chaudière composée d'un corps cylindrique, de deux bouilleurs et d'un tube réchauffeur.

(6) Elle est à tubes verticaux et foyer intérieur ; M. Zambaux, au moyen de deux enveloppes placées autour des tubes et formant une espèce de siphon, force l'eau à mouiller les tubes dans toute leur hauteur, lorsque la chaudière est en pression.

(7) Cette chaudière contient peu d'eau, et produit de la vapeur sèche à toute température et à toute pression ; elle se compose d'une série de tubes verticaux et horizontaux, elle forme neuf jeux d'orgues.

MACHINES A VAPEUR.

La mise en contact de la vapeur à la sortie du cylindre avec une masse d'eau froide distingue les machines dites *à condensation* de celles où la vapeur se dégage à l'air libre après avoir fonctionné dans le cylindre.

Les machines à basse pression, système de Watt, sont nécessairement à condensation pour diminuer la résistance de la contre-pression; les machines à moyenne et à haute pression sont indifféremment avec ou sans condensation.

L'introduction de la vapeur dans le cylindre, pendant une partie seulement de la course du piston, distingue les machines dites à détente de celles où la vapeur arrive à pleine pression pendant toute la course.

Dans les machines à deux cylindres, système de Woolf, la vapeur pénètre bien dans le petit cylindre pendant toute la course du piston, mais cette vapeur se rend dans le grand cylindre où elle se détend sans changer de température. La différence de volume du grand au petit cylindre détermine le degré de la détente.

Machines à basse pression. — La température de la vapeur est moyennement à 105 degrés centigrades correspondant à une tension de $1^{\text{atm}}18$ et à une pression de 1^k218 par centimètre carré. La pression effective de la vapeur est réduite à 1^k068 par centimètre carré. Cette réduction de 0^k15 est la résistance présentée à la marche du piston par le mélange condensé à 40°.

On estime à 889 litres la quantité d'eau absorbée par la condensation, et à 33 litres environ la production de vapeur, soit ensemble 922 litres par force de cheval et par heure; la dépense de la houille s'élève de 5 à 6 kilog. pour la même force et le même temps.

On compte dans ces machines une surface de chauffe de 25 à 26 mètres carrés pour vaporiser 1 mètre cube d'eau à l'heure; la capacité totale de la chaudière égale 17 fois 5 le volume d'eau vaporisée par heure; le volume d'eau = 11 fois 5 celui dépensé par heure.

La course de la pompe à air ou du condenseur = 1/2 celle du piston, et son diamètre = 2/3 celui du piston à vapeur. Le piston n'épuisant qu'en montant le mélange de vapeur et d'eau à 40°, le volume qu'il engendre est le 1/8 ou 1/9 du volume engendré par un coup double du piston à vapeur. La quantité d'eau froide à injecter est égale à 24 fois environ le poids de vapeur dépensé par le cylindre (voir la formule donnée page 59).

La pompe à eau froide, qui amène l'eau du puits dans la bâche du condenseur, a une course = 1/2 celle du cylindre à vapeur; son volume est égal au 1/18 ou au 1/24 de celui de ce cylindre.

Le piston de la pompe alimentaire, qui prend une partie de l'eau condensée pour alimenter la chaudière, a pour surface 1/69 de la section du piston à vapeur; la capacité de cette pompe $= \dfrac{1}{230}$ à $\dfrac{1}{240}$ celle du cylindre à vapeur; elle doit être double de la quantité de vapeur produite.

Machines à moyenne pression et à condensation. — La pression de la vapeur est d'ordinaire de 3 à 4 atmosphères, dont il faut déduire 1/7 d'atmosphère pour la contre-pression; celles à détente de Woolf à 2 cylindriques dépensent 2ᵏ5 à 3 kilog. de houille par force de cheval et par heure, elles exigent une alimentation de 300 litres pour la même force et le même temps.

Machines à haute pression. — Les machines à détente dans un seul cylindre sans condensation ne dépensent que l'eau nécessaire à la production de la vapeur; la pression varie de 5 à 8 atmosphères, mais il faut retrancher 1 atmosphère, soit 1ᵏ033 par centimètre carré pour la contre-pression de l'air. La dépense de houille est de 4 à 5 kilog. par heure et par cheval. Celles à haute pression sans détente sont rarement employées; leur consommation est de 6 à 7 kilog. de houille par cheval et par heure; leur construction est de la plus grande simplicité, mais les joints et garnitures exigent beaucoup de soin et d'entretien.

TABLE DES FORCES ÉLASTIQUES

DE LA VAPEUR D'EAU A SON MINIMUM DE DENSITÉ ET DES TEMPÉRATURES CORRESPONDANTES DE 11 A 24 ATMOSPHÈRES (1).

Force élastique de la vapeur en atmosphères.	Hauteur de la colonne de mercure à 0°. en mètres.	Température en degrés centigrades.	Force élastique de la vapeur en atmosphères.	Hauteur de la colonne de mercure à 0°. en mètres.	Température en degrés centigrades.
11	8,36	186,03	18	13,68	209,40
12	9,12	190,00	19	14,44	212,10
13	9,88	193,70	20	15,20	214,70
14	10,64	197,19	21	15,96	217,20
15	11,40	200,48	22	16,72	219,90
16	12,16	203,60	23	17,48	221,90
17	12,92	206,57	24	18,24	224,20

(1) Cette table, de MM. Dulong et Arago, complète la table p. 57 du *Formulaire*.

FORMULES DES MACHINES A BASSE, MOYENNE ET HAUTE PRESSION SANS DÉTENTE.

Le travail de la vapeur comme celui de tout moteur se calcule en raison de la pression exercée sur le piston et de la vitesse de ce dernier par seconde. Soit F la force nominale en chevaux-vapeur de 75 kilogrammètres, P la pression en kilog. de la vapeur par centimètre carré, p la contre-pression qui dans les machines à condensation = 1/7 d'atmosphère ou 0^k15 par centimètre carré, et dans celles d'échappement à air libre = 1 atmosphère, soit 1^k033 par centimètre carré; S la surface du piston en centimètres, v la vitesse en mètres, et C un coefficient que l'on fait 0,40, 0,50 ou 0,60, depuis les machines faibles, mal soignées, jusqu'aux machines moyennes et puissantes, bien exécutées.

On a $F = \dfrac{C \times S\,v\,(P-p)}{75}$; or, la surface $S = \dfrac{\pi\,D^2}{4}$, et la vitesse $v = \dfrac{n\,h}{60}$; h course du piston en mètres, et n le nombre de coups simples par minute.

La formule devient alors $F = \dfrac{C \times \pi\,D^2 \times n\,h\,(P-p)}{4 \times 60 \times 75}$; tel est le travail pratique moyen par seconde de toute machine à vapeur à pleine pression pendant toute la course du piston.

On tire de cette formule $D = \sqrt{\dfrac{F \times 4 \times 60 \times 75}{C \times \pi \times n\,h\,(P-p)}}$, diamètre intérieur du cylindre à vapeur, c'est-à-dire la principale dimension à obtenir lorsque l'on connaît la vitesse du piston, la pression effective de la vapeur et la puissance nominale en chevaux-vapeur.

FORMULES DES MACHINES A DÉTENTE.

La détente est la même, que la vapeur passe d'un petit cylindre dans un cylindre deux fois, trois fois ou dix fois plus grand, ou ne soit introduite que pendant 1/2, 1/3 ou 1/10 de la capacité du même cylindre; la pression décroît en raison de la différence des volumes.

L'application de la détente est une question d'économie de combustible, puisqu'on ne dépense de vapeur à chaque coup simple du piston que la moitié, le quart ou le dixième du cylindre; seulement, il ne faut pas pousser cette détente trop loin si l'on veut avoir une puissance régulière.

Lorsqu'une machine à deux cylindres dessert diverses machines et que plusieurs se trouvent arrêtées, on peut augmenter la détente, en interrompant déjà la vapeur par un tiroir spécial dans le petit cylindre ; il y a alors détente dans le petit et dans le grand cylindre.

La table dressée par M. Poncelet (voir page 63 du Formulaire) des quantités de travail produites sous différentes détentes par un mètre cube de vapeur à diverses tensions, permet de déterminer le travail d'une machine à vapeur à détente, dont on connait le diamètre et la course du piston, la pression et le degré de la détente.

TABLE DES DIAMÈTRES ET DES VITESSES DES PISTONS

DANS LES MACHINES A BASSE PRESSION ET A CONDENSATION.

FORCE EN CHEVAUX.	DIAMÈTRE DU PISTON, en centimètres.	SURFACE DU PISTON par cheval, en centimètres carrés.	PRESSION EFFECTIVE sur le piston, par centimètre carré.	COURSE DU PISTON, en centimètres.	NOMBRE DE COUPS DOUBLES par minute.	VITESSE DU PISTON par seconde, en mètres.	POIDS DE VAPEUR dépensé par cheval et par heure.
	cent.	cent.	kilog.	cent.		mètres.	kilog.
1	15,2	181	0,49	51,0	50	0,850	38,81
2	21,3	178	0,49	60,9	42	0,863	38,77
4	29,5	171	0,49	76,4	34	0,900	38,77
6	35,3	163	0,49	91,4	31	0,944	38,72
8	40,4	160	0,49	106,7	27	0,960	38,72
10	45,0	159	0,49	121,9	24	0,975	38,64
12	49,0	157	0,49	121,9	24	0,975	38,64
16	55,3	150	0,50	137,1	22	1,005	37,80
20	61,0	146	0,51	152,3	20	1,045	37,38
24	66,3	144	0,52	169,5	18	1,016	36,88
30	72,6	137	0,53	182,8	17	1,036	36,04
36	79,0	136	0,53	182,8	17	1,036	35,90
40	82,5	134	0,53	198,7	16	1,060	35,70
45	87,2	133	0,53	198,7	16	1,060	35,50
50	91,4	132	0,54	213,3	15	1,066	35,32
60	99,6	130	0,54	228,5	14	1,066	34,94
70	107,3	129	0,55	243,8	13	1,057	34,36
80	114,3	129	0,56	243,8	13	1,057	34,31
90	120,8	126	0,57	259,0	12	1,036	33,04
100	127,0	126	0,58	259,0	12	1,036	32,97

TABLE DES DIAMÈTRES ET VITESSES DES PISTONS

DES MACHINES A VAPEUR A HAUTE PRESSION
SANS DÉTENTE NI CONDENSATION A DIFFÉRENTES PRESSIONS.

FORCE DES MACHINES en chevaux.	COURSE DU PISTON.	NOMBRE DE COUPS DOUBLES du piston, par minute.	VITESSE DU PISTON. par seconde.	DIAMÈTRES DES PISTONS pour des pressions de vapeur dans le cylindre, de		
				4 atmosph.	5 atmosph.	6 atmosph.
	mètres.		mètres.	centimèt.	centimèt.	centimèt.
1/2	0,30	60,00	0,65	8,50	7,5	6,38
1	0,40	52,50	0,70	11,3	10,0	8,76
2	0,50	45,00	0,75	15,45	13,5	11,7
4	0,60	40,00	0,80	21,0	18,0	16,0
6	0,70	36,43	0,85	24,0	21,0	18,4
8	0,80	33,75	0.90	26,7	22,7	20,0
10	0,90	31,67	0,95	28,4	24,5	22,0
12	1,00	30,00	1,00	30,0	26,0	23,0
16	1,10	28,63	1,05	32,5	29,0	25,9
20	1,20	27,50	1,10	35,0	31,2	27,8
25	1.30	26,53	1,15	37,2	34,0	30,3
30	1,40	25,71	1,20	39,4	36,0	32,0
35	1,50	25,00	1,25	41,5	38,0	33,0
40	1,60	24,32	1,30	43,5	39,3	35,0
50	1,70	23,82	1,35	48,0	43,0	38,4
60	1,80	23,33	1,40	50,9	46,0	41,0
75	1,90	22,89	1,45	53,9	50,0	44,6
100	2,00	22,50	1,50	63,5	56,0	50,0

Règle. — Multipliez la surface du piston par la partie de sa course pendant laquelle la vapeur agit en pleine pression, le produit sera le volume de vapeur dépensé à chaque coup de piston; multipliez ce volume par la quantité de travail correspondant (dans la table page 63) au degré de la détente et de la pression effective (1) de la vapeur dans le cylindre; multipliez enfin ce produit par le coefficient $C = 0,50$ et par le nombre n de coups simples du piston dans une minute, puis divisez par 60×75 ou 4500, le quotient exprimera l'effet utile de la machine à détente en chevaux-vapeur.

On détermine le diamètre à donner au piston d'une machine à va-

(1) C'est-à-dire la pression dans la chaudière diminuée d'une atmosphère ou de 1/7 d'atmosphère pour compenser la contre-pression à l'air libre ou provenant de la condensation.

peur dont on connaît la course du piston, le degré de la détente de la vapeur, sa pression et la force nominale en chevaux, en se guidant sur la règle suivante :

Multipliez la force nominale en chevaux-vapeur par 4500 et divisez le produit par C = 0,50 et par n nombre de coups simples de piston par minute, le quotient exprimera le travail théorique de la vapeur par coup de piston; divisez ce quotient par la quantité de travail d'un mètre cube de vapeur correspondant (dans la table page 63) au degré de la détente et de la pression effective, le résultat est le volume de vapeur dépensé pendant la partie de course en pleine pression du piston; divisez ce volume par cette partie de la course à pleine pression du piston, le quotient exprimera la surface de ce dernier; divisez enfin cette surface par 0,7854 et extrayez la racine carrée, le résultat sera le diamètre en mètres du piston.

Les tables suivantes simplifient les calculs.

TABLE DES DIAMÈTRES DU PISTON

DANS LES MACHINES A VAPEUR A UN SEUL CYLINDRE A DOUBLE EFFET, AVEC DÉTENTE VARIABLE ET SANS CONDENSATION, LA PRESSION DE LA VAPEUR ÉTANT DE 5 ATMOSPHÈRES.

FORCE en chevaux.	COURSE du piston.	NOMBRE des révolutions par minute.	VITESSE du piston par seconde.	DÉTENTE.			
				au 1/5 diamètre du piston.	au 1/4 diamètre du piston.	au 1/3 diamètre du piston.	au 1/2 diamètre du piston.
	centimèt.		centimèt.	centim.	centim.	centim.	centim.
1	40	52,50	70	14,6	13,7	13,0	10,9
2	50	45,00	75	19,8	18,5	17,5	15,0
4	60	40,00	80	26,8	25,1	23,8	20,0
6	70	36,43	85	32,9	30,8	29.0	24,4
8	80	33,75	90	35,1	32,8	31,0	26,0
10	90	31,67	95	37,9	35,5	33,7	28,0
12	100	30,00	100	40,0	37,5	35,6	29,7
16	110	28,63	105	44,9	42,0	39,9	33,3
20	120	27,50	110	48,4	45,3	43,0	35,9
25	130	26,53	115	52,6	49,2	46,7	39,0
30	140	25,71	120	56.0	52,4	49,7	41,6
35	150	25,00	125	58,8	55,0	52,0	43,6
40	160	24,32	130	61,0	57,0	54,0	45,2
50	170	23,82	135	66,0	61,9	58,8	49,0
60	180	23,33	140	70,9	66,3	63,0	52,7
75	190	22,89	145	77,3	72,3	68,7	57,5
100	200	22,50	150	89,8	84,0	80,0	66,4

TABLE DES DIMENSIONS PRINCIPALES

DES MACHINES A VAPEUR A DEUX CYLINDRES A CONDENSATION ET A DÉTENTE VARIABLE, LA PRESSION DE LA VAPEUR ARRIVANT DANS LE PETIT CYLINDRE A 4 ATMOSPHÈRES ET LA COURSE DES DEUX PISTONS ÉTANT ÉGALE.

FORCE EN CHEVAUX.	DIAMÈTRE DU PETIT PISTON en centimètres.	SURFACE DE CE PISTON en centimètres carrés.	DIAMÈTRE DU GRAND PISTON en centimètres.	SURFACE DE CE PISTON en centimètres carrés.	COURSE DES DEUX PISTONS en mètres.	NOMBRE DE RÉVOLUTIONS de l'arbre par minute.	VOLUME ENGENDRÉ par le petit piston à chaque course en mètres cubes.	POIDS DE VAPEUR dépensé par l'admission complète dans le petit cylindre.
4	13,5	143	28,6	642	0,75	36	0,011	1,66
5	15,0	177	32,0	804	0,75	36	0,013	1,96
6	16,4	211	35,0	962	0,75	36	0,016	2,41
8	18,1	257	38,2	1146	0,90	33,3	0,023	3.24
10	20,0	311	42,3	1405	0,90	33,3	0,028	3,92
12	21,7	370	45,8	1647	0,90	33,3	0,033	4,61
16	24,2	460	51,8	2124	1,00	30	0,046	5.78
20	25,8	523	54,5	2333	1,10	30	0,057	7,17
30	29,8	697,	63.0	3117	1,20	28,75	0,084	10,12
40	32,4	824	69,7	3707	1,30	28	0,107	12,56
50	35,5	990	75,0	4418	1,40	26,8	0,139	15,59
60	38,8	1182	82,1	5204	1,50	25	0,177	18,55
75	42.6	1425	90,0	6362	1,60	24,4	0,228	23,32
80	44,0	1520	93,0	6793	1,70	22,9	0,258	24,77
90	46,7	1713	98,6	7636	1,70	22,9	0,291	27,93
100	49,2	1901	104,0	8495	1,80	21,8	0,342	29,16

La table précédente est calculée pour une machine à deux cylindres marchant à une pression de 4 atmosphères ; mais pour une machine à toute autre pression de vapeur, on devra multiplier la surface des pistons par le rapport inverse des pressions. Alors l'extraction de la racine carrée de ces produits donnera les diamètres respectifs :

Ainsi, pour 3 atm. on multipliera par $\dfrac{4}{3} = 1,333$

3,50   —   — $\dfrac{4}{3}, 5 = 1,143$

4,50   —   — $\dfrac{4}{4}, 5,$ ou $1,5 = 0,889$

5   —   — $\dfrac{4}{5} = 0,800.$

Le poids de vapeur indiqué correspond au volume total du petit cylindre obtenu en multipliant le volume total engendré par son piston et exprimé en mètres cubes par le nombre de coups simples en une minute et par le poids du mètre cube de vapeur qui, à la pression de 4 atm. pèse $2^k 096$. Il faut compter 1/10 en plus pour estimer la quantité d'eau évaporée, en raison des pertes et refroidissements.

Machines à vapeur combinées. — M. du Tremblay a eu l'idée d'utiliser la chaleur, que renferme la vapeur à la sortie du cylindre, à la vaporisation d'un liquide plus volatil que l'eau, tel que l'éther, le sulfure de carbone, le perchlorure de carbone et le chloroforme. La vapeur d'eau, après avoir agi sur le piston du cylindre à vapeur ordinaire, est dirigée dans une capacité où elle est utilisée à vaporiser l'éther ; cette vapeur agit à son tour sur un piston spécial, après quoi elle est condensée; on a donc pour force motrice la vapeur d'eau et la vapeur d'éther, dont l'action combinée vient se concentrer sur l'arbre moteur.

Théorie du travail mécanique au moyen de la chaleur. — La recherche des chaleurs spécifiques des fluides élastiques a préoccupé divers physiciens, et notamment M. Regnault, qui s'occupe de déterminer le travail moteur que l'on peut obtenir d'un fluide doué d'une quantité donnée de calorique. La solution de ce problème constituerait la théorie des moteurs à vapeurs ou gaz en général.

On est fondé à croire que le travail mécanique doit être d'autant plus grand que le fluide élastique se sera plus refroidi de l'entrée à la sortie; or jusqu'ici, depuis le passage de la vapeur de la chaudière jusqu'à sa sortie du cylindre, 1/40 seulement de la chaleur a été utilisé au profit du travail mécanique dans les machines à détente sans condensation, et 1/20 environ dans les machines à condensation ; dans le 1er cas, la vapeur entrée dans le cylindre à 653° en sort à 637, différence 16 unités ; dans le 2e cas, la vapeur entrée à 653° en sort à 619, différence 34 unités.

La surchauffe de la vapeur avant son entrée dans la machine donnerait une plus grande proportion de chaleur utilisée au profit du travail mécanique; la diminution du degré de la détente de la vapeur d'eau et la condensation de cette vapeur par l'injection d'un liquide très-volatil, l'éther par exemple, conduiraient au même résultat.

La théorie fait reconnaître que, dans les machines à air où la force motrice est produite par la dilatation que la chaleur fait subir au gaz dans la machine ou par l'augmentation qu'elle détermine dans sa force élastique, toute la chaleur, exprimée par la différence de l'air entrant et sortant, est utilisée au profit du travail moteur.

10.

Les expériences de M. Regnault constatent que la chaleur spéci-fique de certains cas ne varie pas sensiblement avec la température ; ainsi, entre — 30° et + 225° la chaleur spécifique de l'air ne diffé-rerait que de 2 dix millièmes environ.

TABLE DE LA CHALEUR SPÉCIFIQUE

ET DE LA DENSITÉ DE DIVERS FLUIDES ÉLASTIQUES, PAR M. REGNAULT.

	GAZ.	CHALEURS SPÉCIFIQUES.		DENSITÉS.
		en poids.	en volume.	
SIMPLES.	Oxygène	0,2182	0,2412	1,1056
	Azote	0,2440	0,2370	0,9713
	Hydrogène	3,4046	0,2356	0,0692
	Chlore	0,1214	0,2962	2,4400
	Brome	0,05518	0,2992	5,3900
COMPOSÉS.	Protoxyde d'azote	0,2238	0,3443	1,5250
	Deutoxyde d'azote	0,2315	0,2406	1,0390
	Oxyde de carbone	0,2479	0,2399	0,9674
	Acide carbonique	0,2164	0,3308	1,5290
	Sulfure de carbone	0,1575	0.4146	2,6325
	Acide sulfureux	0,1553	0,3489	2,2470
	Acide chlorhydrique	0,1845	0,2302	1,2474
	Acide sulfhydrique	0,2423	0,2886	1,1912
	Gaz ammoniac	0,5080	0,2994	0,5894
	Hydrogène protocarboné	0,5929	0,3277	0,5527
	Hydrogène bicarboné	0,3694	0,3572	0,9672
	Vapeur d'eau	0,4750	0,2950	0,6210
	Vapeur d'alcool	0,4513	0,7474	1,5896
	Vapeur d'éther	0,4810	1,2296	2,5563
	Vapeur d'éther chlorhydrique	0,2737	0,6447	2,2350
	Vapeur d'éther bronchydrique	0,1816	0,6777	3,7316
	Vapeur d'éther sulfhydrique	0,4005	1,2568	3,1380
	Vapeur d'éther cyanhydrique	0,4255	0,8293	1,9021
	Vapeur de chloroforme	0,1568	0,8310	5,3000
	Éther acétique	0,4008	1,2184	3,8400
	Vapeur de benzine	0,3754	1,0144	2,6943
	Essence de térébenthine	0,5061	2,3776	4,6978
	Vapeur de chlorure phosphoreux	0,1346	0,6386	4,7445
	Vapeur de chlorure arsenieux	0,1122	0,7013	6,2510
	Vapeur de chlorure d'étain	0,0939	0,8639	9,2000

On entend par chaleur spécifique d'un gaz sous *pression constante* la quantité de chaleur nécessaire pour élever sa température de 0 à 1° à libre dilatation et à élasticité constante. On appelle chaleur spécifique sous *volume constant* le calorique nécessaire pour élever sa température de 0 à 1° en conservant le même volume mais en augmentant sa force élastique.

SOUFFLERIES A PISTON.

Les machines soufflantes à double effet qui alimentent les hauts fourneaux, fours et foyers métallurgiques, sont maintenant disposées horizontalement à action directe et à grande vitesse.

Les unes sont à haute pression sans détente et sans volant, système Cadiat, avec pistons à vapeur et à vent, placés sur la même tige en utilisant à l'alimentation des chaudières les gaz recueillis au gueulard des hauts fourneaux; les autres sont à haute pression à détente et à condensation avec tiroirs substitués aux soupapes ou clapets pour l'entrée et la sortie de l'air, système Thomas et Laurens.

On est arrivé aussi à substituer, aux cylindres de grande dimension, dont la vitesse des pistons varie de $0^m 60$ à 1 mètre, des cylindres soufflants d'un petit diamètre dont les pistons sont animés d'une vitesse de $3^m 25$ à $3^m 80$ par seconde.

En ramenant l'air à 0° et à la pression de $0^m 76$, la quantité à insuffler en une minute par chaque kilog. de carbone solide brûlé dans le même temps, est, d'après MM. Thomas et Laurens, de $4^{m.c.} 41$; ces ingénieurs ont reconnu qu'un kilog. de charbon de bois, débarrassé de 7 p. 0/0 d'eau, de 2 p. 0/0 de cendres, et de 14 p. 0/0 de matières volatiles, ne présente plus chargé au gueulard que $0^k 765$ de charbon solide exigeant alors $3^{m.c.} 374$ d'air à la tuyère par minute.

Le coke moyen renfermant 5 p. 0/0 d'eau, 3 p. 0/0 de matières volatiles, et 12 p. 0/0 de cendres, donne $0^k 800$ de carbone solide par kilog. de coke chargé au gueulard, et exige $3^{m.c.} 528$ d'air. En prévision de pertes d'air on peut en pratique injecter 25 p. 0/0 en plus d'air par kilog. de charbon de bois ou coke.

FORMULES DE SOUFFLERIES A PISTON.

Volume d'air engendré par le piston. — En estimant dans un appareil bien entretenu à 25 p. 0/0 les pertes d'air par les joints du piston, des clapets, etc., on a pour le volume théorique du cylindre soufflant : $V = \pi R^2 v$, et pour le volume d'air à zéro, émis par le cylindre en une seconde : $V' = 0{,}75 \pi R^2 v$; R rayon du cylindre, et v vitesse du piston par seconde, variant de $0^m 60$ à 1 mètre.

Mais si on tient compte de la température t de l'air, on aura, suivant que cette température est supérieure ou inférieure à 0 :

$$V' = \frac{0{,}75 \pi R^2 \times v}{1 \pm 0{,}004\, t}.$$

Volume d'air lancé par les buses. — On détermine ce volume V'' en fonction de la section des buses et de la vitesse de l'air qui s'en échappe.

La formule pour les ajutages coniques est :

$$V'' = \frac{0,94\,\pi\,d^2\,v}{4} = 0,737\,d^2\,v\,;$$

d diamètre de la buse.

En ramenant le volume de l'air à 0 et à la pression 0,76 ; en exprimant par p la pression atmosphérique, et par h la pression de l'air en mercure à la buse, la formule devient :

$$V'' = \frac{0,737\,d^2\,v}{1 \pm 0,004\,t} \times \frac{(p + h)}{p}\,;$$

$$\text{cr } v = 395,04 \sqrt{\frac{h\,(1 \pm 0,004\,t)}{p + h}}\,,$$

$$\text{et } V'' \text{ devient} = \frac{384\,d^2\,\sqrt{h\,(p + h) \times (1 \pm 0,004\,t)}}{1 \pm 0,004\,t}\,;$$

$$\text{puis le diamètre des buses ou } d = \sqrt{\frac{V''\,(1 \pm 0,004\,t)}{384\,\sqrt{h\,(p + h)}\,(1 \pm 0,004\,t)}}.$$

Diamètre des tuyaux de conduite. — La section des tuyaux de diamètre D dépend de la longueur L de la conduite et du volume d'air à desservir. Appelant H et h les pressions au commencement et à la fin de la conduite on a : $h = \dfrac{H\,42\,D^5}{L\,d^4 + 42\,D^5}$. En pratique, la vitesse de l'air est réglée dans les conduites à 20 mètres cubes par seconde ; alors si le piston souffleur est animé d'une vitesse de 1 mètre, la section des tuyaux $= \dfrac{1}{20}$ de celle du cylindre ; à cette vitesse et avec des pressions initiales de 0^m02 à 0^m15 de mercure, la différence H — h varie de 0,003 à 0,005 de mercure pour des conduites de 20 mètres, et de 0,005 à 0,01 pour des conduites de 40 mètres ; elle augmente encore si les tuyaux portent des coudes et des rétrécissements.

Il convient en général de calculer le diamètre de manière à ne pas obtenir une pression inférieure à 0,05 de celle du régulateur.

Si donc H — $h = 0,05$ H ; $h = 0,95$ H, et de la formule précédente on tire $D^5 = \dfrac{0,95\,L\,d^4}{0,05 \times 42} = 0,45\,L\,d^4\,;$

puis $\text{Log. } D = \dfrac{\text{log. } 0,45 + \text{log. } L + 4 \text{log. } d}{5}.$

Volume du cylindre soufflant. — En admettant le volume d'air dilaté à 20°, le volume à fournir par le cylindre, en tenant compte d'une augmentation de volume de 0,75 à 1 pour les pertes, sera

$$V' = \frac{(1 + 0,004 \times 20°)}{0,75} = 1,44 \; V.$$

Cette formule prend les transformations suivantes :

$$V' \text{ ou } \pi R^2 v = 1,44 \; V, \text{ d'où } R = \sqrt{\frac{1,44 \times V}{\pi v}}.$$

Travail utile. — On calcule l'effet utile, en chevaux-vapeur, d'une soufflerie, en fonction du poids d'air lancé par la buse et de la hauteur génératrice de la vitesse d'écoulement par la formule :

$$T_u = \frac{V' \times P \times h'}{75};$$

P est le poids en kilog. d'un mètre cube d'air qui à 0° et à 0,76 $= 1^{\text{kil.}}3$; h' est la hauteur d'une colonne d'air de même poids que h ; et $h' = \dfrac{h\,p\,d}{p+h}$; h pression de l'air en mercure à la buse, p pression atmosphérique $= 0,76$, et d densité du mercure par rapport à l'air est égal à 10466.

On aura $T_u = \dfrac{V' \times P \times h'}{75} = \dfrac{V' \times 1,3 \times h \times 10466 \times 0,76}{75\,(0,76 + h)}$

$$= \frac{137,87 \; V' h}{0,76 + h}.$$

Le travail utile peut s'exprimer aussi en fonction de la section de la buse, de la pression et de la vitesse de l'air ; et la formule prend la forme :

$$T_u = \frac{0,785\,d^2 + h \times 13,568 \times v}{75} \text{ ou } = 142,01 \; d^2 v h, \text{ chev.-vap.}$$

Travail moteur. — La force motrice comprend le travail utile plus celui absorbé par les pertes et frottements. La formule est $T_m = H\,(189,34\,d^2 v + v\,(13,60\,R + 454,43\,r^2))$; r rayon de la tige du piston.

Si on applique ces données à la formule d'effet utile en fonction du volume de l'air et de la pression on a :

$$T_m = H\,\frac{(173{,}82\ V')}{0{,}76 + h} + v\,(13{,}60\ R + 454{,}43\ r^2).$$

Si on calcule le travail dans le cylindre souffleur seul en fonction de la pression de l'air et de la vitesse moyenne du piston, la formule du travail moteur devient :

$$T_m = \frac{\pi\,R^2\,H \times 13{,}568 \times v}{75} = 180{,}91\ \pi\,R^2\,v\,H \text{ chevaux-vapeur;}$$

R rayon du piston; v sa vitesse, le poids dont il est chargé est exprimé par $\pi\,R^2\,H \times 13{,}568$; on suppose égale la pression dans le cylindre dès que la soupape d'émission est ouverte.

En dressant une table du travail utile et moteur d'une soufflerie fournissant de 10 à 100 mètres cubes d'air par minute, à des pressions variables depuis 0^m01 jusqu'à 0^m16 de mercure, on reconnaît que le rapport de l'effet utile à l'effet moteur est indépendant du volume d'air à lancer, mais diminue en même temps que la pression en mercure augmente.

Les indications suivantes ont été calculées, en supposant une vitesse de piston $v = 0^m60$, l'air à 0° et la pression d'air $= 0{,}76$; elle constate que le coefficient 0,68, exprimant le rapport de l'effet utile à la force motrice pour une pression de 0^m01 de mercure, descend à 0^m63 pour une pression de 0^m10 et à 0,59 pour une pression de 0^m16, et cela quel que soit le volume d'air lancé.

VOLUME D'AIR LANCÉ PAR MINUTE = 10 MÈTRES CUBES
PAR LE CYLINDRE SOUFFLANT.

Pression en col. de mercure :	0m,01	0,02	0,04	0,05	0,06	0,08	0,10	0,12	0,14	0,16
	chev.-vapeur.									
Travail utile.. :	0,296	0,587	1,150	1,460	1,680	2,185	2,670	3,140	3,560	4,000
Travail moteur:	0,432	0,864	1,728	2,160	2,592	3,456	4,320	5,184	6,048	6,912

On aurait l'effet utile et moteur en chevaux-vapeur pour tout volume quelconque dans les mêmes conditions en multipliant les résultats indiqués par le nouveau volume.

Observation. — La section des soupapes *d'aspiration* s'établit au 1/15 de celle du cylindre soufflant pour une vitesse de 0^m60 et se réduit successivement jusqu'à 1/9, lorsque la vitesse du piston s'est élevée à 1 mètre; la section des soupapes *d'expiration* qui correspond à celle des tuyaux de conduite = 1/20 environ de celle du cylindre.

Ventilateurs à force centrifuge. — Les uns ont pour fonction d'aspirer l'air ou les gaz d'une localité ou d'une mine; les autres sont destinées à refouler de l'air dans les forges et fonderies. On fait aussi de ces derniers, munis d'un volant et d'un multiplicateur à manivelle, un emploi avantageux dans les installations d'ateliers mobiles en remplacement des soufflets.

Le système des ailes tourne dans une enveloppe percée généralement à son centre de deux ouvertures d'aspiration et à son pourtour d'un tuyau tangentiel d'échappement d'air. L'appareil fait alors fonction de machine aspirante et foulante, et l'air ambiant reçoit de l'impulsion centrifuge un courant plus ou moins rapide selon que le ventilateur se meut avec plus ou moins de vitesse.

Un rapport remarquable de **M. E. Dolfus**, à la Société de Mulhouse, pose les données expérimentales suivantes sur les ventilateurs employés comme aspirateurs ou comme refouleurs :

1° Le diamètre d des ouvertures d'aspiration doit être les 5/8 de celui D de l'enveloppe; leur forme doit de préférence être ovale dans la direction de l'orifice d'échappement;

2° Les orifices de sortie dont la direction est tangente à la circonférence ont la même largeur l que l'enveloppe et une hauteur h égale aux 3/10 du diamètre D du ventilateur;

3° Le nombre n des ailes se règle d'après le diamètre, il est de 4 pour un diamètre de $0^m 30$ à $0^m 50$; de 6 pour $0^m 50$ à $0^m 70$, et de 8 pour $0^m 70$ à 1 mètre;

4° La longueur L des ailes doit être égale à la moitié du rayon R augmentée de 1/10 de cette moitié, on $L = \dfrac{R}{2} + \dfrac{1 \times R}{10 \times 2}$;

5° Les ailes qui en tous sens doivent se rapprocher le plus de l'enveloppe à l'intérieur, doivent de préférence avoir la forme demi-plane (demi-concave au 1/10 du rayon), et dirigée vers l'axe;

6° La circonférence de l'enveloppe doit être disposée excentriquement à l'axe; l'excentricité la plus convenable parait être celle égale au 1/3 du diamètre. L'effet produit est comme 1,66 : 1, et l'effet utile est comme 1,24 : 1, pour une enveloppe excentrée comparativement à l'enveloppe concentrique; la largeur de l'enveloppe égale les 3/4 du diamètre du ventilateur;

7° Les effets d'un ventilateur croissent comme le carré des vitesses; comparés aux diamètres, ces effets augmentent comme le double du rapport des carrés, et les effets comparés à la force absorbée augmentent environ comme 42 et 36. Il est donc préférable d'employer des ventilateurs de grand diamètre à vitesse moindre que des ventilateurs de petit diamètre à vitesse plus grande.

M. E. Dolfus a également reconnu par les expériences que la force ou puissance d'aspiration pouvait être considérée comme liée intimement à celle d'expulsion, et que les conditions dans lesquelles un ventilateur fournit le plus d'air à la sortie sont aussi celles qui répondent à l'absorption la plus considérable de ce fluide par les orifices d'entrée ou d'aspiration.

Il importe, lorsqu'un ventilateur est employé comme soufflerie, de le placer aussi près que possible du point où il doit agir ; l'expérience a prouvé, en effet, qu'une grande déperdition se fait sentir dès qu'on prolonge l'ouverture de sortie.

En admettant 90 d'effet à l'ouverture d'échappement, la déperdition suit la progression suivante :

Longueur de tuyaux :	1m	2m	5m	10m	15m	20m	25m	30m	40m	50m
Effet............ :	75	68	52	46	40	35	30	26,5	20	15

Les ventilateurs qui ont servi aux expériences de M. E. Dolfus avaient les dimensions suivantes :

Ventilateur n⁰ 1 : Diamètre $= 0^m 40$; ouverture $d = 0,25$; sortie $h = 0,12$;
      largeur $= 0^m 20$.
Ventilateur n⁰ 2 : Diamètre $= 0^m 60$; ouverture $d = 0,38$; sortie $h = 0,18$;
      largeur $= 0,20$

La vitesse des ventilateurs a été portée de 400 à 1000 tours.

D'après M. Combes les ventilateurs aspirants à ailes droites ne donnent que 50 p. 0/0 d'effet utile, et les ailes courbes produisent 60 p. 0/0 pour des vitesses angulaires comprises entre $91^m 93$ et $80^m 18$, et des volumes extraits des mines corrrespondantes à $6^{m.c.} 78$ et $5^{m.c.} 085$ par seconde.

L'effet utile serait de 0,55 à 0,60 pour des vitesses comprises entre 124 et 162 tours par minute dans la ventilation des magnaneries et habitations où le volume d'air déplacé est de 1 à 2 mètres cubes par seconde.

On réduit le diamètre des tuyaux pour les ventilateurs de cubilots et de forges dans le but de lancer l'air avec plus de vitesse ; mais cet excès de vitesse ne s'obtient qu'aux dépens de la force motrice appliquée ; ainsi M. de Saint-Léger estime qu'un ventilateur de fonderie, animé d'une vitesse de 500 révolutions à la minute, et ayant un diamètre de $1^m 40$ et une largeur $= 0^m 35$, exige 4 chevaux-vapeur pour débiter 3000 mètres cubes à l'heure, tandis qu'un ventilateur aspirant en donne 3700 à 3800 par force de cheval, avec des vitesses réduites à $0^m 80$ ou 1 mètre par seconde.

L'effet utile d'un ventilateur soufflant n'est guère que 0,20 de l'effet moteur; on peut estimer que la force d'un cheval-vapeur peut débiter par seconde $0^{m.c.}75$ à 1 mètre cube d'air dans les meilleures conditions d'aspiration et que la consommation d'un kilog. de houille correspond au débit d'environ 550 mètres cubes d'air.

Moulins à vent. — La disposition la plus ordinaire est avec ailes verticales obliques. L'arbre des ailes a un angle de 8 à 15°. D'après Coulomb et Smeaton, la quantité de travail transmise à la circonférence de chaque aile est donnée par la formule $P v = 0,13 S V^3$ kilogrammètres.

P pression en kilog.; v vitesse en mètres à l'extrémité des ailes, V vitesse du vent; S surface d'une aile.

Pour le meilleur effet possible, la vitesse des ailes doit égaler 2,6 à 3 fois la vitesse du vent; la bonne vitesse du vent correspond à 6 ou 7 mètres par seconde, soit à une vitesse de 11 à 12 tours par minute de l'arbre des ailes. Les charges sont à peu près proportionnelles aux carrés des vitesses du vent, et les effets produits sont environ comme les cubes des vitesses du vent. M. Francœur donne les pressions suivantes du vent suivant la vitesse par chaque mètre carré de surface d'aile :

VITESSE.	PRESSION.	VITESSE.	PRESSION.	VITESSE.	PRESSION.
2^m	$0^k 492$	7^m	$6^k 027$	11^m	$14^k 883$
4	1 968	8	7 872	12	17 742
5	3 075	9	9 963	15	27 675
6	4 428	10	12 300	18	39 852

(Voir également la table page **33.**)

Le rapport de vitesse du vent au nombre de tours des ailes est simplement 0,54. Le moulin ne commence à marcher qu'à la vitesse de 4 mètres du vent.

Une meule ordinaire de $1^m 30$ peut moudre 80 à 100 kilog., soit 1 hect. à $1^{hect.}5$ par heure.

Dans un moulin à vent on ne doit compter que sur un travail régulier équivalant au tiers de l'année. Un moulin à vent ne peut être réellement avantageux qu'avec la faculté de s'orienter de lui-même et de régler lui-même sa voilure.

MATÉRIEL ROULANT DES CHEMINS DE FER.

On distingue les locomotives en machines à voyageurs pouvant marcher à la vitesse de 80 à 100 kilomètres, en machines à marchandises marchant 20 ou 30 kilomètres à l'heure, en machines mixtes pour le service des convois de voyageurs et marchandises marchant à la vitesse de 35 à 40 kilomètres, et en *machines-tender* portant leur eau et leur coke.

Le diamètre des roues des locomotives à grande vitesse varie de 1^m68 à 2^m35 et au delà pour les Crampton; ce diamètre se réduit à 1^m20 ou 1^m50 pour le transport des marchandises, et à 1^m50 ou 1^m60 pour les machines mixtes.

Au début, le poids total des locomotives ne dépassait pas 8800 kilogr.; il s'est augmenté graduellement, et on en établit du poids de 36000 kilog. Les locomotives sont à 6 roues accouplées. Sur le chemin de fer du Nord, le poids des wagons à 4 roues varie de 5240 kilog. à 5000, et à 4760 pour les 1re, 2e et 3e classes. Le chargement d'un wagon à 4 roues était limité à 6 tonnes; on le porte maintenant à 10 tonnes, soit 5 tonnes par chaque essieu, non compris 3 ou 4 tonnes de poids mort; les fusées ont 0^m075 à 0^m08 de diamètre et 0^m17 à 0^m20 de longueur.

Le diamètre des roues de wagons est en général de 1 mètre sur 0^m12 à 0^m13 de largeur de jante; la conicité de la jante varie de 1/12, à 1/13, à 1/25 pour des courbes de 1000, 1200 mètres de rayon et au delà.

Le diamètre des fusées extérieures des essieux d'avant est, dans les machines à grande vitesse de Crampton, de 0^m150, et la longueur $= 0^m300$; les fusées de l'essieu du milieu qui sont extérieures ont 0^m130 de diamètre et 0^m252 de longueur; les fusées intérieures des essieux moteurs ont 0^m180 de diamètre sur 0^m260 de longueur. D'après M. Wood le frottement de la fusée dans une boite à graissage continu n'est que le 1/60 de la charge. On admet en pratique 1/20.

On a rendu uniforme l'épaisseur 0^m055 du bandage pour les roues de wagons et locomotives; on a donné à la largeur totale du bandage 0^m130 pour les wagons et 0^m140 pour les locomotives. L'inclinaison de la surface est de 1/20, sauf depuis environ l'aplomb de la face extérieure du rail, où, sur une longueur de 0^m035, elle est portée aux 3/20.

On estime alors au parcours suivant le service des bandages avant leur mise au rebut :

Bandages de voitures et wagons......	50000	kilomètres.
Id. de roues de support..........	50000	—
Id. de roues motrices............	45000	—
Id. de roues de tender..........	35000	—

Parcours à niveau. — La résistance totale à la traction sur un chemin horizontal et en ligne droite se compose :

1° De la résistance due au frottement des essieux et exprimée par $P f \dfrac{d}{D}$; 2° de la résistance due au frottement qui s'exerce au pourtour des roues et exprimée par $P' f'$; et 3° de la résistance que l'air oppose au mouvement des wagons exprimée par $f'' f''' A V^2$; ainsi cette résistance totale $R = P f \dfrac{d}{D} + P' f' + f'' f''' A V^2$; P pression des fusées sur les boîtes; f coefficient du frottement des essieux sur les boîtes $= 0,05$; d diamètre des fusées, D diamètre des roues; P' poids total du wagon y compris les roues; f' coefficient du frottement de roulement des roues sur les rails $= 0,001$; f'' coefficient constant $= 0,0625$; A base du prisme en mètres carrés; V vitesse du prisme en mètres par rapport à l'air; f''' coefficient qui varie de 1,10 à 1,17, à 1,43, selon que la longueur du prisme égale 3 fois le côté de la base ou lui est égale, ou est bien plus petite que le côté de la base.

Parcours en rampe. — Sur un chemin en pente et en ligne droite, en appelant α l'angle que fait le plan incliné avec l'horiz..., la formule de résistance totale devient :

$$R = P \cos. \alpha\, f \dfrac{d}{D} + \cos. \alpha\, P' f' + f'' f''' A V^2 \pm P' \sin. \alpha.$$

Le dernier terme est positif ou négatif, suivant que le convoi monte ou descend. On peut, dans les cas ordinaires des chemins de fer, faire $\cos. \alpha = 1$, et la formule se simplifie ainsi :

$$R = P f \dfrac{d}{D} \times P' f' + f'' f''' A V^2 \pm P' \sin. \alpha.$$

Parcours en courbes. — Dans les courbes il faut, indépendamment des résistances précédentes, tenir compte de trois frottements de glissement : le premier, dû à la fixité des roues sur les essieux et à ce que l'une des roues glisse sur les rails sur une distance égale à la différence de longueur des deux courbes de la voie, a pour résistance $\dfrac{P' 2 c a}{r}$; mais le premier frottement se combine avec le deuxième frottement provenant de ce que le parallélisme des essieux force le wagon à glisser sur les rails en tournant autour de son centre de gravité pour changer de direction, et donne lieu à la résistance $P'c\sqrt{a^2+b^2}\times\frac{1}{r}$. P' poids total du wagon; c coefficient de frottement de la jante sur le rail $= 0,19$; a demi-largeur de la voie $= 0,75$; b demi-distance des essieux $= 0,75$; r rayon de l'arc suivi par le centre de gravité du wagon.

Le troisième frottement est dû à la force centrifuge qui fait frotter les rebords des roues contre les rails. Pour un wagon cette résistance est exprimée par $\frac{P'}{g}\times\frac{V^2}{r}\frac{c'\,2e}{D}$; V vitesse en mètres par seconde du centre de gravité du wagon; D diamètre de la roue à l'intérieur du rebord; e distance horizontale de la verticale passant par le centre de gravité de la roue au point où la partie frottante du rebord de la roue commence à toucher la face latérale du rail; c' coefficient de frottement du rebord de la roue contre le rail.

En réunissant alors dans une même formule toutes les résistances qui s'opposent au mouvement d'un wagon sur une courbe en pente, on a :

$$R = Pf\frac{d}{D} + P'f' + f''f'''\,AV^2 + P'c\sqrt{a^2+b^2}\times\frac{1}{r}$$

$$+\frac{P'}{g}\times\frac{V^2}{r}c'\frac{2e}{D}\pm P'\sin.\,\alpha.$$

Le rapport $\frac{d}{D}$ varie entre $\frac{1}{12}$ et $\frac{1}{20}$, et se prend d'ordinaire $=\frac{1}{14}$; $a = b = 0,75$, et $\sqrt{a^2+b^2}$ ou $\sqrt{0,75^2+0,75^2} = 1$ environ.

M. Wood a trouvé par expérience que, pour une vitesse de 16 kilomètres à l'heure, la résistance totale d'un wagon est compris entre $\frac{1}{200}$ et $\frac{1}{250}$ du poids total P du wagon en prenant $\frac{d}{D}=\frac{1}{13}$ ou $\frac{1}{15}$. M. de Pambour, en déduisant la résistance de l'air, a trouvé que la résistance totale d'un wagon était de 2^k69 par 1000 kilog. pour un rapport $\frac{d}{D}=1,20$.

D'après les auteurs du *Guide du mécanicien*, pour un convoi brut de 60 tonnes, dont le poids se décompose ainsi : 26 tonnes pour la locomotive et son tender, et 34 tonnes pour les wagons, marchant à la vitesse de 45 kilomètres à l'heure, on peut diviser la résistance de la manière suivante :

		Pour le convoi.	Par tonne.
1° Résistance du convoi brut :			
	Id. due au mouvement des véhicules.....	375k	6k 25
	Id. due aux frottements du mécanisme sans charge......................	150	2,50
	Id. due à l'augmentation des frottements du mécanisme produite par la pression de la vapeur......................	105	1,75
	Total.................	630k	10k 50

		Pour 26 tonnes.	Par tonne.
2° Résistance de la machine avec son tender :			
	Id. due au mouvement des véhicules.....	162k 50	6k 25
	Id. due aux frottements du mécanisme sans charge......................	149,50	5,75
	Id. due à la pression de la vapeur........	104,00	4,00
	Total.................	416k	16k

Les mêmes auteurs donnent dans le tableau suivant le coefficient de résistance par tonne d'un train, en supposant à 5 mètres carrés la surface de front d'un wagon :

VITESSES en kilom. à l'heure.	POIDS DU TRAIN REMORQUÉ EN TONNES.						
	40	50	60	70	80	90	100
	kilom.	kilom.	kilom.	kilom.	kilom.	kilom.	kilom.
40	7,45	7,25	7,12	7,04	6,96	6,90	6,86
50	8,93	8,63	8,42	8,29	8,17	8,07	8,02
60	10,53	10,40	9,81	9,68	9,45	9,32	9,23
70	12,26	11,67	11,27	10,99	10,78	10,64	10,48
80	14,11	13,34	12,84	12,45	12,19	11,96	11,79
90	16,08	15,10	14,45	13,84	13,63	13,36	13,14
100	18,17	16,96	16,15	15,5	15,14	14,82	14,54

On estime à 5 kilog. la force de traction nécessaire sur un chemin de niveau, à la vitesse de 20 kilom. à l'heure, et à 1,25 le coefficient par chaque millimètre de rampe. La force de traction sur une rampe de 30 $^{m}/_{m}$, à cette même vitesse, sera $5^k + 1,25 \times 30 = 42^k 50$ par tonne.

La formule empirique $R = 2,72 + 0,094\,V + \dfrac{0,00484\,S\,V^2}{P}$, qui peut servir au calcul des dimensions des machines locomotives, est donnée par M. W. Harding pour calculer la résistance d'un convoi sur un chemin de niveau ; dans cette formule, R est la résistance

11.

en kilog. ; V la vitesse du convoi en kilomètres à l'heure ; S $= 5$ mètres carrés, section de face que présente le train ; P poids du convoi en tonnes ; le premier terme 2,72 représente le coefficient du frottement des véhicules ; le deuxième terme exprime la résistance due aux chocs, secousses et vibrations de la voie ; le troisième terme est la résistance due au vent.

Cette formule s'applique à tout le convoi (machine, tender et wagons) aussi bien qu'aux wagons seuls ; mais alors elle ne tient pas compte de la résistance due aux frottements du mécanisme de la machine, et il faut, pour avoir la résistance totale, augmenter R de 20 ou 25 p. 0/0, selon qu'il s'agit d'un convoi de voyageurs ou d'un convoi de marchandises.

Résistance des wagons à frein au mouvement du convoi. — M. J. Poirée a trouvé par le dynamomètre :

1° Que pour des petites vitesses cette résistance peut varier de 0,11 à 0,25 du poids du wagon, selon que les rails sont humides ou secs ; 2° que cette résistance diminue avec la vitesse.

La formule de résistance , les freins étant serrés, est : $R = fP - 25 v + 0,35 v^2$; f coefficient de frottement $= 0,13$ pour rails humides, et 0,30 pour rails secs ; P poids du wagon ; v vitesse comprise entre 5 et 22 mètres par seconde.

Machines locomotives. — D'après M. de Pambour la théorie des locomotives revient à la solution de ce problème et de sa réciproque : Étant données les dimensions d'une machine locomotive, trouver la charge qu'elle peut traîner avec une certaine vitesse ; et réciproquement étant données la charge à traîner et la vitesse, trouver les dimensions de la machine.

Le seul point d'appui des locomotives se trouve dans l'adhérence de leurs roues sur les rails.

Pour qu'une locomotive puisse tirer une charge donnée il faut : 1° que les dimensions et proportions de la machine des cylindres et du générateur soient suffisantes ; et 2° que le poids de la machine portée par les roues motrices soit tel qu'il y ait une adhérence suffisante des roues sur les rails ; ces deux conditions de puissance et d'adhérence doivent toujours être d'accord.

L'effet d'adhérence varie de 1/6 à 1/20 de la pression des roues motrices sur les rails ; la plus grande adhérence a lieu quand les rails sont secs ; elle descend à 1/20 lorsque les rails sont humides où gras.

La force de traction d'une locomotive s'obtient en multipliant la capacité de ses cylindres par le coefficient indiquant le rapport de l'effort de traction à ladite capacité ; en prenant 15 pour ce rapport, une locomotive, dont la capacité des cylindres serait de 250 litres, aurait une force de traction de $15 \times 250 = 3750$ kilog.

La capacité des cylindres d'une locomotive s'obtient en divisant l'effort de traction par le même coefficient.

M. Lechatelier a calculé de la manière suivante les dimensions de trois locomotives, l'une à grande vitesse, l'autre mixte, et la troisième à marchandises :

1° Soit un parcours à l'heure de 80 kilomètres, ou 22^m22 par seconde ; le nombre de tours des roues motrices devant, pour toutes les locomotives, être compris entre 2,5 et 3, on a pour diamètre

$$D = \frac{22,22}{\pi \cdot \times 2,5} = 2^m83, \text{ ou } D = \frac{22,22}{\pi \times 3} = 2^m36 ; \text{ il fait } D = 2,50 ;$$

2° En supposant la pression à 7 atmosphères dans la chaudière, la pression utile p se réduit au premier cran de la détente à $4^{atm}.5$, soit à 4^k64 par centimètre carré, en déduisant la pression atmosphérique, plus $1^{atm}.5$ pour la contre-pression, la détente, la compression et le passage de la vapeur de la chaudière aux cylindres ;

3° La résistance R du convoi est donnée par la formule de Harding : $R = 2,72 + 0,094\,V + \dfrac{0,00484\,S\,V^2}{P} ;$

4° A chaque tour des roues motrices, le travail produit pour la vapeur doit égaler celui absorbé par la résistance en kilog. du convoi, et s'exprime : $R \times \pi D = p \times \dfrac{4\,\pi\,d^2\,l}{4} ;$ d'où $R = \dfrac{p\,d^2\,l}{D} ;$ d diamètre des pistons en centimètres ; et l course des pistons en centimètres. De cette formule on tire $d = \sqrt{\dfrac{R\,D}{p\,l}},$ et $l = \dfrac{R\,D}{p\,d^2} ;$

5° Le coefficient d'adhérence des roues motrices sur les rails $= 1/6$;

6° Dans une machine locomotive en bonne fonction, en représentant respectivement par S, S', S″ les surfaces en mètres carrés de *chauffe totale*, du *foyer* et des *tubes*, on a $\dfrac{S}{d^2\,l} = 1 ;$ et $\dfrac{S'}{S''} = \dfrac{1}{10},$ d et l étant donnés en décimètres, c'est-à-dire : 1° que le quotient de la surface totale de chauffe par le produit de la course et du diamètre carré du piston égale l'unité, et 2° que le rapport de la surface de chauffe par rayonnement du foyer à la surface de chauffe par contact des tubes est comme 1 : 10.

M. Lechatelier a réuni ces données dans le tableau suivant :

DÉTAILS.	MACHINE		
	1. à voyageurs.	2. mixte.	3. à marchandises
Poids total du convoi...................	97t 00	155t 00	400t 00
Résistance due au mouve- (par tonne.	11k 84	8k 27	5k 60
ment des véhicules ..... (totale	1148k 48	1281k 85	2240k 00
Résistance additionn. due au mécan....	287k 16	320k 46	448k 00
Résistance due à la gravité............	485k 00	775k 00	2000k 00
Résistance totale R...................	1920k 64	2377k 31	4688k 00
Diamètre des roues motrices..........	2m 50	1m 78	1m 30
Charge sur les roues motrices........	11t 50	14t 86	28t 13
Diamètre des cylindres..............,.	0m 42	0m 40	0m 46
Course des pistons....................	0m 58	0m 57	0m 62
Surface de chauffe du foyer...........	9m 50	8m 29	11m 94
Id. des tubes.....................	95m 00	82m 91	119m 40
Id. totale......................	194m 50	91m 20	131m 34
Poids de la machine.................	25t 00	24t 00	28t 00
Id. du tender avec sa charge........	12t 00	11t 00	12t 00

La machine n° 1 est supposée conduire un train express de 8 wagons pesant chacun 5,7 tonnes et marchant à la vitesse de 80 kilomètres à l'heure (rampes de 0m 005 par mètre).

La machine n° 2 conduit un train omnibus de 16 wagons de 7,5 tonnes à une vitesse moyenne de 50 kilomètres.

La machine n° 3 marche avec 40 wagons de marchandises, pesant 9 tonnes, à une vitesse moyenne de 35 kilomètres.

ÉVALUATION

DE LA RÉSISTANCE A VAINCRE PAR LES LOCOMOTIVES.

NATURE DES TRAINS.	VITESSE à l'heure.	POIDS total compris machine et tender.	EFFORT de traction par tonne remor- quée.	VITESSE normale par seconde.	TRAVAIL moteur deve- loppé par les locomotives dans la traction de niveau.
	kilomètr.	tonnes.	kilog.	mètres.	kil^m/m. ch. vap.
1re classe. Vitesse ord. Train ordinaire de voyageurs ; 16 voitures à 30 personnes avec bagages..	50	150 ×	8 ×	14 =	16800 = 224
2e cl. Grande vitesse. Train express à 10 voitures...........	80	100 ×	10 ×	22 =	22000 = 293
	100	100 ×	10 ×	27 =	27000 = 360
3e clas. Petite vitesse. Fort train de marchandises.........	30	650 ×	5 ×	8 =	26000 = 347

Avance et recouvrement. — Détente. — Pour faciliter l'échappement de la vapeur et admettre la vapeur sur la face opposée du piston avant que ce dernier n'arrive à l'extrémité de sa course, on donne une certaine avance au tiroir en calant convenablement l'excentrique ; puis, pour donner à l'admission une avance très-faible et à l'échappement une avance très-grande, on réduit la première en élargissant intérieurement les bords du tiroir, c'est-à-dire en leur donnant un certain recouvrement sur les lumières. L'avance du tiroir fait agir la vapeur par détente pendant une partie de la course du piston ; la détente commence aux 4/5, aux 2/3 et même à la demi-course du piston. La coulisse en quart de cercle de *Stephenson* permet d'obtenir avec deux excentriques et un seul tiroir une détente variable depuis 6/7 jusqu'à 1/3 et même 1/5.

Pompe alimentaire. — Dans le calcul d'une pompe alimentaire, il faut observer qu'une seule pompe doit au besoin alimenter la chaudière, qu'elle ne fonctionne que pendant 1/3 du temps d'activité, que la vapeur entraîne 30 p. 0/0 de son poids d'eau, et qu'une pompe ne rend que 60 p. 0/0 d'effet utile.

Consommation en coke et en eau. — M. Bertera a constaté, après diverses expériences, qu'un kilog. de coke dépensait 9 à 10 kilog. d'eau, dont 30 à 50 p. 0/0 étaient entraînés et condensés, ce qui réduit à 6 kilog. environ la vapeur utile produite.

La dépense d'eau peut s'évaluer à 1 kilog. environ, et celle du coke à 0ᵏ16 environ par tonne et par kilomètre à la détente de 1/2 et à la vitesse moyenne de 50 kilomètres. Suivant la charge d'un convoi, la dépense d'eau par seconde peut s'estimer à 1 lit. ou 1ˡⁱᵗ·5, et la consommation de coke par kilomètre s'élève de 7 à 9 kilog.

D'après MM. Valerio et de Monville, le poids d'une locomotive du Nord étant de 19602 kilog. se décompose ainsi : fonte = 3713ᵏ ; fer forgé = 7370ᵏ ; tôle = 4318ᵏ3 ; acier = 605ᵏ6 ; cuivre rouge = 910ᵏ8 ; laiton = 1447ᵏ1 ; bronze = 745ᵏ7 ; bois et divers = 491ᵏ5.

Matériel d'exploitation. — L'importance du matériel roulant comprenant locomotives, tenders, voitures, wagons et trucks, s'estime d'après la charge moyenne en voyageurs et marchandises et le parcours kilométrique. On estime à 15 fr. par mètre courant la dépense du matériel des voitures, wagons et trucks.

Par kilomètre, le prix du transport d'une tonne s'élève de 0ᶠ015 à 0ᶠ020 ; les frais de traction d'un wagon sont de 0ᶠ012, et ceux d'une locomotive de 1ᶠ20 à 1ᶠ30 ; la dépense totale = 2 fr. 80 c.

DIMENSIONS PRINCIPALES DES LOCOMOTIVES.

CHEMIN DU NORD.

APPAREILS DE VAPORISATION.	MIXTE. — Ateliers de la comp.	MARCHANDISES. — Derosne et Cail.	VOYAGEURS. — Derosne et Cail.
	mèt.	mèt.	mèt.
Boîte à feu et chaudière.			
Longueur de la grille..........	1,255	0,925	1,370
Largeur id...............	0,915	0,914	1,018, 1,040
Surface id...............	1,148	0,845	1,4179
Surface de chauffe.			
Nombre de tubes.............	125	125	178
Longueur des tubes..........	3,470	3,800	3,615
Diamètre intér. id...........	0,046	0,045	0,047
Epaisseur id...........	0,002	0,002	0,002
Surface totale id...........	68,098	66,500	94,962
Id. du foyer.............	6,250	5,012	7,377
Id. de chauffe totale.......	74,348	71,512	102,339
Diamètre intérieur du corps cylindrique.................	0,950	0,950	1,200
Longueur du corps cylindrique..	3,355	3,685	3,550
Volume d'eau contenu dans la chaudière, avec 0m,10c au-dessus du foyer	2,427	2,228	2,779
Volume de vapeur dans la chaudière, avec 0m,10c d'eau au-dessus du foyer...........	1,469	1,167	0,615
Boîte à fumée.			
Longueur intérieure..........	0,665	0,849	0,675
Largeur transversale.........	1,156	1,156	1,200
Hauteur...................	1,220	1,100	1,200
Cheminée.			
Diamètre intérieur...........	0,328	0,328	0,400
Hauteur au-dessus de la boîte à fumée...................	1,710	1,815	1,950
Alimentation.			
Diamètre du plongeur........	0,060	0,105	0,064
Course id.............	0,560	0,116	0,550
Volume engendré par coup de piston...................	0,00158	0,001	0,00176
Prise de vapeur.			
Section d'ouverture maximâ du régulateur...............	0,0112	0,012	0,0132
Échappement.			
Diamèt. du tuyau d'échappement.	0,120	0,125	0,160
Section du tuyau d'échappement.	0,0113	0,01227	0,0209

DIMENSIONS PRINCIPALES DES LOCOMOTIVES.

CHEMIN DU NORD. (*Suite.*)

APPAREILS DE VAPORISATION.	MIXTE. — Ateliers de la comp.	MARCHANDISES. — Derosne et Cail.	VOYAGEURS. — Derosne et Cail.
	mèt.	mèt.	mèt.
Mécanisme.			
Angle d'avance..............	30o	30o	15o
Avance linéaire à l'introduction.	0,004	0,004	0,004
Avance linéaire à l'échappement.	0,026	0,026	0,032
Recouvremt intr (de chaque côté).	0,004	0,004	0,0068
Recouvremt extr (de chaque côté).	0,025	0,024	0,028
Maximum d'introduction de vapeur (en centes de la course)..	0,800	0,800	0,800
Minimum d'introduction de vapeur (en centes de la course)..	0,250	0,250	0,250
Rayon d'excentricité..........	0,058	0,058	0,092
Course des tiroirs.............	0,116	0,116	0,184
Lumière d'admission. { Longueur......	0,250	0,250	0,300
Largeur.........	0,040	0,040	0,050
Section........	0,010	0,010	0,015
Lumière d'échappement. { Longueur.....	0,250	0,250	0,300
Largeur.....	0,075	0,076	0,090
Section......	0,0187	0,019	0,027
Tiroir. { Largeur............	0,310	0,312	0,360
Longueur..........	0,245	0,244	0,286
Surface............	0,0759	0,0761	0,1029
Mécanisme de transmission.			
Écartement d'axe en axe des cylindres.................	1,880	2,076	1,850
Inclinaison des cylindres.......	0o	0o	0o
Diamètre id...........	0,380	0,380	0,400
Longueur totale intérieure.....	0,720	0,742	0,682
Course du piston............	0,560	0,610	0,550
Liberté des cylindres (moyenne).	0,025	0,025	0,020
Longueur de la bielle..........	1,825	1,470	2,310
Châssis et supports.			
Écartement des longerons d'axe en axe...................	1,223	1,223	1,282 2,418
Hauteur des longerons........	0,200	0,200	0,220
Hauteur de l'axe des tampons au-dessus du rail.............	0,955	0,955	0,950
Écartement des tampons d'axe en axe...................	1,727	1,727	1,727
Ressorts.			
Ressorts de l'essieu du milieu. { Longueur........	0,950	0,950	0,966
Largeur	0,090	0,090	0,100
Hauteur au milieu.	0,158	0,140	0,145
Flèche sous charge.	0,054	0,080	0,145

DIMENSIONS PRINCIPALES DES LOCOMOTIVES.

CHEMIN DU NORD. (*Suite.*)

APPAREILS DE VAPORISATION.		MIXTE. — Ateliers de la comp.	MARCHANDISES. — Derosne et Cail.	VOYAGEURS. — Derosne et Cail.
		mèt.	mèt.	mèt.
Ressorts de l'essieu d'avant.	Longueur	0,950	0,950	0,966
	Largeur	0,090	0.090	0,100
	Hauteur au milieu.	0,174	0,158	0,150
	Flèche sous charge.	0,083	0,076	0,172
Ressorts de l'essieu d'arrière.	Longueur	0.950	0.950	0,966
	Largeur	0,090	0,090	0,400
	Hauteur au milieu.	0,132	0,158	0,150
	Flèche sous charge.	0,080	0,080	0,172
Roues.				
Diamètre des roues.	du milieu	1,740	1,220	1,220
	d'avant	1,040	1,220	1,350
	d'arrière	1,740	1,220	2,400
Essieux.				
Essieu du milieu.	Diamètre de la fusée.	0,160	0.160	0,180
	Longueur	0,150	0,150	0,250
	Diamètre à la portée de calage	0,180	0,180	0,190
	Diamètre au milieu.	0,160	0,155	0,150
Essieu d'avant.	Diamètre de la fusée.	0,140	0,150	0,150
	Longueur	0,170	0,150	0,300
	Diamètre à la portée de calage	0,160	0.180	0,230
	Diamètre au milieu.	0,180	0,145	0.160
Essieu d'arrière.	Diamètre de la fusée.	0,160	0,150	0,180
	Longueur	0,150	0,150	0,260
	Diamètre à la portée de calage	0,180	0,180	0,240
	Diamètre au milieu.	0,196	0,145	0,172
Écartement intérieur des roues..		1,355	1,355	1,355
Écartement intérieur des rails..		1,440	1,440	1,440
Écartement des essieux extrêmes.		4,420	2,935	4,860
Écartement de l'essieu d'avant à l'essieu milieu..		2,200	1,585	2,300
Bandages.				
Largeur		0,140	0,140	0,140
Conicité sur le rail		1/20	1/20	1/20
Poids.				
Poids total de la machine pleine avec 15c d'eau		24,397	22,300	27,349
Poids total de la machine vide..		21,740	20,072	24,197
Tender.				
Volume d'eau complet		5,783	5,783	6,390
Poids de coke		1,750	1,750	1,225
Poids vide avec agrès		7,366	7,366	9,951
Poids plein		14,899	14,899	17,566

MEUNERIE — MOULINS. — MOTEURS HYDRAULIQUES. — COURS D'EAU.

Mouture américaine, dite à l'anglaise. — La mouture du blé a lieu en une seule opération; ainsi le blé battu et nettoyé par la voie sèche ou humide dans divers appareils : tarares, émotteurs, cribleurs, appelés *nettoyages*, est jeté dans la trémie des meules, où il est broyé et moulu. La mouture, composée de farines, de son et de résidus, tombe dans un récipient, d'où elle est élevée par une chaine à godets dans un ramasseur circulaire qui la remue lentement et la projette par petites quantités dans les bluteries. Les farines, séparées alors des sons et recoupettes, sont reçues dans un mélangeur, et on les met en sac.

100 kilog. de blé produisent 60 kilog. de farine blanche, 14 kilog. de farine bise, 24 kilog. d'issues et 2 kilog. de déchet.

La force effective d'un cheval-vapeur moud 20 kilog. de blé par heure en farine première, 25 kilog. en farine bise, et 30 kilog. en farine grossière. Il faut compter la force de 3ch.-v. 66 pour faire marcher une paire de meules et les accessoires.

Pour les premières marques, pain blanc, l'extraction du son, des issues et des farines inférieures se fait de 35 à 40 p. 0/0; elle descend à 25 p. 0/0 pour le bain bis, et à 20 p. 0/0 pour le pain de munition.

Panification. — L'hectolitre de blé pèse moyennement 78 kilog.

Le quintal métrique de blé donne 78 kilog. de farine, déduction faite de 2 kilog. pour les déchets. La farine ordinaire contient 17 p. 0/0 d'humidité.

La pâte ferme de pain blanc prend 100 kilog. de farine pour 60 litres d'eau.

On compte 500 grammes de sel par sac de farine de 159 kilog., et 1k 250 de levure.

Au moment de la mise en four, la pâte est à 25°; à la sortie du four, le pain est à 100°.

1 kilog. de bois développant 2750 calories, l'expérience a prouvé que, dans un four système Lespinasse, 1 kil. de hêtre ou bouleau cuit 6 à 7 kilog. de pain. On obtient en braise 27 p. 0/0 du volume du bois consommé. Un mètre cube de bois produit alors 2,70 hectolitres de braise.

Transmission d'un moulin à l'anglaise. — Lorsque l'agent moteur d'un moulin est une roue hydraulique dont la vitesse n'excède pas 3 à 5 tours par minute, il faut employer un triple harnais pour la transmission. Deux harnais suffisent pour une machine à vapeur faisant environ 30 révolutions; mais avec une turbine à grande vitesse, la transmission se réduit à la roue horizontale et aux pignons de meules.

L'emploi de courroies dans les moulins à l'anglaise permet d'arrêter à volonté, au moyen des tendeurs, chaque paire de meules, sans arrêter les autres.

Le diamètre des meules $= 1^m 30$, la vitesse par minute $= 120$ révolutions, et la vitesse à la circonférence $= 8^m 168$ par seconde.

Premier harnais. — La vitesse de la roue hydraulique étant supposée de 3 tours par minute, et la grande roue de même vitesse montée sur l'arbre moteur portant un diamètre D $= 4^m 67$, et le diamètre du pignon qu'elle commande ou $d = 1^m 261$, la vitesse de l'arbre de couche sera $\dfrac{3 \times 4,67}{1,261} = 11^t 11$ par minute.

Deuxième harnais. — Soit le diamètre de la roue d'angle montée sur l'arbre de couche ou D' $= 2^m 275$, et le diamètre du pignon d'angle ou $d' = 0^m 858$, la vitesse de l'arbre vertical du pignon sera alors $11^t 11 \times \dfrac{2,275}{0,858} = 30^t 15$ par minute.

Troisième harnais. — Si le grand hérisson ou D'' $= 2^m 70$, et si le diamètre du pignon de meule ou $d'' = 0,675$, la vitesse de la fusée de chaque meule sera $30^t 15 \times \dfrac{2,70}{0,675} = 120$ révolutions par minute.

Les branches des palettes du récepteur à boulange marchent au 1/6 de la vitesse de l'arbre vertical, c'est-à-dire $\dfrac{30^t 15}{6} = 5^t$ environ.

Le diamètre intérieur du cercle décrit par les palettes $= 1^m 83$, par suite, la vitesse des palettes $= \dfrac{1^m 83 \times 3,14 \times 5}{60} = 0^m 479$ par seconde.

A la sortie des meules, la vitesse de la farine est $\dfrac{8,168}{0,479} = 17$ fois celle qui est imprimée par les palettes dans le récipient.

Vis sans fin et élévateur à boulange. — A la circonférence des palettes inclinées à 45°, la vis sans fin a un diamètre de 0,245; elle reçoit de la poulie de commande, placée sur l'un des arbres de couche, une vitesse de 80 révolutions par minute. Le pas de vis $= 0^m 32$, alors la boulange aura une vitesse de $\dfrac{0^m 32 \times 80}{60} = 0^m 427$;

mais, comme dans l'espace d'un pas $= 0^m 32$, il entre 8 palettes, il s'en trouvera sur $0^m 427 : 8 \times \dfrac{0,427}{0,32} = 10$ pal. 68.

En admettant qu'avec un moulin de six paires de meules on puisse moudre 8,025 kilog. de blé en 24 heures avec une puissance disponible de 22 chevaux (ce qui suppose 3 chevaux 66 pour chaque paire de meules, y compris les nettoyages et accessoires), la quantité de blé moulu par seconde $= \dfrac{8025}{24 \times 60 \times 60} = 0^k 0928$. Ainsi, chaque palette n'a que $\dfrac{0^k 0928}{10,68} = 0^k 0087$ de boulange à conduire par seconde.

Les courroies portant des élévateurs à blé ou à boulange enveloppent des poulies de $0^m 325$ de diamètre et animées d'une vitesse de 30 révolutions par minute, ce qui donne $0^m 50$ de vitesse aux élévateurs par seconde.

Bluterie. — Une bluterie porte de 2 à 6 mètres de longueur ; il en faut 2 de $3^m 50$ en moyenne pour une minoterie de 4 paires de meules. La vitesse d'une bluterie d'un mètre de diamètre $= 30$ révolutions par minute, ce qui correspond à $1^m 46$ de vitesse par seconde. La soie pour les fines farines porte les n⁰ˢ 140 à 160 dans 27 millim. de large.

Monte sac. — Vitesse $= 0,50$. Le poids d'un sac $= 150$ kil. La résistance pratique $= 1$ chev.-vap. 5. — Le diamètre du rouleau $= 0,30$; sa vitesse est de 30 révolutions par minute.

JAUGEAGE DES COURS D'EAU.

Le produit d'une source ou chute quelconque se détermine en établissant un barrage sur toute la largeur du cours d'eau et en laissant écouler l'eau soit par une vanne de décharge, soit par un déversoir, de manière à maintenir un niveau normal en amont.

Vanne. — La dépense d'eau par une vanne verticale se détermine en mètres cubes au moyen de la formule : $D = c L h \sqrt{2 g H}$; ce résultat, multiplié par 1000, donne la dépense en litres.

La formule $L = \dfrac{D}{c h \sqrt{2 g H}}$ donne la largeur de la vanne.

L exprime en mètres la largeur de l'orifice ouvert.

h sa hauteur verticale en mètres.

TABLE DES

EFFECTUÉES PAR UNE VANNE VERTICALE DE 1 MÈTRE DE LARGE,

OUVERTURES ou hauteurs verticales de la vanne en mètres:	DÉPENSES EN LITRES PAR SECONDE								
	0m 10	0m 20	0m 30	0m 40	0m 50	0m 60	0m 70	0m 80	0m 90
m.	lit.	lit.	lit.	lit.	lit.	lit.	lit.	lit.	lit.
0,05	44	62	76	88	98	107	116	124	131
0,06	53	75	91	107	117	128	139	148	157
0,07	61	86	106	122	136	148	161	172	183
0,08	69	98	120	139	155	170	184	196	207
0,09	78	109	135	156	174	191	208	220	236
0,10	86	122	149	173	193	212	228	246	259
0,11	94	133	164	189	212	230	249	267	284
0,12	102	145	178	206	230	251	272	291	309
0,13	110	157	192	222	249	272	294	314	334
0,14	119	168	206	238	267	292	316	338	359
0,15	126	179	220	255	285	312	338	361	384
0,16	134	190	234	271	304	330	360	385	409
0,17	142	201	248	287	322	350	382	414	434
0,18	150	213	262	304	340	370	403	432	459
0,19	158	223	276	324	358	392	425	454	483
0,20	167	235	291	337	377	414	447	485	509
0,21	»	247	305	354	396	431	470	512	534
0,23	»	271	334	388	434	472	515	550	585
0,27	»	318	392	454	509	559	594	645	688
0,29	»	340	421	487	546	602	649	693	735
0,31	»	364	449	524	583	635	694	741	787
0,33	»	388	477	555	622	676	737	789	839
0,35	»	415	507	588	659	717	782	837	889
0,37	»	436	534	622	696	758	826	885	940
0,39	»	462	564	653	734	798	872	933	991
0,41	»	»	591	688	772	840	915	981	1042
0,43	»	»	620	722	809	884	961	1028	1093
0,45	»	»	649	754	847	920	1005	1076	1144
0,47	»	»	677	787	885	961	1050	1124	1194
0,49	»	»	706	820	922	1002	1095	1172	1245
0,50	»	»	733	853	940	1023	1115	1194	1271

Observations. — Dans le cas où la contraction n'est pas complète, on multi

Pour vanne verticale = 1,035, si la contraction n'a lieu que sur 3 côtés.
Id. = 1,072, id. id. 2 côtés.
Id, = 1,125, id. id. 1 côté.

Le module de Prony correspond à 20 mètres cubes d'eau écoulés en 24 heures seur sous une charge d'eau sur le centre de 0m,03c.

DÉPENSES D'EAU

SOUS DIVERSES PRESSIONS (LA CONTRACTION ÉTANT COMPLÈTE).

POUR DES CHARGES OU PRESSIONS D'EAU DE

1m 00	1m 10	1m 20	1m 30	1m 40	1m 50	2m 00	2m 50	3m 00	3m 50	4m 00
lit.	lit.	lit.	lit.	lit.	lit.	lit.	lit.	lit.	lit.	lit.
138	145	151	157	162	168	191	211	235	251	268
165	175	181	187	194	201	229	257	281	301	321
192	201	210	218	226	233	267	299	327	350	374
219	229	248	249	258	266	305	341	374	400	427
246	257	267	279	289	300	343	382	420	450	481
272	285	298	310	321	332	380	424	466	500	533
299	314	327	340	353	365	418	466	511	550	587
326	341	356	371	384	397	455	507	557	599	640
352	368	385	401	416	429	492	549	602	647	693
379	396	414	431	446	462	510	590	648	697	745
405	424	443	461	477	493	566	631	693	747	799
432	452	472	491	509	526	603	673	739	797	852
456	478	501	521	540	558	638	715	784	847	905
484	506	529	551	571	589	677	757	830	896	958
510	534	558	580	601	621	715	799	876	946	1011
536	562	586	610	627	654	753	841	922	996	1065
563	590	615	640	664	687	790	884	968	1046	1118
616	646	674	701	726	757	865	968	1060	1146	1224
724	758	791	823	853	883	1016	1136	1245	1345	1437
777	815	850	884	916	949	1092	1220	1337	1444	1544
831	871	909	945	980	1014	1167	1305	1429	1544	1650
884	927	969	1007	1043	1079	1242	1389	1521	1644	1756
938	983	1027	1067	1103	1145	1317	1473	1614	1743	1863
981	1040	1086	1128	1169	1210	1392	1557	1706	1843	1969
1045	1096	1145	1189	1232	1276	1468	1641	1798	1943	2076
1097	1152	1203	1250	1298	1341	1543	1725	1890	2042	2182
1151	1208	1262	1311	1361	1407	1618	1809	1982	2142	2289
1204	1265	1321	1372	1424	1472	1694	1894	2075	2241	2394
1257	1321	1380	1433	1488	1537	1769	1978	2167	2341	2504
1311	1377	1438	1494	1551	1603	1845	2062	2259	2440	2614
1337	1405	1468	1525	1583	1635	1882	2104	2305	2490	2669

pliera les résultats trouvés au moyen de la table par l'un des facteurs suivants :

Pour vanne inclinée à 60° = 1,23, contraction sur 1 côté.
Id. à 45° = 1,33, id. id.

ar un orifice de 0m,02c de diamètre pratiqué dans une planche de 0m,017 d'épais-

H la hauteur de charge ou la distance du niveau supérieur de l'eau dans le réservoir au centre de l'orifice.

c est un coefficient variable suivant le tableau suivant :

Pour une vanne verticale et contraction sur... 4 côtés.....	$c = 0,60$
Id. Id. 3 côtés.....	$c = 0,63$
Id. Id. 2 côtés.....	$c = 0,65$
Id. Id. 1 côté	$c = 0,69$
Pour une vanne inclinée à 60°, contraction sur 1 côté	$c = 0,75$
Id. 45° id. 1 côté......	$c = 0,80$

Vannes d'écluses. — Lorsque des vannes verticales ont leur seuil très-près du fond du radier d'amont, comme en général les vannes d'écluses, la dépense pratique en mètres cubes se détermine, pour le cas d'écoulement par un orifice découvert débouchant à l'air libre, au moyen de la formule : $D = c\,L\,h\,\sqrt{2\,g\,H}$, dans laquelle $c = 0,63$. On multiplie alors les résultats de la table précédente par 1,035.

Le coefficient $c = 0,55$, dans le cas où deux vannes d'écluses, distancées à moins de 3 mètres, sont ouvertes en même temps ; on multiplie alors les résultats de la table précédente par 0,915.

Vanne accompagnée d'un coursier. — La vitesse v de l'eau à l'origine d'un coursier, lorsque la charge est assez forte, est les 0,85 de la vitesse pratique due à la charge sur le centre.

La vitesse v'' de l'eau à l'extrémité d'un coursier qui la conduit de la vanne à la roue hydraulique, dans le cas où l'étendue L est assez faible et la pente ou inclinaison I assez sensible, s'obtient par la formule $v'' = v \times v'$.

v'' exprimant la vitesse à l'extrémité du coursier ;

v la vitesse moyenne calculée à l'origine du coursier et due à la pression $H = \sqrt{2\,g\,H}$;

Et v' la vitesse due à la hauteur h, indiquant l'inclinaison totale du coursier $= \sqrt{2\,g\,h}$.

La formule devient donc $v'' = \sqrt{19,62 \times H + h}$.

La table (p. 136 et 137), dressée par M. Armengaud aîné, donne, à première vue, les dépenses d'eau effectuées suivant la charge par une vanne de 1 mètre de large à contraction complète. Or, il suffit, pour obtenir la dépense pour toute largeur de vanne verticale à contraction complète, de multiplier par ladite largeur la dépense correspondante donnée dans la table.

Pour les diverses dispositions de vannage, il faut tenir compte des observations indiquées au bas de cette table.

TABLE DES DÉPENSES D'EAU

EFFECTUÉES PAR LES ORIFICES, EN DÉVERSOIR DE 1 MÈTRE DE LARGE SANS COURSIER.

ÉPAISSEURS de la lame d'eau en centim. au-dessus du déversoir.	VITESSE en mètres correspondante à ces hauteurs.	DÉPENSES en litres par seconde sur 1 mètre de large.	ÉPAISSEURS de la lame d'eau en centim. au-dessus du déversoir.	VITESSE en mètres correspondante à ces hauteurs.	DÉPENSES en litres par seconde sur 1 mètre de large.
cent.	mèt.	lit.	cent.	mèt.	lit.
5	0,99	20,0	33	2,54	340,0
6	1,085	26,2	34	2,58	355,6
7	1,17	33,1	35	2,62	371,3
8	1,25	40,5	36	2,65	386,9
9	1,33	48,4	37	2,69	403,7
10	1,40	56,7	38	2,73	420,1
11	1,47	65,4	39	2,76	436,9
12	1,53	74,3	40	2,80	453,9
13	1,60	83,7	41	2,83	470,9
14	1,65	93,5	42	2,87	488,3
15	1,71	103,8	43	2,90	513,7
16	1,77	114,7	44	2,94	523,5
17	1,82	125,3	45	2,97	541,6
18	1,88	137,0	46	3,00	559,8
19	1,93	148,5	47	3,03	577,9
20	1,98	160,3	48	3,07	596,8
21	2,03	172,6	49	3,10	615,2
22	2,07	185,0	50	3,13	633,2
23	2,12	197,4	51	3,16	653,3
24	2,17	211,0	52	3,19	672,6
25	2,21	223,7	53	3,22	691,8
26	2,26	237,9	54	3,25	711,8
27	2,30	251,5	55	3,28	731,7
28	2,34	265,0	56	3,31	751,8
29	2,38	279,5	57	3,34	771,9
30	2,42	294,0	58	3,37	792,5
31	2,44	307,1	59	3,40	812,9
32	2,50	324,6	60	3,43	833,5

Déversoir. — La formule $D = c\,LH\sqrt{2gH}$ donne la dépense en mètres cubes par seconde; le résultat multiplié par 1000 donne le volume en litres.

La formule $L = \dfrac{D}{cH\sqrt{2gH}}$ indique la largeur du déversoir en mètres; H est l'épaisseur de la lame d'eau mesurée verticalement depuis le niveau supérieur du réservoir un peu en amont jusqu'à la saillie supérieure du déversoir. Le coefficient c varie suivant les indications suivantes de MM. Poncelet et Lesbros.

	m.	m.	m.	m.	m.	m.	m.	m.	m.	m.
H......	0,01	0,02	0,03	0,04	0,06	0,08	0,10	0,15	0,20	0,22
c......	0,424	0,417	0,412	0,407	0,401	0,397	0,395	0,393	0,390	0,385

En prenant pour coefficient moyen $c = 0,405$, la dépense devient : $D = 0,405 \, LH \sqrt{2 g H}$, qui a servi à dresser la table précédente.

Pour des déversoirs dépassant 1 mètre de large, on multipliera les résultats indiqués ci-dessus par la nouvelle largeur donnée.

On a supposé dans cette table le déversoir moins large que le canal; mais dans le cas où la largeur est la même, il faut multiplier par 1,037 les dépenses indiquées, car le coefficient $c = 0,42$.

Dépenses d'eau par un canal. — La dépense d'un cours d'eau varie suivant la vitesse du courant, la surface et la forme de l'orifice d'écoulement.

La vitesse à la surface d'un courant s'obtient soit au moyen de flotteurs jetés dans la partie régulière du courant, soit au moyen d'une roue à palettes très-légère immergeant faiblement.

La vitesse moyenne V' d'un courant correspondant au centre des palettes d'une roue hydraulique se déduit de la vitesse à la surface que l'on multiplie par un coefficient; ce dernier varie de 0,75 à 0,90 pour des vitesses à la surface comprises entre 0,10 et 4 mètres, ainsi que l'indique le tableau ci-dessous :

	m.	m.	m.	m.	m.	m.	m.	m.
Vitesse à la surface...	0,10	0,50	1,00	1,50	2,00	3,00	3,50	4,00
Coefficient...........	0,76	0,79	0,81	0,83	0,85	0,87	0,88	0,89
Vitesse moyenne......	0,076	0,395	0,81	1,245	1,70	2,61	3,08	3,56

On admet dans la pratique $V' = 0,8 \, V$ pour des vitesses à la surface V comprises entre 0,20 et $1^m 50$, alors $V = 1,25 \, V'$.

Lorsqu'il s'agit d'un canal découvert, à pente et à profil uniformes, la vitesse moyenne s'obtient par la formule.

$$V' = 56,86 \sqrt{\frac{S}{P} \times \frac{1}{L}} - 0,072.$$

S exprime la section transversale, P le périmètre mouillé, I l'inclinaison ou la pente, L la longueur du canal, le tout en mètres.

Ex. : Soit S = 4$^{\text{m.c.}}$20, P = 5^{m}90, I = 0,08 et L = 140^{m}. Alors

$$V' = 56,86 \sqrt{\frac{4,20}{5,90} \times \frac{0,08}{140}} - 0,072 = 1^{\text{m}}065.$$

Le jaugeage ou la dépense D d'un canal à section et à pente uniformes = S × V'.

La vitesse au fond des canaux est égale à 2 fois la vitesse moyenne, moins la vitesse à la surface, et s'exprime ainsi : $V'' = 2V' - V$; or, si l'on suppose $V = 1,25 V'$, on trouve $V'' = 0,75 V'$, et $V' = 1,33 V''$.

Une trop grande vitesse au fond des canaux entraîne les matériaux et est une cause de détérioration ; une vitesse trop lente, en retenant les limons, devient une cause d'obstruction. La table suivante donne la limite respective que la vitesse de l'eau au fond d'un canal ne doit pas dépasser. M. Morin indique les limites suivantes :

NATURE DU FOND.	LIMITE de la vitesse.
	m.
Terre détrempée brune........................	0,076
Argile tendre...............................	0,152
Sable......................................	0,305
Gravier....................................	0,609
Cailloux...................................	0,614
Pierres cassées, silex......................	1,220
Cailloux agglomérés, schistes tendres..........	1,520
Roches en couches...........................	1,830
Roches dures...............................	3,050

Mouvement permanent de l'eau dans les canaux découverts.— Soit V la vitesse moyenne de l'eau dans un canal dont P est le périmètre mouillé, S la section transversale, L la longueur du canal et I l'inclinaison ou pente par mètre, enfin $c c'$ les coefficients auxquels Prony et Eytelwein ont donné les valeurs :

Prony........... $RI = 0,0000444499\ V + 0,000309314\ V^2$.
Eytelwein....... $RI = 0,000024265\ V + 0,00036543\ V^2$.

On a pour les canaux la relation $RI = c V + c' V^2$, dans laquelle formule le rayon moyen $R = \dfrac{S}{P}$.

RENDEMENT DES MOTEURS HYDRAULIQUES (1).

La force absolue d'un cours d'eau se calcule ainsi :

1° $F = DH$, la dépense D est supposée en mètres cubes, et la hauteur totale de chute H est mesurée en mètres ;

2° $F = 1000\ DH$ en supposant la dépense donnée en litres et le résultat en kilogrammètres ;

Et 3° $F = \dfrac{1000\ DH}{75}$ en chevaux-vapeur ; mais en pratique on n'utilise qu'une partie de la force du cours d'eau.

On peut se guider sur les indications suivantes pour obtenir approximativement le rendement d'un moteur hydraulique suivant les divers cas d'application :

1° Roues à palettes planes mal exécutées, l'effet utile,

$$E^u = \frac{200\ DH}{75} ;$$

2° Roues à palettes planes avec jeu de 0^m03 dans le coursier,

$$E^u = \frac{300\ DH}{75} ;$$

3° Roues à palettes planes emboîtées exactement sur une partie de la chute par un coursier concentrique à la roue et l'orifice de vanne étant incliné près de la roue, $E^u = \dfrac{400\ DH}{75}$;

4° Même roue si l'eau est prise près du niveau supérieur dans le réservoir, $E^u = \dfrac{500\ DH}{75}$;

Roues à aubes courbes, mues par dessous, $E^u = \dfrac{650\ DH}{75}$;

5° Roues de côté bien établies, $E^u = \dfrac{700\ DH}{75}$.

Pour un bon rendement il convient de calculer la largeur de ce roues pour des épaisseurs de lames d'eau de 0^m20 à 0^m25.

Le *diamètre* de la roue pour des chutes de 2 à 3 mètres doit ég a-

---

(1) Dans les roues hydrauliques, le diamètre n'influe pas sur l'effet utile qui dépend de la chute et de la dépense disponible. Si la roue a un diamètre plus grand, elle fait moins de tours ; si le diamètre est plus petit, la roue fait plus de tours ; la vitesse de la roue dépend de celle de l'eau.

ler au moins la hauteur moyenne de la chute, plus 2 fois l'épaisseur de la lame d'eau au-dessus de la vanne plongeante.

La *largeur* de la roue doit dépasser de 10 cent. environ la largeur du déversoir.

La vitesse de la roue à la circonférence est égale à la moitié de celle due à l'épaisseur de la lame d'eau; le résultat multiplié par 60 donne le nombre de révolutions par minute.

L'écartement des aubes est d'ordinaire de $0^m 32$; cette distance dépasse de 1/3 environ l'épaisseur de la lame d'eau.

La capacité des aubes égale le double du volume d'eau disponible pour chaque aube.

La profondeur des aubes s'obtient en divisant le volume de chaque aube par le produit résultant de la largeur de la roue et de la distance de 2 aubes consécutives.

La section des bras de la roue hydraulique ou $a b^2 = \dfrac{6\,P\,L}{R}$, et

l'effort $P\,(1) = \dfrac{K\,a b^2}{6\,L}$ (dimensions exprimées en mètres).

a épaisseur du bras, b largeur, L longueur, et P l'effort fourni par la roue exprimé en kilogrammètres.

6° Roues à augets bien établis, l'effet utile, $E^u = \dfrac{700\,D\,H}{75}$.

Ces roues sont employées pour des chutes au-dessus de 3 mètres, avec un niveau peu variable et une dépense de 500 litres et au-dessous.

Le diamètre est égal à la hauteur de la chute diminuée de la charge d'eau sur le seuil, de la pente du coursier qui conduit l'eau sous la roue et du jeu à laisser entre le coursier et la roue et entre le bas de la roue et le fond. La largeur de la roue dépasse de 10 cent. environ celle de l'orifice.

La vitesse qui peut varier entre 0,30 à 0,80 de celle de l'eau, doit être les 0,55 de cette dernière vitesse pour le meilleur effet utile.

Roues à aubes courbes. — Le diamètre ne doit pas être inférieur à 3 fois la hauteur de la chute. La vitesse normale égale 0,55 de celle de l'eau.

Roues pendantes. — On appelle ainsi les roues établies sur les cours d'eau sans aucun barrage.

On suppose, dans ce système de roues qui sont ordinairement

(1) Le coefficient K = 6,000,000 pour le fer ; = 7,500,000 pour la fonte ; = 600,000 pour le bois.

placées sur les flancs des bateaux-moulins, que l'eau agisse sur une seule aube verticale, fuyant devant le liquide.

On détermine l'effet utile d'une roue pendante par la formule : $F = 81,5. \times A V (V - v) v$, dans laquelle F représente le produit du poids qui serait soulevé à la circonférence moyenne de la roue par sa vitesse ou chemin parcouru dans une seconde; A la surface de la partie immergée de l'aube verticale; V la vitesse du courant à la surface; v la vitesse du milieu de la partie immergée de l'aube verticale.

Dans ce système de roues, la hauteur des aubes ne doit pas être moindre que $0^m 33$, ni plus grande que le 1/4 du rayon de la roue; leur écartement à la circonférence extérieure est égal à leur hauteur.

La vitesse au centre des aubes de la roue égale moyennement les 0,4 de celle de l'eau à la surface du courant.

L'effet utile de ces roues est d'environ 0,30 de l'effet théorique.

En représentant par L la largeur des aubes, et par h leur hauteur, on arrive à la formule suivante tirée de la première :

$$L = \frac{F}{81,5 \times h \times V (V - v) v}.$$

Turbines ou roues horizontales noyées. — On appelle turbines, des roues à axe vertical dont les palettes, ordinairement courbes, se meuvent par l'impulsion d'un filet d'eau qui, dirigé par des conduits directeurs sur ces courbes mobiles avec l'énergie de la vitesse due à la charge ou chute, fait alors tourner l'axe de la turbine. L'introduction de l'eau se fait par le centre, puis le liquide se projette obliquement en jets horizontaux, pour s'échapper à la circonférence extérieure de la roue.

D'après les expériences de M. Morin, les turbines centrifuges établies par M. Fourneyron rendent en effet utile les $0^m 70$ à $0^m 78$ de l'effet moteur.

Ces nouvelles roues, qui occupent peu de place, pèsent peu et tournent noyées dans l'eau à une grande profondeur et à toutes vitesses, peuvent être en usage pour les petites comme pour les grandes chutes.

La relation $E^u = 700 D \times H$ est l'expression de l'effet utile en kilogrammètres ; $\dfrac{700 \, D \, H}{75}$ en chevaux-vapeur, des turbines Fourneyron, lorsque le nombre de tours de la turbine est compris entre $\dfrac{3,3 \, V}{R}$ et $\dfrac{5,6 \, V}{R}$, V étant la vitesse due à la chute totale, et R le rayon extérieur de la turbine, lorsque la levée de la vanne atteint les 2/3 de la hauteur de la turbine.

On détermine le diamètre intérieur des turbines centrifuges en multipliant le 1/4 ou le 1/5 de la vitesse due à la chute totale par 785,4, puis on divise le volume d'eau à dépenser exprimé en litres par le produit obtenu, et on extrait la racine carrée du quotient.

Exemple. — Supposons une chute de 2ᵐ20, et une dépense d'eau de 800 litres par seconde. On trouve que la vitesse due à une hauteur de chute d'eau de 2ᵐ20 = 6ᵐ570.

$$\text{On a alors } \frac{6^{m}570}{4} = 1,642, \text{ et } \frac{6^{m}570}{5} = 1,314.$$

$$\text{Et par suite } d = \sqrt{\frac{800}{785,4 \times 1,642}} = 0^{m}787,$$

$$\text{ou } d = \sqrt{\frac{800}{785,4 \times 1,314}} = 0^{m}874.$$

Tel est le diamètre intérieur du réservoir cylindrique qui surmonte la turbine. On ajoute 4 à 5 centimètres pour le diamètre intérieur de celle-ci, ce qui donne : $d' = 0^{m}82$ à $0^{m}91$.

Le diamètre extérieur est égal au diamètre intérieur multiplié par 1,25 à 1,45, et devient : $d'' = 1^{m}025$ à $1^{m}189$;

$$\text{ou } d'' = 1^{m}137 \text{ à } 1^{m}319.$$

La hauteur des aubes est habituellement le 1/5 ou le 1/4 au plus du rayon intérieur de la couronne.

Les aubes étant de forme cylindrique, leur naissance est normale aux conductrices fixes qui dirigent l'eau vers elles, et forme, pour de faibles dépenses d'eau, des angles de 68 à 70° avec la circonférence intérieure de la roue ; c'est-à-dire que l'extrémité des conductrices forme avec cette circonférence un angle de 20 à 22° ; lorsque les dépenses sont considérables, cet angle peut s'élever de 30 à 40° ; ainsi, pour une dépense de 6 à 700 litres, il a été reconnu qu'il fallait un angle de 30° environ.

Pour le maximum de l'effet utile, la vitesse de la turbine doit être égale à environ 0,70 de celle de l'eau. L'écartement des aubes, compté sur la circonférence intérieure, est à peu près égal à la distance des plateaux de la turbine ; toutefois, cet écartement n'excède pas 18 à 20 centimètres ; les distances intérieure et extérieure des aubes sont d'ailleurs dans le rapport des diamètres de la roue.

TABLE DES FORCES BRUTES ET EFFECTIVES

CORRESPONDANT A DES VOLUMES DONNÉS ET A DIVERSES CHUTES D'EAU (1).

VOLUMES en litres par seconde.	CHUTES DE : 1m			2m			3m			4m			5m			6m		
	Force brute en kilogr.mèt.	Force effective en kilogr.mèt.	Force effective en chev.-vapr.	Force brute en kilogr.mèt.	Force effective en kilogr.mèt.	Force effective en chev.-vapr.	Force brute en kilogr.mèt.	Force effective en kilogr.mèt.	Force effective en chev.-vapr.	Force brute en kilogr.mèt.	Force effective en kilogr.mèt.	Force effective en chev.-vapr.	Force brute en kilogr.mèt.	Force effective en kilogr.mèt.	Force effective en chev.-vapr.	Force brute en kilogr.mèt.	Force effective en kilogr.mèt.	Force effective en chev.-vapr.
100	100	0,7	0,94	200	1,4	1,86	300	2,1	2,8	400	2,8	3,74	500	3,5	4,67	600	4,2	5,6
200	200	1,4	1,87	400	2,8	3,74	600	4,2	5,6	800	5,6	7,48	1000	7,0	9,34	1200	8,4	11,2
300	300	2,1	2,80	600	4,2	5,64	900	6,3	8,4	1200	8,4	11,22	1500	10,5	14,01	1800	12,6	16,8
400	400	2,8	3,74	800	5,6	7,48	1200	8,4	11,2	1600	11,2	14,96	2000	14,0	18,68	2400	16,8	22,4
500	500	3,5	4,67	1000	7,0	9,35	1500	10,5	14,0	2000	14,0	18,70	2500	17,5	23,35	3000	21,0	28,0
600	600	4,2	5,60	1200	8,4	11,22	1800	12,6	16,8	2400	16,8	22,44	3000	21,0	28,02	3600	25,2	33,6
700	700	4,9	6,54	1400	9,8	13,09	2100	14,7	19,6	2800	19,6	26,18	3500	24,5	32,69	4200	29,4	39,2
800	800	5,6	7,47	1600	11,2	14,96	2400	16,8	22,4	3200	22,4	29,92	4000	28,0	37,36	4800	33,6	44,8
900	900	6,3	8,40	1800	12,6	16,83	2700	18,9	25,2	3600	25,2	33,66	4500	31,5	42,03	5400	37,8	50,4
1000	1000	7,0	9,34	2000	14,0	18,70	3000	21,0	28,0	4000	28,0	37,40	5000	35,0	46,70	6000	42,0	56,0
1100	1100	7,7	10,27	2200	15,4	20,57	3300	23,1	30,8	4400	30,8	41,14	5500	38,5	51,37	6600	46,2	64,6
1200	1200	8,4	11,20	2400	16,8	22,44	3600	25,2	33,6	4800	33,6	44,88	6000	42,0	56,04	7200	50,4	67,2
1300	1300	9,1	12,13	2600	18,2	24,31	3900	27,3	36,4	5200	36,4	48,62	6500	45,5	60,74	7800	54 6	72,8
1400	1400	9,8	13,07	2800	19,6	26,18	4200	29,4	39,2	5600	39,2	52,36	7000	49,0	65,38	8400	58,8	78,4
1500	1500	10,5	14,00	3000	21,0	28,05	4500	31,5	42,0	6000	42,0	56,10	7500	52,5	70,05	9000	63,0	84,0
1600	1600	11,2	14,94	3200	22,4	29,92	4800	33,6	44,8	6400	44,8	59,84	8000	56,0	74,72	9600	67,2	89,6
1700	1700	11,9	15,87	3400	23,8	31,79	5100	35,7	47,6	6800	47,6	63,58	8500	59,5	79,39	10200	71,4	95,2
1800	1800	12,6	16,80	3600	25,2	33,66	5400	37,8	50,4	7200	50,4	67,32	9000	63,0	84,06	10800	75,6	100,8
1900	1900	13,3	17,74	3800	26,6	35,53	5700	39,9	53,2	7600	53,2	71,06	9500	66,5	89,73	11400	79,8	106,4
2000	2000	14,0	18,67	4000	28,0	37,40	6000	42,0	56,0	8000	56,0	74,80	10000	70,0	93,40	12000	84,0	112,0
2500	2500	17,5	23,34	5000	35,0	46,67	7500	52,5	70,0	10000	70,0	93,33	12500	87,5	116,67	15000	105,0	140,0
3000	3000	21,0	28,00	6000	42,0	56,00	9000	63,0	84,0	12000	84,0	112,00	15000	105,0	140,10	18000	126,0	168,0
3500	3500	24,5	32,67	7000	49,0	65,20	10500	73,5	98,0	14000	98,0	130,66	17500	122,5	163,33	21000	147,0	196,0
4000	4000	28,0	37,34	8000	56,0	74,08	12000	84,0	112,0	16000	112,0	149,43	20000	140,0	186,80	24000	168,0	224,0

(1) Les forces brutes sont indiquées en kilogrammètres, et les forces effectives en kilogrammètres et en chevaux-vapeur. La puissance effec-

BATEAUX A VAPEUR.

La navigation maritime et fluviale à la vapeur comprend les remorqueurs, les bateaux à marchandises et les bateaux à grande vitesse.

Les machines à cylindres horizontaux, à cylindres oscillants et à cylindres inclinés sont les trois systèmes usités.

On adopte généralement les chaudières à bouilleurs et les générateurs tubulaires. Les foyers sont extérieurs ou intérieurs avec carneaux de circulation. Pour les grands trajets maritimes, la vapeur est à basse pression ; on emploie quelquefois la haute pression, mais on préfère généralement les machines à moyenne pression et à condensation.

On donne aux générateurs à foyer extérieur les mêmes dimensions que pour les machines fixes ; soit $1^{m.q.}20$ à $1^{m.q.}50$ de surface de chauffe par cheval et 1 m. q. de surface de grille par 100 kilog. de houille brûlés à l'heure ; la section des carneaux et de la cheminée $= 1/3$ de celle de la grille. Si la même cheminée dessert plusieurs chaudières, sa section est calculée égale à la somme des sections isolées.

Lorsque le foyer est intérieur, la surface de la grille se réduit à $0^{m.q.}80$, et la section de la cheminée à $0^{m.q.}25$ pour 100 kilog. de houille à l'heure.

Pour un bateau à vapeur de la force de 120 chevaux, le générateur à basse pression se divise en deux moitiés, portant chacune deux foyers.

On donne à chaque foyer une surface $= 1^{m.q.}60$, soit $6^{m.q.}40$ pour les quatre foyers.

La cheminée unique a pour surface $0^{m.q.}88$ et pour diamètre $1^{m}06$ et la section des carneaux $= 1^{m.q.}26$; le rapport de la grille à la cheminée $= 7 : 1$; la puissance de chaque foyer $= 30$ chevaux ; la vaporisation par mètre carré $= 30$ kilog.

La marine impériale a remplacé les chaudières à carneaux par des chaudières tubulaires. La force de chaque générateur ne dépasse pas 150 chevaux. (1)

L'aviso à vapeur *le D'Entrecasteaux*, de la force de 150 chevaux-vapeur, a deux chaudières ayant chacune cette force et trois foyers ; en voici les dimensions :

(1) La force de cheval-vapeur dans les machines de marine mesurée sur les pistons s'élève à 150 et même 200 kilogrammètres.

Longueur de chaque corps de chaudière............. = 3m
Largeur = 2m,80 et hauteur...................... = 4m,10
Surface de grille des 6 foyers................... = 9m.q.,50
Section de la cheminée........................... = 1m.q.,50
Et diamètre..................................... = 1m,40
Nombre total des tubes des 2 générateurs......... = 464
Longueur de chaque tube .... = 2m
Et diamètre..................................... = 0m,07
La surface totale de chauffe est de.............. 250m.q.,72
   Qui se décompose ainsi :
Surface de chauffe directe....................... = 21m,15
Chambre à feu et à fumée......................... = 25m,50
Surface des tubes............................... = 204m,07
   Soit 1m.q.,67 par force de cheval.
Le poids des 2 chaudières sans eau............... = 30 000k
   Id.   id.   id.   avec eau............... = 49,000k

L'eau de mer contient 1/33 environ de son poids de sel marin; or, indépendamment des pompes alimentaires, les chaudières sont munies de pompes à eaux mères pour extraire de la chaudière d'une manière continue une quantité d'eau chargée de sels; la proportion des eaux enlevées aux eaux introduites varie de 1/4 à 1/3 et même plus, selon le degré indiqué par le salinomètre.

On combat les incrustations à l'intérieur des générateurs en enduisant la paroi intérieure avec du suif mêlé de plombagine.

Dans la marche normale d'un bateau à vapeur, on peut estimer moyennement de 6 à 8 kilog. la production de la vapeur par kilog. de houille, c'est-à-dire 6 kilog. de vapeur effective sur le piston ou réduite par des tubes sécheurs, ou 8 kilog. de vapeur humide, comportant 25 à 30 p. 0/0 d'eau entraînée avec la vapeur.

Il y a intérêt à donner un certain degré de détente, c'est-à-dire à faire évacuer la vapeur au condenseur avant la fin de chaque coup de piston pour permettre au vide de s'effectuer devant le piston au début de chaque course nouvelle. L'introduction de la vapeur pendant les 7 ou 8/10 de la course du piston est considérée comme la plus favorable. Cette détente s'obtient par le recouvrement du tiroir.

Les conditions essentielles de la navigation sont : le tonnage, la vitesse et la bonne installation du matériel.

Le rapport entre la puissance et le tonnage s'estime 2 tonnes par force de cheval-vapeur pour la navigation fluviale et 4 tonnes pour la marine.

Les roues à palettes et les hélices sont les deux appareils de propulsion en usage.

Roues à palettes. — La vitesse des aubes doit dépasser celle du bateau dans le rapport de 4 : 3.

L'immersion la plus favorable correspond à 8 ou 10 centimètres.

Le nombre des palettes est tel que lorsqu'une aube plonge verticament, celle qui la précède sort de l'eau et celle qui la suit y pénètre. L'écartement mesuré à la circonférence des palettes varie en mer de 0^m91 à 1^m22.

M. Barlow a trouvé que, dans les roues à palettes, la résistance moyenne de l'aube parcourant tout l'arc est à la résistance de l'aube verticale comme 1,75 : 1, différence due au choc à l'entrée et à l'eau projetée à la sortie.

La perte d'effet utile des roues à aubes sous diverses immersions s'estime 0,65 de l'effet moteur.

Le rapport de la résistance effective d'un navire à celle qui s'opposerait au mouvement du maître couple immergé ou à celle présentée par la section immergée du maître couple varie entre $\frac{1}{11}$ et $\frac{1}{24}$; il s'estime moyennement à $\frac{1}{15}$ ou $\frac{1}{17}$.

M. Barlow a trouvé ce rapport égal à 1 : 17 en expérimentant la frégate à vapeur *la Medéa*. Voici sa manière de procéder : ce bâtiment étant de la force de 220 chevaux-vapeur, et les roues à aubes ne rendant que 0,66, le travail de la résistance totale du bateau était $0,66 \times 220 = 146$ chev.-vap. ou $146 \times 75 = 10950$ kilogrammètres.

La vitesse normale du bâtiment était de 4^m938 par seconde, et la section du maître couple $= 27^{m\,q}974$. L'expérience donnant 55 kilog. pour la résistance moyenne d'une surface plane de 1 mètre carré à la vitesse de 1 mètre par seconde, et cette résistance croissant comme le carré de la vitesse, le travail de la section immergée du maître couple par seconde

ou 10950 kilogrammèt. $= 55\,(4{,}938)^2 \times 27{,}974 \times 4{,}938 \times K$; K exprimant le coefficient de résistance cherché, d'où l'on tire :

$$K = \frac{10950}{27{,}974 \times (4{,}938)^2 \times 55} = \frac{1}{17}.$$

Ce rapport devient $\frac{1}{15}$ si l'on substitue 50 à 55 kilog. pour la résistance du mètre carré de surface plane immergée.

La capacité d'un navire croît comme le cube de ses dimensions, et la résistance qu'éprouve un bateau à se mouvoir croît en proportion de la section du maître couple. La résistance variant peu avec la longueur, on peut étendre cette dernière avec avantage en tenant compte toutefois que le bateau doit avoir de la stabilité, et une force suffisante pour ne pas rompre au milieu.

13.

Le rapport entre la longueur et la largeur mesurée à la ligne de flottaison est de 3 ou 3,75 : 1 pour bâtiments et voiles, de 5 ou 6 : 1, pour les bateaux à vapeur maritimes, et de 12 ou 15 : 1 pour les bateaux à vapeur sur fleuves et rivières.

La dépense du combustible diminue en proportion de la puissance des bâtiments à vapeur.

Cette conséquence est favorable au développement des chaudières, ainsi qu'il résulte des indications suivantes reconnues par M. Campaignac pour des machines à basse pression à détente aux 7/10 de la course du piston :

Force en chevaux :	50ch.v.	80	100	140	180	200	250	350	400	500
Consommation par heure et par cheval.	5k	4,50	4,34	4,03	3,71	3,55	3,38	3,15	2,98	2,65
Surface de chauffe en mètres carrés.	1m.q.20	1,0S	1,04	0,96	0,89	0,85	0,81	0,78	0,71	0,63

La vitesse des navires à vapeur est obtenue aux dépens de la consommation du combustible et de la force motrice. La dépense est proportionnelle à la puissance développée, et les résistances croissent comme les cubes des vitesses. Ainsi :

Milles à l'heure.... :	8m	4m	5m	6m	7m	8m	9m	10m
Force en chev.-vapeur :	3ch.5	15	25	45	69	102	146	200

Le maximum de vitesse obtenue jusqu'ici dans la navigation à la vapeur ne paraît pas avoir dépassé 17 nœuds.

La formule du travail d'un solide en mouvement dans l'eau est exprimée pour un bateau à vapeur marin par :

$$T = \frac{K\,P\,A\,V^3}{2\,g},$$

et pour un bateau à vapeur fluvial par :

$$T = K\,P\,A \left(\frac{V \pm v}{2\,g}\right)^2 V.$$

K coefficient de résistance qui, pour les grands navires $= \dfrac{1}{17}$ ou 0,06; et pour les bateaux à vapeur effilés sur rivières $= \dfrac{1}{6}$ ou 0,16 environ;

P poids du mètre cube d'eau = 1000 kilog.;

A section immergée du maître couple;

V sillage du navire;

v vitesse du courant favorable ou défavorable selon que le bateau descend ou remonte.

Hélices. — Si les roues à aubes conviennent au service fluvial, elles sont généralement impropres au service maritime. Dans les gros temps sur mer, une des roues est complétement immergée et l'autre tourne à vide; les tambours donnent prise au vent et servent de point de mire; il en résulte de nombreux inconvénients et notamment des variations très-nuisibles à la machine et au bateau lui-même.

L'hélice, au contraire, agit toujours sous l'eau et constitue un propulseur à mouvement constant par tous les temps et vents; elle est à l'abri des boulets, elle permet de placer la machine au-dessous de la flottaison et de fonctionner soit à la vapeur, soit à la voile. L'emploi de l'hélice constitue donc un système mixte très-économique.

Si dans un temps calme et dans une marche normale, l'hélice a une vitesse inférieure de 0,12 environ à celle due aux roues aux palettes, ce léger désavantage est largement compensé dans toutes les autres circonstances.

Le *Traité de l'hélice propulsive*, de M. le capitaine Paris, relate des expériences faites à bord du navire *le Pélican*, à l'effet de déterminer les meilleures relations à établir entre le diamètre, le pas, le nombre d'ailes et la longueur des hélices.

L'aviso *le Pélican* est de la force nominale de 120 chevaux; sa longueur a 40 mètres; sa largeur a 6^{m}80; la section immergée du maître couple = 10$^{m.q.}$19; le déplacement de la carène pendant les expériences était de 258 tonneaux. L'arrière a été disposé pour y appliquer une hélice de 2^{m}50.

Le système des machines se composait de 2 cylindres oscillants verticaux; diamètre = 1^{m}10; course = 0^{m}948; interruption facultative de la vapeur à 0,08, 0,15, 0,30, 0,50, 0,70 et 0,80 de la course du piston.

Le maximum de pression pendant les expériences n'a pas dépassé 1^{k}053 par centimètre carré au-dessus de l'atmosphère. Le poids total des machines du *Pélican*, y compris l'eau des chaudières, était de 80 tonneaux.

Les diamètres des hélices essayées ont été : 1^{m}678, 2^{m}050 et 2^{m}50, formant une progression géométrique dont la raison est 1,22. A égalité de maîtresse section immergée, les diverses résistances correspoudantes aux diamètres ci-dessus sont exprimées par :

$$K \times \frac{10,20}{(1,68)^2}, \ K \times \frac{10,20}{(1,68)^2 (1,22)^2} \ \text{et} \ K \times \frac{10,20}{(1,68)^2 (1,22)^4}.$$

Ce travail de résistance suppose une vitesse égale dans les 3 cas ; et K exprime la valeur de résistance de 1 mètre carré de la section transversale immergée.

Il résulte de ces formules que les résistances relatives sont entre elles comme le nombre 1 est à $(1,22)^1$ et à $(1,22)^2$, ou comme $1 : 1,488 : 2,215$.

La puissance de l'appareil a été constatée au moyen de l'indicateur placé aux deux extrémités du cylindre.

En appelant D le diamètre du cylindre en mètres, C la course du piston en mètres, N le nombre de coups de piston par minute, p la pression de la vapeur exercée par le piston en centimètres de mercure.

La puissance en kilogrammètres par minute, développée par les 2 cylindres et pour 2 courses à chaque coup de piston, est représentée par :

$$135,8 \times 2\,D^2 \times 0,7854 \times 2\,C \times N \times p,$$

$$\text{ou } 7,11 \ D^2\,C\,N\,p ;$$

dans l'expérience on a fait cette puissance $= 7,117 \ D^2\,C\,N\,p.$

Or, en appelant $f = 0,08$ le coefficient de frottement dû à l'effort moyen et en estimant à 5 centimètres de mercure la déduction du frottement constant de la machine, la puissance réelle employée à tourner l'arbre de l'hélice est exprimée par la formule :

$$f \times 7,117 \ D^2\,C\,N\,(p - 5) ;$$

telle est la puissance développée par la machine.

Or, la puissance utilisée par le navire ou celle constatée au dynamomètre est exprimée par $K\,A\,V^3$.

K est la résistance en kilog. par mètre carré de la section immergée du navire à la vitesse de 1 mètre par seconde ; A la section immergée en mètres carrés du maître couple ; et V la vitesse en mètres à travers l'eau par seconde.

Ainsi l'utilisation U ou le rapport de la puissance par le dynamomètre à celle par l'indicateur est reproduite par :

$$U = \frac{K\,A\,V^3}{f \times 7,117 \ D^2\,C\,N\,(p - 5)}.$$

L'expérience a prouvé qu'avec les plus grands diamètres usités pour les hélices, tels que 2^{m}50, ou avec les plus petites résistances relatives ou utilisées à la propulsion du navire, les 2/3 de la puissance directement appliquée à l'hélice, cette utilisation descend à 0,55 pour des hélices n'ayant que 1^{m}372 de diamètre, ou les plus grandes résistances relatives.

Ainsi l'utilisation des hélices augmente avec leurs diamètres quand la résistance relative diminue; en outre, les rapports du pas au diamètre et les fractions correspondantes du pas varient avec la résistance relative. Le premier diminue quand celle-ci augmente, et la fraction du pas suit une marche inverse.

TABLE

DES PROPORTIONS CONVENABLES DES HÉLICES PROPULSIVES, DONNANT LE MAXIMUM D'UTILISATION POUR DES NAVIRES DE TOUTES SORTES AVEC DES HÉLICES DE 2, 4 OU 6 AILES.

(Extrait du *Traité de l'hélice propulsive* de M. PARIS).

CLASSES des Navires à hélice.	CATÉGORIES par résistances relatives.	HÉLICES à 2 ailes.		HÉLICES à 4 ailes.		HÉLICES à 6 ailes.	
		Rapport du pas au diamètre.	Fraction du pas.	Rapport du pas au diamètre.	Fraction du pas.	Rapport du pas au diamètre.	Fraction du pas.
	R × 5,5	1,006	0,454	1,342	0,454	1,677	0,794
	R × 5,0	1,069	0,428	1,425	0,428	1,774	0,749
	R × 4,5	1,135	0,402	1,513	0,402	1,891	0,703
Vaisseaux mixtes.........	R × 4,0	1,205	0,378	1,607	0,378	2,009	0,664
Frégates mixtes..........	R × 3,5	1,279	0,355	1,705	0,355	2,131	0,621
Vaisseaux à grande vitesse.	R × 3,0	1,357	0,334	1,810	0,334	2,262	0,585
Frégates à grande vitesse..	R × 2,5	1,450	0,313	1,933	0,313	2,416	0.548
Corvettes à grande vitesse.	R × 2,0	1,560	0,294	2,080	0,294	2,600	0,545
Avisos à grande vitesse...	R × 1,5	1,682	0,275	2,243	0,275	2,804	0,481

Effet utile des bateaux à roues ou à hélices. — En pratique, on détermine, au moyen du dynamomètre, la puissance de traction des bateaux à vapeur. Il suffit d'amarrer le bâtiment à un point fixe à l'aide d'un câble et d'examiner l'effort de traction obtenu en faisant tourner l'hélice ou les roues sur place à la même vitesse que celle du choc pendant la marche. Le produit de cette traction par la vitesse de rotation donne le travail utile développé par le bateau.

TABLE DES PRINCIPALES DIMENSIONS DE QUELQUES BATIMENTS A VAPEUR DE L'ÉTAT.

NOMS DES BATIMENTS	ÉRÈBE.	MARSEILLAIS.	EUROTAS.	VÉLOCE.	TRANSATLANTIQUE.
DESTINATION DES BATIMENTS	Marine impériale.	Marseille à Agde.	Postes impériales.	Marine impériale.	Marine impériale.
NOMS DES CONSTRUCTEURS	MAUDSLAY.	FAWCETT.	MAUDSLAY.	FAWCETT.	SCHNEIDER.
Force en chevaux pour les 2 machines	60 ch.	80 ch.	160 ch.	220 ch.	450 ch.
Cylindres à vapeur. { Diamètre des pistons	0m ,816	0m ,914	1m ,224	1m ,234	1m ,930
Course des pistons	0 ,944	1 ,067	1 ,372	1 ,676	2 ,280
Chemin parcouru pendant l'introduction de vapeur	0 ,690	0 ,774	0 ,960	1 ,257	2 ,052
Pompes à air. { Diamètre des pistons	0 ,460	0 ,510	0 ,710	0 ,843	1 ,150
Course des pistons	0 ,457	0 ,533	0 ,686	0 ,838	1 ,140
Pompes alimentaires. { Diamètre des pistons	0 ,089	0 ,088	0 ,145	0 ,452	0 ,200
Course des pistons	0 ,457	0 ,533	0 ,686	0 ,838	1 ,140
Volume d'eau en litre par pompe et par heure	5453	5284	15848	18248	35098
Nombre de coups de pistons par minute	32	27 1/7	23 1/3	20	16 1/3
Course des tiroirs	0m ,171	»	0m ,250	0m ,260	0m ,380
Orifices d'entrée de vapeur. { Largeur	0 ,100	0m ,180	0 ,155	0 ,260	0 ,200
Longueur	0 ,275	»	0 ,510	»	0 ,560
Diamètre des roues. { A l'extérieur des cercles qui unissent les rayons	3 ,790	4 ,579	5 ,961	6 ,885	9 ,260
A l'extérieur des pales	3 ,657	4 ,419	5 ,791	6 ,705	9 ,000
A l'intérieur des pales	2 ,857	3 ,505	4 ,571	5 ,485	7 ,600
Nombre pour chaque roue	10	13	14	20	24
Pales des roues. { Longueur des pales	1 ,830	1 ,984	2 ,438	2 ,743	3 ,000
Largeur des pales	0 ,400	0 ,457	0 ,610	0 ,640	0 ,800
Surface de chaque pale	0 ,732	0 ,905	1 ,487	1 ,673	2 ,400

DIMENSIONS PRINCIPALES DE BATEAUX A VAPEUR POUR RIVIÈRES.

RIVIÈRES................	GARONNE.	BASSE-LOIRE.	LOIRE.	RHIN.	RHÔNE.		SAÔNE.
NOMS DES BATEAUX........	CLÉMENCE-ISAURE.	PYROSCAPHE.	COURRIER.	AIGLE.	LES PAPINS.	CROCODILE.	HIRONDELLE.
NOMS DES CONSTRUCTEURS.	JOLLET.	MILLER.	GACHE F.	CAVÉ.	MAUDSLEY.	SCHNEIDER.	MURRAY.
Longueur sur le pont............	»	39m	»	59m	56m	»	52m,70
Longueur à la flottaison.........	36m,00	36	48m.	»	»	60m	»
Largr sur le pont au maître-couple.	3 ,60	3 ,70	3 ,50	3m,70	6m.	5 ,80	4m,72
Tirant d'eau avec mach. et charbon.	»	»	0 ,42	»	0 ,6	2 ,60	0 ,43
Id. en charge............	0 ,50	0 ,80	0 ,60	0m,75	0 ,85	0 ,85	0 ,56
Vitesse en eau morte par heure...	17km,307	11km,700	16km,200	17km,397	16km,972	16km,972	16km,281
Id. par seconde.	4m,81	3m,25	4m,50	4m,83	3m,96	4m,71	4m,52
Nombre de cylindres............	2	1	2	2	»	2	2
Diamètre du piston.............	0m,25	0m,69	0m,76	0m,46	0m,86	0m,60	0m,61
Course du piston...............	0 ,50	0 ,76	0 ,50	1 ,35	0 ,91	1 ,50	8 ,914
Nombre de coups doubles........	42,75	30	34	33,5	29	30	31
Fraction de la course à pleine vapr.	1	»	1	1/4	1	1/3	1/2 à 2/3
Pression dans la chaudière.......	6 atm.	3m,37 mercure.	1 atm. 5	6 atmosph.	1 atm. 1/3	3 atmosph.	3 atm. 1/4
Id. dans le condenseur......	»	0 atmosph. 15	0 atm. 20	0m,225	»	0 atm. 25	0 atm. 10
Diamètre extr des roues à palettes.	2m,90	3m,22	3m,70	4 ,20	4m,26	4m,50	4m,18
Id. intérieur...............	2 ,20	2 ,36	3 ,06	3 ,34	3 ,36	3 ,50	3 ,18
Hauteur d'une palette...........	0 ,35	0 ,43	0 ,32	0 ,43	0 ,45	0 ,50	0 ,50
Largeur d'une palette...........	1 ,65	1 ,60	2 ,30	2 ,50	2 ,13	2 ,70	1 ,92
Nombre de palettes.............	12	»	16	»	14	»	14
Surface de chauffe totale........	19mq,07	»	50mq.	47mq.	»	110mq.	45mq.
Consommat. de charbon par heure.	1 hect.,50	1 hect. 50	»	»	4 hect. 83	6 hect.	5 hect. 3
Poids de la machine............	2450k	»	»	»	»	»	»
Id. de la chaudière sans eau...	4000k	7000k	»	»	»	»	»

TROISIÈME PARTIE

CONSTRUCTIONS CIVILES

Matériaux de construction. — On classe les pierres naturelles en argileuses, calcaires, gypseuses et granitiques. On emploie dans les constructions la pierre de taille, le moellon, la meulière et quelquefois la craie et le grès. Les granites, qui offrent une grande durée et une dureté exceptionnelle, s'emploient pour les bordures de trottoirs, dallages, piédestaux et autres parties exposées au choc.

On distingue la pierre de taille tendre qui, comme la lambourde, le vergelet, le conflans, etc., se débite à la scie à dents, et la pierre de taille dure qui, telle que le liais-franc, le cliquart, la roche, etc., ne peut se débiter qu'à la scie unie avec eau et grès pilé.

On commence à faire usage du procédé de silicatisation des pierres qui consiste à imprégner les calcaires d'une solution de silicate de potasse pour leur donner de la consistance et de la dureté; on imperméabilise ainsi les sculptures, les statues et les bas-reliefs pour ajouter à leur conservation.

La meulière taillée, parée, disposée en assises et à joints régu liers, est employée à l'instar de la pierre de taille dans les constructions; le mortier y adhère intimement, ce qui en fait une construction solide; on l'utilise avantageusement à joints sinueux, pour les fondations, les égoûts et autres parties exposées à l'humidité.

On classe les moellons en moellons de roche ou de résistance, en moellons de banc franc et en moellons tendres, faciles à travailler pour les parements dressés. On combat, dans les constructions en moellons, l'humidité du sol et sa communication aux couches supérieures en interposant des lames de plomb ou encore des feuilles de bitume laminé entre une ou plusieurs assises à quelques centimètres au-dessus du sol extérieur.

Le tissu bitumé n'a pas l'inconvénient de faire glisser la construction comme le ferait une simple couche de bitume par une grande chaleur.

Briques. — Ce produit est obtenu du pétrissage, du moulage et de la cuisson de terres argileuses; il y en a de plusieurs provenances. Les briques de Bourgogne, qui sont les plus recherchées, ont 0^m22 sur 0^m107 et 0^m055 d'épaisseur; le poids au mille est de 2200 kilog. à 2250 kilog. Il en entre environ 750 dans un mètre cube de construction, en tenant compte des joints de mortier.

Les briques de Montereau n'ont moyennement que 0^m05 d'épaisseur et pèsent environ 2060 kilog. le mille; les briques de Sarcelles, dont on fait grand usage à Paris, n'ont que 0^m21 sur 0^m095, et 0^m05 d'épaisseur, le poids du mille est de 1750 kilog. environ.

Le corroyage et la compression des briques augmente leur résistance et leur densité et diminue la porosité.

Pour alléger la construction des cheminées et cloisons, on emploie des briques creuses qui, sous le nom de poterie, proviennent de grès ou de terre cuite.

Chaux. — Corps qui durcit et fait adhérer les matériaux de construction. La chaux vive ou anhydre provient de la cuisson du carbonate de chaux ou pierre calcaire qui se dissout dans 635 fois son poids d'eau froide et dans 1270 fois son poids d'eau bouillante. La chaux mise en contact avec une petite quantité d'eau se délite ou se désagrége et devient chaux éteinte ou hydratée.

Le lait de chaux est de l'eau tenant en suspension un excès de chaux. Le volume de la pierre perd 1/5 à la cuisson.

On distingue : la *chaux grasse*, qui ne durcit pas dans les travaux hydrauliques et dont le volume augmente d'un quart au moins et souvent de 2 fois 1/2 par l'extinction; la *chaux maigre* qui durcit à l'air, mieux et plus vite que la précédente et dont le volume reste à peu près le même après l'extinction; et enfin la *chaux hydraulique*, mélange de l'argile au carbonate calcaire qui durcit dans l'eau.

L'analyse a fait reconnaître que le carbonate fournissant la chaux grasse contient moins de 10 p. 0/0 de matières étrangères; qu'au-dessus de cette proportion, le carbonate combiné avec l'alumine, la magnésie, l'oxyde de fer et l'oxyde de manganèse fournit une chaux de plus en plus maigre; que la propriété hydraulique est due à la formation au feu d'un silicate de chaux; que les proportions les plus convenables pour ce mélange sont : 1 partie de silice, 1 partie d'alumine ou 1 partie de magnésie.

M. Vicat a constaté aussi que la chaux est d'autant plus hydraulique que la proportion d'argile est plus considérable; toutefois, si cette proportion dépasse 34 pour 66 de chaux, le composé ne fuse plus. La chaux prend dans un délai de 2 à 20 jours, suivant qu'elle est plus ou moins hydraulique.

Il en est résulté la classification suivante:

	Argile.	Chaux.		Argile.	Chaux.
La chaux hydraulique contient	0,10	0,90			
	0,20	0,80	Limite	0,34	0,66
	0,30	0,70			
La chaux-ciment contient.....	0,40	0,60			
	0,50	0,50	Limite	0,61	0,39
	0,60	0,40			
Le ciment hydraulique ou pouzzolane contient...........	0,70	0,30			
	0,80	0,20			
	0,90	0,10			

Le foisonnement de la chaux à l'extinction varie suivant l'espèce de chaux et le mode employé; ainsi les chaux non hydrauliques très-grasses, éteintes en bouillie épaisse par fusion, forment un volume de 2,53 fois le volume primitif; pour des chaux maigres, le volume de la pâte n'est que 1,10 à 1,25 le volume primitif.

Le foisonnement des chaux hydrauliques est moyennement de 1,50 à 1,75 le volume primitif.

M. Vicat a constaté que si après une première cuisson l'argile donne en se combinant avec la chaux une énergie représentée par 1, cette énergie descend à 0,30 après une demi-cuisson, et à 0,19 après une demi-vitrification.

Ainsi la brique la plus cuite n'est pas favorable à la fabrication des ciments.

Mortier de chaux. — Les proportions de sable et de chaux varient de 1,5 à 3 parties de sable de rivière pour 1 partie de chaux; la quantité d'eau entre pour environ 30 p. 0/0 de sable.

Dans les joints de pierre de taille, le mortier est composé de 3 parties de sable fin et d'une partie de chaux.

Le mortier employé pour les travaux sous-marins est un mélange de pouzzolane naturelle avec de la chaux hydraulique.

Chaux-ciment. — En carbonisant des carbonates de chaux dans lesquels les proportions d'argile varient de 34 à 61 pour 66 à 39 de chaux, on obtient un silicate de chaux plus ou moins abondant.

Les ciments ordinaires de briques ou de tuiles contiennent moins de 1/10 de chaux et 90 p. 0/0 d'argile et plus.

Les ciments hydrauliques ou pouzzolanes (produits volcaniques provenant de débris de laves poreuses ou dures) sont composés de 61 à 90 d'argile pour 39 à 10 de chaux, et renferment, après la cuisson, du silicate de chaux. La substance, réduite en poudre après calcination, est inattaquable par l'eau.

La pouzzolane artificielle est un mélange de 9 à 7 parties d'argile et de 1 à 3 parties de chaux, soumises au premier degré de cuisson de la brique. Il peut entrer dans ce composé d'autres matières en ramenant la pâte aux proportions indiquées.

Le ciment romain possède à un haut degré les propriétés hydrauliques. Le ciment de *Vassy*, réputé le meilleur, provient d'une pierre argilo-calcaire de couleur grisâtre.

Calciné, il perd 40 p. 100 de son poids et devient jaune terne.

COMPOSITION CHIMIQUE.

Carbonate de chaux...	63,8		Chaux...............	56,6
Carbonate de magnésie.	1,5		Protoxyde de fer....	13,7
Carbonate de fer......	11,6		Magnésie...........	1,1
Silice	14,0		Silice..............	21,2
Alumine............	5,7		Alumine	6,9
Eau et divers........	3,4		Perte	0,5
	100 parties.			100 parties.

Ce ciment est, après la calcination, pulvérisé, tamisé et enfermé dans des barriques goudronnées et bien closes.

La quantité de mortier est équivalente au poids du ciment employé, et le poids sert de base au prix. Le ciment s'emploie sous la forme de mortier avec ou sans sable, en y ajoutant une quantité d'eau égale à environ la 1/2 de son volume.

Un mètre cube de ciment en poudre, à la densité 0,96, converti en mortier sans mélange de sable, perd 17 p. 0/0 de son volume et donne seulement 0ᵐ83 de mortier.

Le mortier est composé d'ordinaire de volumes apparents égaux de sable et de ciment; en élevant la dose de ciment dans le rapport de 3 pour 2 de sable, et même de celui de 2 à 1, on augmente sa résistance à de fortes charges ou pressions d'eau.

Mastics. — Pour réparer les cassures de la pierre et refaire les rejointements, on emploie le mastic de Dhil, qui se compose de 8 à 10 parties de brique pilée, mélangée avec 1 partie de litharge et d'huile de lin.

Pour recoller la pierre et surtout le marbre, on compose un mastic de chaux vive pulvérisée et gâchée avec du blanc d'œuf.

Pour relier les tubulures des bouilleurs aux générateurs, on mélange 50 parties de limaille de fer ou fonte avec 1 partie de sel ammoniac, 1 partie de soufre, et on arrose le tout d'urine. Il se produit par le brassage une combinaison intime; on tasse ce mastic au pourtour du joint, et il acquiert rapidement une très-grande consistance.

Dans les laboratoires de chimie, on lute les tubulures avec un mélange de chaux vive, d'argile et de blanc d'œuf.

Pour les conduites d'eau et de gaz, on coule du plomb ou un alliage d'étain dans l'emboîtage des tuyaux en fonte ou en fer, et on mate fortement au marteau et au chassoir.

Plâtre. — Le gypse ou sulfate de chaux, privé par sa mise en four de son eau de cristallisation, fournit le plâtre dont l'emploi est si général pour revêtir les surfaces de moellons, briques et charpentes. Le poids de la pierre à plâtre diminue de 1/4 environ à la cuisson qui varie de 10 à 15 heures; le plâtre perd de ses qualités par son exposition à l'air. On distingue le plâtre *au panier* qui s'emploie dans son état de livraison pour hourder et faire les crépis, le plâtre *au sas*, c'est-à-dire passé au tamis de crin pour les enduits et moulures, et le plâtre *au tamis* de soie pour les enduits plus fins.

Dans les usages ordinaires, le plâtre se gâche dans un égal volume d'eau; la quantité d'eau diminue pour gâcher *serré*, et elle augmente pour faire un coulis, dans des joints où la truelle ne peut servir. La cuisson du plâtre se fait de 110 à 150 degrés (1).

Stucs. — Ce marbre artificiel se subdivise en stuc en plâtre et stuc en chaux. Le stuc en plâtre se compose de plâtre gâché avec de l'eau de colle.

Le stuc en chaux est un mélange par parties égales de la chaux et du marbre en poudre tamisé; on l'étend en couches minces sur une première couche de plâtre mélangé à un mortier de chaux et de sable fin.

Le stuc en plâtre ne peut s'employer qu'à l'intérieur, mais le stuc en chaux peut s'appliquer à l'extérieur, lorsque les premières couches sont entièrement en mortier de chaux hydraulique.

Blanc en bourre. — Introduit dans un mélange de mortier de terre argileuse et de 1/5 à 1/6 de chaux grasse, le blanc de bourre remplace, sauf en temps de gelée, le plâtre pour les plafonds et enduits. Pour la conservation du poli de l'enduit, la chaux doit être éteinte depuis plusieurs mois.

Béton. — Mélange de cailloux concassés à moins de $0^m 05$ et de mortier hydraulique. Il est gras ou maigre, suivant la proportion plus grande ou plus faible de mortier. Ainsi, la proportion du mortier varie de $0^{m.c.} 55$ à $0^{m.c.} 20$ pour $0^{m.c.} 77$ à 1 mètre cube, selon qu'il s'agit de travaux hydrauliques à pression ou de fondation sur terrains secs et mouvants; on compte pour un volume de cailloux 1/2 du volume d'eau environ. Le béton est souvent employé pour fondations, piles et culées de ponts, etc.

(1) Le foisonnement du plâtre varie de 1,3 à 1,5 du volume primitif.

CONSTRUCTIONS EN BÉTONS AGGLOMÉRÉS.

M. Coignet avance que la qualité du béton dépend essentiellement d'une bonne agglomération obtenue par le choc d'un corps dur sur le béton. Il faut un fort broyage, éviter l'excès d'eau et maintenir une pâte ferme et épaisse.

Les bétons ainsi fabriqués avec une proportion de chaux et de ciment égale à 1/10 ou 1/15 du volume, sont bien plus résistants que les bétons ordinaires renfermant 1/3 à 1/4 p. 0/0 de chaux ou de ciment de même qualité. Les bétons ont 3 sortes de prises; au début la prise moléculaire, ensuite la prise de siccité, et enfin la prise chimique qui se produit à la longue et à l'air.

1° Un béton très-dur, dont M. Coignet se sert pour le moulage des constructions, se compose de 1/15 de chaux, 1/15 de ciment et 1/10 de pouzzolane quelconque (terre cuite ou cendre de houille) et sable. Le prix à Paris revient à 15 à 20 francs le mètre cube, économie par rapport au prix de 120 à 150 fr. du mètre cube de pierre de taille pour façades moulées et habitations.

2° Béton dur ordinaire composé de 1/10 à 1/12 de chaux sans ciment, 1/10 de pouzzolane quelconque et de sable; son prix est de 12 à 15 francs pour remplacer la pierre meulière, la brique, etc.; et comme la maçonnerie de brique coûte 50 à 60 fr., et la pierre meulière 35 à 40 fr., il y a économie de 60 à 80 p. 0/0.

3° *Pisé hydraulique* composé de terre argileuse commune et de 1/15 de chaux; il devient dur comme la bonne brique rouge résistant à l'eau et à la gelée; prix de revient 7 à 8 fr. le mètre cube, pour murs, fermes et bâtiments agricoles.

Bitume. — Le bitume pur provient des terrains volcaniques; c'est une substance minérale qui a la consistance de la poix et qui fond à la température de l'eau bouillante. On l'emploie d'ordinaire mélangé avec des calcaires, sable, gravier, etc., pour le dallage et le revêtement des trottoirs, écuries, bassins, ponts, routes, viaducs, etc.; on enduit aussi de bitume les toiles et les murs pour les rendre imperméables; on en fait aussi des dallages mosaïques.

Le sol destiné à recevoir le bitume doit être dressé et fortement tassé, puis couvert d'une couche de béton de 10 cent. environ sur laquelle on étend une légère couche de mortier mêlé à du sable fin. Lorsque le béton est bien sec on y dépose le bitume, que l'on étend régulièrement en une couche moyenne de 12 à 15 millimètres.

Fondations. — La solidité des fondations est .e point capital d'une bonne construction en maçonnerie. Cette solidité n'est acquise qu'à la condition d'un sol résistant. Lorsqu'un terrain est compressible ou mouvant, on lui donne une résistance artificielle, soit au moyen d'un faux plancher en bois de bateau étendu sur toute la surface, soit au moyen de plusieurs lits successifs de béton pilonné, soit pour un sol hydraulique, au moyen de pieux enfoncés dont on recèpe les têtes, suivant un plan horizontal sur lequel on établit un grillage de charpente, puis une première assise de libages ou pierres de fortes dimensions.

Maçonnerie. — Travail en pierres de taille, moellons, meulières et briques pour assises régulières ou irrégulières reliées par du mortier. La pierre de taille est taillée sur la face apparente, ainsi que sur les faces inférieure et supérieure qui s'appellent lits, et qui occupent la même position que dans la carrière.

Lorsque la maçonnerie est montée, on passe au ravalement, ragrément et rejointoiement des faces apparentes.

Le *limosinage* s'entend d'une maçonnerie en moellons pósés bruts à assises régulières ou irrégulières, et dont le parement se fait simplement au cordeau.

Le *blocage* est une maçonnerie de moellons ne formant pas d'assises.

Le *pisé* est une maçonnerie qui s'établit sur un socle en pierre s'élevant au-dessus du sol, avec de la terre à briques mélangée et pétrie avec de la paille ou du foin.

Murs. — A partir des fondations qui assurent la stabilité des constructions, et dont l'épaisseur excède de 1/5, 1/4, et même moitié quelquefois celle calculée pour les murs, on donne à ces derniers un léger *talus* ou fruit de haut en bas de 1/60 à 1/100 de la hauteur des murs. Ce fruit s'élève à 1/12 pour les murs de soutènement.

Rondelet indique diverses formules pour calculer l'épaisseur des murs d'habitation.

Ainsi, l'épaisseur e des murs de face dépendant de la largeur l du bâtiment et de la hauteur h, il fait pour un corps de logis simple

$$e = \frac{2\,l + h}{48} + 0^{m}025.$$

Pour un corps de bâtiment double, il fait : $e = \dfrac{l + h}{48}$.

Pour un mur de refend : $e = \dfrac{l' + h}{36} + n \times 0^{m}0135$; n exprimant le nombre d'étages.

L'épaisseur des murs isolés varie de 1/8 à 1/12 de la hauteur ordinairement.

D'après Rondelet, dans les maisons d'habitation divisées en plusieurs étages par des planchers, et séparées par des murs de refend ou des pans de bois, l'épaisseur des murs de face varie de 0^m41 à 0^m65; celle des murs mitoyens varie de 0^m435 à 0^m54, et celle des murs de refend est comprise entre 0^m325 et 0^m487. La plus petite épaisseur 0^m435 des murs mitoyens, contenant les cheminées de deux maisons voisines est supérieure à la plus faible 0^m41 des murs de face.

La pratique a consacré les règles empiriques de Rondelet, ainsi qu'on le voit par l'indication suivante des épaisseurs :

TABLEAU

DES ÉPAISSEURS EN USAGE POUR LES MURS DE MAISONS D'HABITATION DE LARGEUR MOYENNE ET D'UNE HAUTEUR DE TROIS A QUATRE ÉTAGES.

DÉSIGNATION des parties des murs.	MURS		HAUTEUR d'étage.
	de face.	de refend.	
	m. m.	m. m.	m. m.
Aux fondations...............	0 75 à 1 00	0 70 à 0 85	
Au niveau du sol { des caves..........	0 55 à 0 80	0 50 à 0 65	
{ du rez-de-chaussée.	0 50 à 0 65	0 35 à 0 40	
Au-dessus du plancher { du 1er étage.	0 45 à 0 55	» »» » »»	3 25 à 5 00
{ du 2e étage.	0 40 à 0 50	0 30 à 0 35	3 00 à 4 25
{ du 3e étage.	0 32 à 0 40	0 25 à 0 30	2 80 à 3 50

	ÉPAISSEURS AU REZ-DE-CHAUSSÉE.		
	MURS		
	de face.	mitoyens.	de refend.
	m. m.	m. m.	m. m.
Bâtiments plus considérables que les maisons d'habitation..............	0 65 à 1 00	0 55 à 0 65	0 40 à 0 35
Palais ou édifices avec voûtes au rez-de-chaussée.....................	1 20 à 2 50	1 00 à 1 50	0 70 à 1 20

La hauteur minimum d'étage est fixée par l'administration à 2^m60. Dans la division des étages, on donne pour un bâtiment à un seul étage les 7/12 de la hauteur au rez-de-chaussée et les 5/12 à l'étage. Pour un bâtiment à 2 étages, on donne les 7/16 au rez-de-chaussée, les 5/16 au premier étage et les 4/16 au deuxième étage.

Arcades. — On fait dans les entrepôts et magasins la hauteur des arcades égale à la largeur entre les piliers; dans les édifices, on donne à la hauteur une fois et demie cette largeur, et dans les portiques ordinaires, on fait cette hauteur égale à deux fois la largeur.

Lorsque les arcades sont séparées entre elles par un accouplement de colonnes, l'entre-axe des colonnes accouplées prend la moitié de l'entre-axe des colonnes qui limitent l'arcade, c'est-à-dire le 1/3 de la largeur totale de l'arcade; pour les ordres élevés, l'entre-axe des colonnes accouplées est le 1/4 de l'entre-axe total.

Dans les arcades sur piliers, la largeur du pilier est d'ordinaire égale à la 1/2 ouverture de l'arcade soit au 1/3 de l'entre-axe des piliers.

La montée des frontons varie de 1/5 au 1/6 de leur largeur.

Pans de bois. — Leur emploi n'a généralement lieu que pour les façades sur les cours, et n'a d'avantage sur un mur que dans les espaces resserrés. Un pan de bois en charpente, élevé sur un soubassement en maçonnerie, hourdé en plâtre, et ravalé des deux côtés pour ne former qu'une seule pièce, n'a que la moitié de l'épaisseur d'un mur équivalent; cette épaisseur se réduit même au 1/4 lorsque la cloison est légère et ne porte pas de plancher.

Un pan de bois n'offre de stabilité qu'en assemblant toutes les pièces entre elles à tenons et à mortaises, et en harponnant ensemble ses diverses parties et aux murs contigus; ainsi, un pan de bois de trois à quatre étages, hourdé plein et ravalé sur les deux faces, aurait une épaisseur de 0^m216 à 0^m25, et sa stabilité due au poids multipliée par la 1/2 épaisseur ne serait que le 1/7 d'un mur en moellons ou en briques dont l'épaisseur $= 0^m43$.

On donne aux pans de bois, comme à la maçonnerie un léger fruit par étage à l'extérieur.

Pour ce même pan de bois, les poteaux corniers doivent avoir 0^m25 à 0^m27 d'équarrissage: les sablières ont 0^m216 à 0^m25, et les parties de remplissage 0^m162 à 0^m19.

Cloisons. — On distingue les cloisons légères de menuiserie à claire voie, lattées, hourdées et ravalées en plâtre des deux côtés, et celles en planches jointives, lattées et recouvertes d'un crépi et d'un enduit en plâtre des deux côtés.

TABLEAU DRESSÉ PAR M. EMY

DANS SON TRAITÉ DE L'ART DE LA CHARPENTERIE, ET CONTENANT LES DIMENSIONS DES PIÈCES DE PANS DE BOIS DE 3^m25 A 3^m90, SOUS PLANCHER, POUR BATISSES A 3 ÉTAGES.

Pans de bois des façades (de 3^m90).... Épaisseur...	0m 217	à	0m	244
Poteaux corniers et poteaux de fond.... Équarrissage.	0 244	à	0	271
Poteaux d'étrière...................................	0 217	à	0	244
Sablières hautes et basses.........................	0 216	à	0	217
Poteaux d'huiserie.................................	0 189	à	0	217
Poteaux de remplage	0 162	à	0	217
Écartement des poteaux de remplage	0 271	à	0	225
Guettes, décharges, croix de Saint-André...........	0 162	à	0	217
Touraisses et potelets.............................	0 135	à	0	217
Pans de bois intérieurs ou cloisons { de 3^m90 épaiss..	»		0	162
au-dessus	»		0	189
Poteaux.................... { portant plancher.	0 135	à	0	162
sans plancher...	0 108	à	0	135
Cloisons de refend ou en porte à faux.............	0 081	à	0	135

DIMENSIONS COURANTES DES BOIS MÉPLATS.

	ÉPAISSEURS EN		LARGEURS EN	
	millim.	lignes.	centimètres.	pouces.
Bordages de navires....	54	24	32,5	12
Doublettes.............	54	24	32,5 à 40,5	12 à 15
Échantillons...........	34	15	24,4	9
Feuillets	13,5	6	18,9 à 21,6	7 à 8
Planches ordinaires.....	27	12	24,4	9
Plats-bords............	68	30	32,5 à 65	12 à 24
Panneaux...............	20	9	21,6 à 24,4	8 à 9
Planches marchandes...	41	18	24,4	9
Id. ...	47	21	24,4	9
Madriers...............	81	36	21,6 à 24,4	8 à 9
Id.	81	36	24,4	9
Membrures	81	36	13,5 à 16,2	5 à 6

Sciage des bois. — Le débit des bois s'effectue, soit par des scies à mouvement alternatif à une ou plusieurs lames verticales, horizontales ou inclinées, à chariot, à cylindre, à placage, soit par des scies continues à disque rotatif ou à ruban sans fin.

Scies droites à une ou à plusieurs lames : vitesse moyenne $=$ 120 à 150 coups par 1'; avancement du bois par coup $=$ 13 millim. pour le peuplier, 5 millim. pour le sapin, et $= 2^{mm}5$ pour le chêne.

Production. — *Bois de sapin :* Débit de madriers de 0^m30, soit une vitesse moyenne de la scie $=$ 140 révolutions par minute, et l'avancement par coup $=$ 5 millim.

La surface sciée = 0,005 × 140 × 0,30 = 0$^{m.q.}$21 par minute, et 0$^{m.q.}$21 × 60 = 12$^{m.q.}$60 par heure et par lame.

Bois de chêne : madriers de 0,30 avec même vitesse et 2 millim. d'avancement.

La surface sciée = 0,002 × 140 × 0,30 × 60 = 5$^{m.q.}$04 par heure et par lame.

Il faut compter 1/3 en moins pour rechange, affutage ou graissage.

Pour le *peuplier* ou *bois tendre*, la production est bien plus considérable : soit un avancement de 13 millim. avec une vitesse de 250 révolutions et des planches de 0^{m}22.

La surface sciée par heure = 0,013 × 250 × 0,22 × 60 = 42$^{m.q.}$9, ou, en défalquant le chômage, = 28$^{m.q.}$6 environ.

La force d'un cheval-vapeur débite moyennement 3 à 5 mètres carrés de sapin et peuplier, et 2$^{m.q.}$25 de chêne.

Scierie alternative, manœuvrée par deux scieurs de long. — Sur du chêne sec de 0^{m}315, à la vitesse de 50 coups par minute avec arrêt après chaque 3 à 4 minutes, course de la scie, de 0^{m}975, et avancement de 2^{mm}5, le sciage produit = 0$^{m.q.}$0414 par minute et 2$^{m.q.}$48 par heure.

Scie à placage. — Vitesse = 280 à 300 coups par minute; avancement de la lame = 5 millim. Le sciage, pour du bois d'une largeur de 0,40 a produit en une heure 3$^{m.q.}$60, par journée de douze heures, réduite à dix heures pour affutage, montage, démontage, graissage, etc., la surface sciée = 3,60 × 10 = 36 mètres carrés.

Scie à ruban. — Vitesse des poulies = 160 tours par 1′, diamètre = 1^{m}260; vitesse à la circonférence des poulies :

$$= \frac{1,26 \times 3,14 \times 160}{60} = \frac{633,28}{60} = 10^m \text{ par } 1'';$$

Avancement pour un madrier de sapin de 22^c = 4 millim. par mètre de parcours de la lame, ce qui donne 2$^{m.q.}$53 de sciage pour un côté et 5^{m}06 pour les deux côtés. On produit ainsi 3200 mètres de longueur de planches en une journée de dix heures, ou 704$^{m.q.}$, soit par heure 70$^{m.q.}$4, et, en défalquant la perte de temps, 60 mètres par heure.

Scies circulaires. — Vitesse à la circonférence = 15 mètres pour les bois durs, 20 mètres pour le chêne et 25 à 30 mètres pour les bois tendres. Chaque cheval-vapeur scie moyennement 5$^{m.q.}$ de bois blanc par heure, et 4$^{m.q.}$,2 de bois dur.

Les scies circulaires américaines, dont les dents ont la forme de triangles inclinés en avant et tronqués à leurs extrémités, en laissant entre les bases de deux dents successives un espace vide presque égal à 2 fois la base des dents pour laisser dégager la sciure et éviter l'échauffement, possèdent à la circonférence une vitesse de 40 à 50 mètres par seconde; leur diamètre $= 0,50$, et le nombre de révolutions $= 12$ à 1500 tours par minute.

EMPLOI DES BOIS SUIVANT LEUR NATURE.

Charpente. — Bouleau, chêne, cyprès, merisier, peuplier, pin, sapin.

Charronnage et carrosserie. — Charme, frêne, noyer, orme, teak.

Ébénisterie. — Acajou, chêne, citronnier, érable, olivier, platane, prunier.

Menuiserie. — Acacia, chêne, merisier, peuplier, platane, saule,

Mécanique...
- *Bâtis :* Alisier, chêne, cormier, poirier, pommier.
- *Coussinets :* Buis, cormier, gaïac, noyer.
- *Engrenages :* Charme, cormier, poirier, pommier.
- *Outils :* Buis, châtaignier, cormier, frêne, hêtre, houx, pommier.
- *Pompes et tuyaux :* Aune, châtaignier, cyprès, hêtre, orme.

Escaliers. — La cage varie de forme et de grandeur suivant l'espace disponible.

La hauteur h d'une marche est d'ordinaire égale à la moitié de la largeur ou giron l; elle est comprise entre 0^m13 à 0^m19; sa longueur varie de 0^m70 à 2 mètres. La hauteur de la rampe est de 0^m89 à 1^m06.

Dans les cages resserrées le giron, qui d'ordinaire égale 2 fois la hauteur de la marche, diminue en raison inverse de cette hauteur.

Les dimensions respectives de l et de h se déterminent l'une par l'autre au moyen de la formule empirique $2h + l = 0^m65$. Or, sur un terrain de niveau $h = 0$, et sur une échelle $l = 0$; alors, dans le premier cas, $l = 0^m65$, dans le deuxième cas, $2h = 0^m65$, ou $h = 0^m325$. Si donc l'on fait dans la formule précédente :

$$l = 0,27 \qquad 0,30 \qquad 0,32 \qquad 0,35 \text{ ou } 0,38$$
$$\text{on aura } h = 0,19 \qquad 0,175 \qquad 0,165 \qquad 0,15 \text{ ou } 0,135.$$

Planchers. — La charpente d'un plancher, sous la dénomination duquel on comprend le plafond et le parquet ou carrelage, se compose de solives, pièces de bois horizontales et parallèles. Rondelet donne 1/24 de la portée à la dimension verticale d'une solive et, si les vides sont égaux, la largeur de la solive ne doit pas au minimum être inférieure à la 1/2 hauteur.

Quand la longueur ou portée d'un plancher est trop étendue, on le fait soutenir par des poutres régulièrement espacées de 3^m à 3^{m}5, et dont la hauteur est le 1/18 de la portée.

Tredgold donne les formules suivantes : soit b la largeur d'une solive, h sa hauteur verticale, et l sa portée, le tout exprimé en mètres :

SOLIVES DES PLANCHERS SIMPLES. — POUTRES DES PLANCHERS ASSEMBLÉS.

$$\text{Pour le sapin : } h = 0{,}0363 \sqrt[3]{\frac{l^2}{b}} \qquad h = 0{,}0688 \sqrt[3]{\frac{l^2}{b}}.$$

$$\text{Pour le chêne : } h = 0{,}0376 \sqrt[3]{\frac{l^2}{b}} \qquad h = 0{,}0711 \sqrt[3]{\frac{l^2}{b}}.$$

La largeur a des solives ne doit pas être inférieure à 0^{m}05, et l'écartement des poutres principales ne doit pas dépasser 3 mètres.

Planchers en fer. — Dans la substitution du fer au bois, on donne aux solives en fer la forme d'un double T; leur écartement = 0^{m}80 à 1 mètre; leur hauteur varie d'ordinaire entre le 1/30 et le 1/35 de leur longueur, la flèche donnée avant la pose est 1/200.

Une solive est assimilée à une pièce reposant sur deux appuis et chargée uniformément sur toute sa longueur; si donc on exprime par P la charge par mètre de longueur (soit 280 kil.); l, bras de levier de la force P, ou longueur de la pièce depuis l'encastrement jusqu'au point d'application de la force; R, résistance maximum à la traction et à la compression sans dépasser la limite d'élasticité; I moment d'inertie de la section d'encastrement pris par rapport à la ligne des fibres invariables; d distance de la ligne des fibres invariables au point de la section d'encastrement qui en est le plus éloigné.

Le moment de la résistance de la pièce $= \dfrac{\text{R I}}{d}$.

La formule est $\text{P} \, l = \dfrac{\text{E} \, b \, h^2}{6}$, pour une section rectangulaire.

TABLE DES DIMENSIONS

DES PROFILS DES DIFFÉRENTS FERS A DOUBLE T A ANGLES ARRONDIS, DES POIDS PAR MÈTRE COURANT DE CES FERS ET DES VALEURS DE $\frac{I}{d}$ CALCULÉES PAR M. MORIN.

(Les nervures étant les mêmes, on a $d = \frac{h}{2}$.)

$h =$ hauteur totale du T; $h' =$ hauteur intérieure; $b =$ la base totale extérieure; $b' =$ la base totale intérieure.

Les deux évidements du T auront donc pour base $\frac{b'}{2}$.

DÉSIGNATION.	VALEUR DE				POIDS par mètre.	VALEUR de I $d \times 1000000$
	h	h'	b	$b - b'$		
	m.	m.	m.	m.	kg.	
Providence........	0,100	0,088	0,043	0,005	9	28,50
			0,045	0,007	12	31,84
Montataire........	0,100	0,085	0,042	0,010	8,06	37,25
			0,047	0,015	11,56	45,60
Providence........	0,120	0,106	0,045	0,004	11	40,18
			0,050	0,009	15	52,18
Montataire........	0,120	0,104	0,047	0,005	10	45,51
			0,050	0,010	14,28	57,51
Providence........	0,140	0,126	0,047	0,006	14	55,90
			0,053	0,012	20	75,46
Montataire........	0,140	0,123	0,050	0,007	13	78,03
			0,055	0,012	18	84,54
Providence........	0,160	0,144	0,048	0,007	15	77,27
			0,053	0,012	25	98,60
Montataire........	0,160	0,142	0,055	0,007	16	115,19
			0,062	0,014	25	130,31
Providence........	0,180	0,162	0,055	0,008	20	111,98
			0,062	0,015	30	149,78
Montataire........	0,180	0,162	0,060	0,008	20	119,25
			0,067	0,015	30	157,09
Montataire........	0,200	0,181	0,065	0,008	22	151,67
			0,073	0,016	34,4	205,00
Providence........	0,220	0,200	0,064	0,009	26	182,24
			0,071	0,016	40	238,71
Montataire........	0,220	0,201	0,065	0,008	24,3	173,66
			0,073	0,015	37,4	238,20
Providence........	0,260	0,236	0,067	0,013	40	299,74
			0,074	0,020	58	378,60

TABLE DES DIMENSIONS APPROXIMATIVES

DES PRINCIPALES PIÈCES DES COMBLES EN BOIS DE DIFFÉRENTES FORMES ET PORTÉES.

DÉSIGNATION des FERMES.	Largeur dans l'œuvre du bâtiment.	Tirant ne portant pas de plancher.	Tirant pour porter un plancher.	Arbalétriers.	Poinçon.	Faîte.	Pannes.	Sablières.	Chevrons.	Coyaux.
	mètres.	cent.	cent.	cent.	cent.	cent.	cent.	cent.	cent.	cent.
Ferme simple........	6	27 à 24	32 à 27	22 à 19	19 à 19	19 à 16	19 à 19	23 à 12	9 à 9	8 à 7
	9	33 à 30	40 à 32	26 à 24	24 à 24	20 à 17	20 à 20	25 à 14	10 à 10	9 à 8
	12	40 à 36	47 à 37	32 à 30	30 à 30	22 à 19	22 à 22	28 à 16	11 à 11	10 à 9
Ferme à entrait retroussé, et arbalétrier allant du faîte au tirant.	6	»	42 à 30	22 à 19	19 à 19	19 à 16	19 à 19	23 à 12	9 à 9	8 à 7
	9	»	52 à 30	26 à 24	24 à 24	20 à 17	20 à 20	25 à 14	10 à 10	9 à 8
	12	»	63 à 45	32 à 30	30 à 30	22 à 19	22 à 22	28 à 16	11 à 11	10 à 9
Ferme avec entrait retroussé et jambe de force.	6	»	42 à 30	18 à 15	15 à 15	19 à 16	19 à 19	23 à 12	9 à 9	8 à 7
	9	»	52 à 37	22 à 18	18 à 18	20 à 17	20 à 20	25 à 14	10 à 10	9 à 8
	12	»	63 à 45	27 à 22	22 à 22	22 à 19	22 à 22	28 à 16	11 à 11	10 à 9
Ferme pour comble en mansardes..........	6	»	42 à 30	20 à 18	18 à 18	19 à 16	19 à 19	23 à 12	9 à 9	8 à 7
	9	»	52 à 37	25 à 23	23 à 23	20 à 17	20 à 20	25 à 14	10 à 10	9 à 8
	12	»	63 à 45	30 à 28	28 à 28	22 à 19	22 à 22	28 à 16	11 à 11	10 à 9

M. Bornemann calcule dans le *Civil-ingénieur* la résistance des solives ou poutres en bois, en fonte et en fer par la formule :

$$P\,l = \frac{4\,\mathrm{K}\,b\,h^2}{6}. \quad \text{(section rectangulaire)}.$$

Pour donner à K la valeur convenable, cet ingénieur, au lieu de prendre comme point de départ les charges qui déterminent la rupture des solives, s'appuie sur le maximum d'élasticité des matériaux, et il fait entrer dans ses calculs le coefficient ou module d'élasticité.

Il arrive ainsi à :

$$\mathrm{K} = 0{,}40 \text{ pour le bois,}$$
$$\mathrm{K} = 1{,}65 \text{ pour la fonte,}$$
$$\text{et } \mathrm{K} = 4{,}00 \text{ pour le fer.}$$

Les mesures de section sont exprimées en centimètres.

Combles. — Les combles des édifices sont de formes prismatiques, pyramidales, cylindriques ou coniques.

La forme ordinaire des combles est celle de deux pans inclinés raccordés par une arête supérieure appelée *faite* ; on donne le nom d'*appentis* à un comble formé d'une seule pente.

La charpente d'un comble se compose d'une ou de plusieurs fermes distancées de 3 à 4 mètres qui, avec les murs, soutiennent tout le système de la couverture ; des poutrelles ou pannes, disposées en travers des fermes dans le sens de la longueur du bâtiment, portent les chevrons, les lattes et la couverture.

Les dimensions des différentes parties d'un comble en bois se déterminent d'après les charges ; ainsi, pour déterminer l'équarissage des arbalétriers, il faut avoir égard au poids des pannes, des chevrons, de la couverture, à la pression accrue par le vent, au poids de la neige, etc. Le poids de la neige = 1/10 de l'eau ; pour une couche de $0^{m}25$ on compte 25 kilogrammes par mètre carré.

La pression du vent par mètre carré de couverture peut s'estimer ainsi.

Vitesse :	12^{m}	15	20	24	30	36	45.
Pression :	$19^{k}5$	30,47	54,16	78	122,28	177	278.

Couvertures. — On emploie, suivant les localités et les circonstances, les couvertures minérales en tuiles, ardoises et mastic bitumineux et les couvertures métalliques en tôle, cuivre, zinc et plomb. Le chaume, encore recherché dans les établissements et constructions rustiques, est généralement abandonné pour les habitations rurales.

TABLE

DRESSÉE PAR M. ARDANT, DES INCLINAISONS, DU POIDS ET DU BOIS
EMPLOYÉ POUR LES COUVERTURES.

NATURE de la couverture.	INCLINAISON du toit sur l'horizon.	POIDS du mètre carré de couverture, bois non compris	CUBE de bois par mètre carré.
	degrés.	kil.	mètres cubes.
Tuiles plates à crochet....	45 à 33	60	0,063
Tuiles creuses posées à sec.	27 à 21	75 à 90	0,058
Id. maçonnées.	31 à 27	136	0,068
Ardoises	45 à 33	38 .	0,056
Cuivre en feuilles........	21 à 18	44	0,042
Zinc no 14..............	21 à 18	8,50	0,042
Mastic bitumineux........	21 à 18	25	0,056

Tuiles. — Il en existe de diverses formes et dimensions. Les tuiles plates de Bourgogne sont établies de deux formats; il en entre 64 par mètre carré des plus petites, qui portent 0^m257 de longueur sur 0^m187 de largeur et 0^m014 d'épaisseur; et 42 des plus grandes, qui ont 0^m31 sur 0^m23, et 0^m0157 d'épaisseur.

Ces tuiles se posent par rangs horizontaux à partir du bas du toit avec recouvrement de 2/3.

On emploie aussi dans le midi des tuiles creuses coniques dont voici les dimensions :

$l = 0^m40$, $e = 0^m013$ et $d = 0^m20$ à un bout et 0^m15 à l'autre.

Les rangs verticaux concaves des tuiles sont distancés de 0^m04, et se recouvrent en longueur de 0^m05 à 0^m06. Les autres rangées intermédiaires recouvrent les premières par leur convexité.

Les tuiles flamandes, qui entrent au nombre de 15 1/4 dans un mètre carré de couverture, ont environ 0^m35 de côté et 0^m016 d'épaisseur.

On fait usage enfin de tuiles romaines ou de *Gourlier*, dont l'agrafement mutuel sur 2 arêtes est tel qu'une des diagonales est horizontale et l'autre dans la direction de la pente du toit.

Ardoises. — Les ardoises se posent par rangées horizontales à partir de l'égoût. Le recouvrement est d'ordinaire des 2/3 de la longueur.

Les ardoises de toute provenance ont une épaisseur commune

de 0ᵐ0033 ; le grand modèle d'Angers a 0ᵐ298 sur 0ᵐ217 ; là dimension moyenne des ardoises de Charleville est de 0ᵐ271 sur 0ᵐ189, et le petit modèle d'Angers est de 0ᵐ217 sur 0ᵐ162.

Couvertures métalliques. — Les couvertures métalliques sont à grandes et à petites feuilles, dont l'assemblage doit avoir lieu à dilatation libre avec agrafure simple ou composée, et avec recouvrement d'autant plus grand dans le sens de la pente que cette pente est plus faible. Ainsi, à 1 de base sur 2 de hauteur, ce recouvrement n'excède pas 0ᵐ12, mais il arrive à 0ᵐ20 et même à 0ᵐ25 pour 6 de base sur 1 de hauteur.

Zinc. — L'oxyde adhère fortement à sa surface et protége les couches inférieures de toute altération de la part de l'air et de l'eau. On emploie des clous recouverts de zinc, dits clous galvanisés pour fixer le zinc au bâti et éviter l'influence de l'humidité par son contact avec le fer ; la dimension des feuilles varie en longueur de 1 à 6 mètres, et en largeur de 0ᵐ66 à 1 mètre. Pour une épaisseur ordinaire de 0ᵐ001, le prix s'élève à 7 fr. le mètre carré, non compris la maçonnerie ni la charpente.

La durée du zinc varie de 20 à 25 ans ; à 360 degrés, point de fusion du zinc, il coule et se fige dans les cendres ou sur le sol.

DEVIS COMPARATIF DU PRIX DE REVIENT DE LA MAÇONNERIE, CHARPENTE ET TOITURE D'UN COMBLE POUR UN BATIMENT DE 12ᵐ DE LONG SUR 6ᵐ80 DE PROFONDEUR.

Comble.	Maçonnerie.	Charpente.	Couverture sans chéneaux.	Poids du m. carré.	Prix du mèt. carré.	Prix total.
	fr. c.	fr. c.	fr. c.	k.	fr. c.	fr. c.
Zinc......	259 95	178 90	636 24	7	13 45	1075 09
Ardoises..	488 58	299 85	457 54	25	15 60	1245 97
Tuiles....	747 02	435 21	563 73	80	21 80	1745 96

Tôle. — En Russie, dont le climat est sec et peu favorable à l'oxydation, on se sert de la tôle en feuilles de 0ᵐ0007 d'épaisseur. Poids de la couverture par mètre carré avec agrafes et recouvrements = 7 kilog. environ. En renouvelant la peinture à l'huile tous les huit à dix ans, la durée peut aller à cinquante années et plus.

La tôle qui convient le mieux, à cause du reployage des feuilles, doit être au bois, à 0 fr. 70 c. le kilog. à l'usine, avec pose, le mètre carré revient environ à 7 fr.

Tôle cannelée. — On prend de la tôle de $0^m 0015$ d'épaisseur, on perce les bords avant le cylindrage, puis on les assemble et réunit entre elles, de manière à former toute la hauteur du revers du toit et par portions de $2^m 30$ de large.

Un mètre de tôle cannelée correspond à $1^m 50$ de développement primitif. Le mètre carré de couverture de tôle cannelée, de $0^m 0015$ d'épaisseur, pèse, rivets compris, 20 kil.

La toiture achevée est peinte à double couche en dessus en en dessous, soit avec du gaudron minéral provenant de la distillation de la houille, soit avec toute autre matière.

Tôle ondulée. — La couverture de l'embarcadère de l'ouest est en tôle ondulée dont la forme cylindrique, assimilée à celle d'un double T, est, à quantité égale de matière, plus résistante que toute autre.

La flèche, dans le cas d'une surcharge uniformément répartie, est un peu supérieure aux 4/11 de la longueur de la corde, soit 2/5. La tôle adoptée a 2 millimètres d'épaisseur, ondulation de 160 millimètres de large sur 80 millimètres de profondeur, avec raccordement par des arcs de cercle de 40 millimètres. Le calcul donne 3 kil. pour la compression maxima dans la section normale à la surface cylindrique. Ce chiffre peut être dépassé.

La couverture est formée d'une suite d'anneaux de 850 millimètres de largeur emboutis et rivés par les cannelures extrêmes. Chaque anneau est composé de 7 feuilles cintrées suivant la courbe même de la couverture, et de $1^m 70$ de développée. Emboîtage de chaque feuille $= 65$ millimètres, et réunion par rivets.

Pour donner plus de clarté, on peut alterner des anneaux de verre et de tôle.

Prix. — Ferme en tôle ondulée de 11 mètres de portée sur 10 mètres formant une surface de 110 mètres carrés; il entre un poids total de fer $= 2664^k 50$, soit 2430 kil. de tôle ondulée et rivée; 127 kil. de cornières; fers à vitrage; $11^k 78$; fers plats, $2^k 66$; fer rond, 95 kil.; en plus boulons tirants, 12,74, le tout à 57 fr. les 100 kil. $= 1526$ fr. 01 cent., auxquels il faut ajouter 384 fr. 20 cent. pour 240 mètres carrés de peinture à deux couches. Le mètre carré revient ainsi à 16 fr. 62 cent. pour une couverture qui se recommande par l'emploi rationel du métal, la simplicité du système et la facilité du montage.

Plomb. — On emploie une épaisseur de table de $0^m 0035$ à $0^m 0045$, correspondant à un poids de 40 à 53 kil. le mètre carré.

Cuivre. — L'épaisseur des feuilles de cuivre $= 0^m 00068$ à $0^m 00075$ correspondant respectivement aux poids de $6^k 11$ et de $7^k 14$ par mètre carré; longueur des feuilles = 1^m40, largeur = 1^m14. Le recouvrement est de 12 centimètres.

Au-dessous de cette épaisseur il faudrait étamer les feuilles à l'envers.

RÉSISTANCE DES MATÉRIAUX.

Dans leur emploi, les matériaux peuvent être soumis à différents efforts que l'on peut classer ainsi : 1° *Traction* des fibres moléculaires dans le sens de la longueur et tendant à en opérer l'allongement, puis la rupture ; 2° *Compression* ou écrasement dans le sens de la longueur des fibres ou molécules pour les refouler ; 3° *Flexion* due à un effort transversal ; 4° *Torsion* due à l'action rotative en sens contraire de deux forces tangentielles à la même pièce.

La théorie de la résistance des matériaux suppose l'uniformité et l'homogénéité des corps placés dans les mêmes conditions, et se traduit en formules et en faits d'expérimentation.

Traction. — La résistance des pièces soumises à la traction, à l'allongement et à la rupture est proportionnelle à leur section transversale dans la *limite d'élasticité*, c'est-à-dire tant que la pièce, après l'effort, peut reprendre sa longueur primitive.

Allongement. — La formule d'allongement prend la forme :

$$a = \frac{P}{cS} \text{ et } c = \frac{P}{Sa}, \text{ puis } P = acS;$$

P représente l'effort de traction en kilog. ; a l'allongement en mètres du solide par chaque mètre de longueur ; S la section transversale du solide en millimètres carrés ; c coefficient ou module constant d'élasticité pour un même corps ; c'est le poids en kilog. capable d'allonger d'une longueur équivalente à sa longueur initiale un corps de 1 millimètre carré de section.

Lorsqu'il y a charge permanente, il faut limiter l'effort de traction ainsi qu'il suit : au 1/10 de la résistance de la rupture pour les bois ; au 1/3 et au 1/4 pour le fer et la fonte, et même au 1/5 et au 1/6 pour le fer s'il y a vibration. La fonte est proscrite dans les cas de chocs ou de vibrations.

Les expériences de M. Tenbrinck, chef des ateliers de Montigny-es-Metz, sur la résistance à la traction des fers et aciers, ont donné les résultats suivants :

1° *Fers forgés de diverses formes et provenances, à la houille et au bois*. — L'allongement a commencé en moyenne à 20 kilog. par millim. carré de section ; il s'est continué proportionnellement à l'effort exercé. La rupture a eu lieu en moyenne à 35,8 kilog., c'est-à-dire sous une traction environ 1,8 fois supérieure à l'effort qui a commencé l'allongement ;

2° *Aciers fondus.* — L'allongement des aciers fondus raides, anglais ou allemands, s'est produit en moyenne à 60 kilog. par millim. carré, c'est-à-dire sous un effort 3 fois supérieur à celui du fer. La rupture s'est opérée à 77 kil., soit au double environ de celle du fer.

Les aciers doux et malléables ont commencé à s'allonger à 30 kil., c'est moitié de la résistance de l'acier à outils et 1,5 fois celle du fer. La moyenne de rupture a été de 60,6 kilog. par millim. carré ;

3° *Acier puddlé de Krupp.* — L'allongement s'est manifesté à 32 kilog. et la rupture en moyenne à 69,2 kilog. par millim. carré.

Des expériences antérieures faites par M. Eaton Hodgkinson sur des barres de fer de première qualité et de $0^m 013$ de diamètre, assemblées bout à bout par des manchons, de manière à constituer une longueur de 15 mètres, ont constaté les faits suivants :

1° Il y a allongement permanent sur des charges inférieures à celle qui correspond à la limite d'élasticité ;

2° Jusqu'à la charge de $14^k 997$ par millim. carré, les allongements croissent proportionnellement environ aux charges ; mais la valeur est négligeable, étant seulement d'un centième de millim. par mètre sous $14^k 997$ de charge ;

3° Au-delà de cette charge, et notamment à partir de $18^k 74$ par millim. carré, les allongements permanents croissent rapidement dans un rapport plus grand que les charges ;

4° La valeur moyenne du module d'élasticité c a été 19,359,458,500.

M. E. Hodgkinson, en expérimentant sur des fontes de plusieurs localités anglaises, a constaté : 1° que jusqu'à 6 kilog. par millim. carré, charge bien supérieure à la pratique, les allongements totaux et les allongements élastiques (différence entre les allongements totaux et les allongements permanents) sont sensiblement proportionnels aux charges ; 2° qu'entre la charge de $0^k 74$ par millim. de section et celle de $5^k 92$, correspondant à un allongement de $0^m 000715$ par mètre ou de $\dfrac{1}{1400}$, la valeur moyenne du module d'élasticité est

$c = 9,096,070,000$, valeur qui diffère de 1/12 environ de la plus forte et de la plus faible.

Ces expériences ont été faites sur des barres de 645 millim. carrés de section et de $3^m 05$ de longueur, assemblées bout à bout sur une longueur de $15^m 25$.

TABLE DES ALLONGEMENTS DE CORPS

SOUS DIVERSES TRACTIONS (DONNÉE PAR PONCELET).

DÉSIGNATION DES CORPS.	Valeurs de a en mètres.	Valeurs de P pour 1 m/m carré de section.	Valeur de c pour 1 m/m carré de section.
	mèt.	kg.	kg.
Acier fondu très-fin trempé, recuit à l'huile....................	$\frac{1}{4500}$	66,00	30000
Acier d'Allemagne très-bonne qualité, recuit à l'huile..................	$\frac{1}{835}$	25,00	21000
Fers en barres.., ...	$\frac{1}{1520}$	12,205	20000
Fers doux passés à la filière de petites dimensions.	$\frac{1}{1250}$	14,75	18000
Fils de cuivre......................	»	»	13100
Fonte de fer à grains fins...........	$\frac{1}{1200}$	10,00	12000
Fils de laiton recuits.............	$\frac{1}{742}$	»	10000
Laiton fondu.....................	$\frac{1}{1320}$	15,00	6450
Bronze de canon fondu............	$\frac{1}{1590}$	4,80	3200
Sapin rouge ou pin................	$\frac{1}{470}$	3,15	1500
Sapin jaune ou blanc..............	$\frac{1}{850}$	2,17	1300
Chêne.........................	$\frac{1}{600}$	2,03	1200
Frêne.	$\frac{1}{885}$	1,27	1120
Orme.........................	$\frac{1}{414}$	2,35	970
Hêtre rouge......................	$\frac{1}{570}$	1,63	730
Plomb fondu ordinaire.............	$\frac{1}{477}$	1,00	500

La formule suivante, que M. Hodgkinson a déduite de ses expériences, donne l'allongement a en centimètres de la fonte et du fer en fonction du poids P en kilog. et de la longueur L en centimètres de la barre :

$$\text{Pour la fonte } P = 9{,}689{,}568 \frac{a}{L} - 188{,}500{,}268 \frac{a^2}{L^2},$$

$$\text{d'où } a = L \left(0{,}002571794 - \sqrt{0{,}00000661412 - 0{,}00000000530505\,P} \right),$$

$$\text{et pour le fer } a = \frac{P\,L}{1{,}934{,}565}.$$

En appliquant ces formules à des barres de même section et de même longueur, on trouve qu'une barre de fer de 10 mètres, sous une charge de 1000 kilog., s'est allongée de 0^c516, et la même barre en fonte de 1^c373, c'est-à-dire près de 3 fois plus.

La résistance moyenne de la fonte à la traction peut s'estimer de 11^k243 à 11^k325 par millim. carré de section.

La tôle de fer rompt à une traction de 30 à 35 kilog. par millim. carré et le fer corroyé à 40 kilog. moyennement, car le fer au bois le mieux travaillé ne résiste pas à plus de 60 kilog. par millim. carré, et le fer à la houille à plus de 33 kilog.

M. Hodgkinson a trouvé, d'accord avec la théorie, qu'une barre tirée suivant une ligne tracée sur sa surface au lieu de l'être suivant son axe, perd 2/3 de sa résistance.

Des vis à bois de $5^{mill\cdot}6$ de diamètre à l'extérieur des filets, et de $2^{mill\cdot}8$ au noyau, engagées par 12 filets dans des planches de 27 millim. d'épaisseur, peuvent en toute sécurité être respectivement chargées de 35 kilog. pour le sapin, 68 kilog. pour le chêne, 71 kilog. pour le frène sec, et 59 kilog. pour l'orme.

Les rivets, les boulons d'assemblage de chaines plates, des poulies, des moufles, etc., sont soumis à un effort transversal dit de cisaillement.

La résistance des tôles que ces rivets réunissent est proportionnelle au nombre de points de cisaillement et sensiblement la même que si chaque section cisaillée résistait à un effort de traction longitudinale.

EFFORT DE RUPTURE PAR TRACTION.

Cet effort est $T = S\,f$.

S étant la section transversale de la pièce en centimètres carrés,

t *f* la force nécessaire pour rompre une tige de même nature que S,
.e 1 centimètre carré de section.

RÉSISTANCE DES BOIS A LA TRACTION

DANS LE SENS DE LEURS FIBRES.

	VALEURS DE f.	
	Rupture.	Pratique.
Buis...	1400	140
Frêne..	1200	120
Chêne..	600 à 900	60 à 90
Sapin..	800 à 850	80 à 90
Hêtre..	800	80
Poirier..	650	65
Teak...	1100	100 à 120
Sapin latéralement aux fibres ou par glissement.	42	4
Chêne perpendiculairement aux fibres.........	160	16
Peuplier.......................................	125	12

Observations. — Les bois exposés à l'air doivent être renou-
elés au moins tous les vingt ans.

RÉSISTANCE DE DIVERS MÉTAUX A LA TRACTION.

	VALEURS DE f.	
	Rupture.	Pratique.
Fer forgé ordinaire......................	3200 à 5400	700
Fer corroyé ou étiré.....................	5500 à 6000	1000
Tôle dans le sens du laminage............	3800 à 4300	700
Tôle perpendiculaire au laminage.........	3350 à 3940	600
Les plus mauvais fils de fer du commerce.......	5000	850
Fil de fer non recuit de 0,005 à 0,0013 de diamèt.	6000 à 6480	1050
Fil de fer recuit de 0,001 à 0,0015 de diamètre.	3600 à 3800	600
Fonte de fer grise........................	1420	473
Fonte de fer blanche......................	1310	436
Acier cémenté non raffiné.................	2790	930
Acier cémenté raffiné.....................	9160	3050
Acier fondu...............................	4400	1460
Acier corroyé.............................	9440	3146
Bronze (métal de canon).................	2550	850
Cuivre rouge fondu........................	1341	447
Cuivre rouge laminé.......................	2100	700
Cuivre rouge battu........................	2480	830
Cuivre jaune ou laiton....................	1263	421
Etain fondu...............................	333	111
Plomb fondu...............................	128	43
Plomb laminé..............................	140	46
Fil de laiton mou de 0m,002 de diamèt. (non recuit)......	4140	700
Fil de laiton doux de 0m,002 de diamètre (non recuit)....	6600	1100
Fil de platine écroui non recuit de 0m,127 de diamètre (Baudrimont).....	11600	1800

Compression. — *Bois.* — La théorie hypothétique de MM. Navier
t Duleau, confirmée par les expériences de Hodgkinson, admet que
a résistance des bois à l'écrasement est proportionnelle à la section

transversale de la pièce; on en a déduit les formules suivantes

SECTION CARRÉE.	SECTION RECTANGULAIRE.	SECTION CIRCULAIRE.
$R = c\,\dfrac{b^4}{h^2}.$	$R = c\,\dfrac{a\,b^3}{h^2}.$	$R = c\,\dfrac{d^2}{h^2}.$

R résistance de la pièce en kilog.;

b côté du carré ou petit côté du rectangle en centim.;

a grand côté du rectangle en centim.;

h hauteur du poteau en décimètres;

d diamètre en centimètres;

c coefficient constant qui, pour des poteaux dont la hauteur est comprise entre 30 à 45 fois le côté de la base, prend, d'après M. Hodgkinson, les valeurs suivantes : pour le chêne fort, $c = 2565$; pour le chêne faible, $c = 1800$; pour le sapin rouge et blanc fort et le pin résineux, $c = 2142$; et pour le sapin blanc faible et le pin jaune $c = 1600$.

Rondelet estime qu'un cube de chêne, dont la hauteur est inférieure à 10 fois la plus petite section transversale, s'écrase sous une charge de 385 à 462 kilog. par centim. carré.

Il a trouvé aussi que la résistance d'un cube de bois à l'écrasement étant **1**, celle des poteaux sera représentée par les nombres suivants :

Rapport $\dfrac{h}{b}$ de la hauteur du poteau à l'un de ses côtés	= 1	12	24	36	48	60	72
Résistance................	= 1	5/6	1/2	1/3	1/6	1/12	1/24

M. Morin a dressé les deux tableaux suivants des résistances à la compression des poteaux en chêne :

1er *tableau*. — En supposant une charge permanente de 1/7 de la charge de rupture et la résistance du cube de chêne à 420 kilog. par centim. carré :

Rapport $\dfrac{h}{b}$ =	12	14	16	18	20	22	24	28	32	36	40	48	60	72.
Charge en kil. par cent. q. =	44,3	42	39,4	37	35	32,7	36	26	22	19,1	15,4	10,2	5,4	2,5.

2e *tableau*. — Déduit des formules de Hodgkinson sur un poteau en chêne de 0^{m}15 d'équarrissage, en prenant $c = 256,5$, c'est-à-dire 1/10 de la charge de rupture :

Rapport $\frac{h}{b}$ de hauteur de côté compris entre 30 et 45.

Rapport $\frac{h}{b}$ = 12   14   16   18 20   24   28   32   36   40   48   60   72

Charge en kil. par cent. q. } = 178 131 100 79 64 44,5 32,8 25 19,8 16 11,1 7,1 4,9.

M. Hodgkinson, expérimentant avec des cylindres en bois de 0^m0254 de diamètre et de 0^m0508 de hauteur, a obtenu les résultats suivants :

La 1re colonne comporte des bois à l'état ordinaire, la 2e des bois séchés pendant deux mois dans une étuve.

NATURE DES MATIÈRES.	RÉSISTANCE A L'ÉCRASEMENT par centim. carré.	
	Bois ordinaire.	Bois très-sec.
Frêne	610	658
Hêtre	543	658
Sapin blanc	477	543
Chêne anglais	456	707
Pin résineux	477	477
Teak	»	850
Noyer	426	508
Peuplier	218	360

Pierres. — Lorsque ces matériaux sont employés comme supports isolés, il ne faut pas leur donner une hauteur excédant 12 fois la plus petite dimension transversale; la section circulaire à égalité de surface est préférable. On a observé que la résistance du cube étant 1, celle du cylindre inscrit était 0,80, lorsqu'il repose sur sa base, et 0.32 quand il repose sur une arête, et que celle de la sphère inscrite était 0,26.

Les pierres se fendillent à une période qui correspond à un peu plus de moitié de la charge produisant l'écrasement; c'est à ce point qu'il convient de fixer la limite à atteindre. La résistance d'un massif décroît quand il est composé de plusieurs pierres assemblées. elle diminue de 1/4 à 1/3 si le massif est formé de 3 cubes. Dans le cas de massifs en moellons, on peut limiter à 1/15 la charge permanente au lieu de 1/10 de celle de rupture.

Le tableau suivant donne la charge de rupture et la charge permanente réduite au 1/10 de la première.

TABLE DES CHARGES

QUI ÉCRASENT DIFFÉRENTS CORPS, PAR CENT. QUAR. DE SECTION.

Ces résultats ont été obtenus en opérant sur des cubes de 3 à 5 cent. de côté.
(*Introduction industrielle* de M. Poncelet.)

DÉSIGNATION DES CORPS.	DENSITÉ.	CHARGE de rupture.	CHARGE de sécurité.
		kilog.	kilog.
Porphyre	2,87	2470	247
Granit vert des Vosges	2,85	620	62
Grès très-dur blanc ou roussâtre	2.50	870	87
Liais de Bagneux, près Paris	2,44	440	44
Roche d'Arcueil, id	2,30	250	25
Pierre de Conflans	2,07	90	10
Pierre tendre (lambourde et vergelée) résistant à l'eau	1,82	60	6
Lambourde de qualité inférieure résistant mal à l'eau	1,56	20	2
Calcaire dur de Givry	2,36	340	31
Brique dure très-cuite	1,56	150	15
Brique rouge	2,17	60	6
Brique anglaise ou flamande tendre	»	18	2
Plâtre gâché à l'eau	»	50	5
Id. au lait de chaux	»	73	7
Mortier ord^re en chaux et sable	1,60	35	4
Id. en chaux hydraulique ordre	»	74	7
Id. éminemment hydraulique	»	144	14

Fonte et fer. — Les expériences de M. Hodgkinson l'ont conduit à conclure :

1° Pour la fonte, que la compression totale est sensiblement proportionnelle à la charge jusqu'à la résistance de 17^{k}41 par millim. carré, charge sous laquelle le coefficient moyen d'élasticité a été 8,804,764,000. Pour l'extension le coefficient d'élasticité est de 9,096,070,000.

Il a reconnu également que jusqu'à 23^{k}27, la compression élastique était exactement proportionnelle à la charge.

2° Pour le fer, que la compression est proportionnelle à la charge jusque vers 14 à 18 kilog. par millim. carré, et jusqu'à cette limite le coefficient d'élasticité est en moyenne 16,295,000,000; pour l'extension le coefficient d'élasticité est 19,359,458,500.

On voit donc que dans les limites de l'inaltération de l'élasticité, soit 14 kilog. par millim. carré de section pour le fer, la fonte se comprime environ 2 fois autant que le fer; mais, au-delà de la limite d'élasticité, le fer se déforme plus que la fonte et s'écrase sous des charges inférieures à la 1/2 ou même au 1/3 de celles qui détermineraient la rupture de la fonte.

Le fer commence à se comprimer sous une charge de 4900 kilog. par centim. carré; il fléchit avant l'écrasement dès que la hauteur de la pièce dépasse 3 fois le plus petit côté de sa section.

Le raccourcissement r d'une barre de fonte ou de fer de longueur L, en centimètres sous un effort de compression P en kilog., se détermine d'après la formule suivante, déduite des observations de M. Hodgkinson et Love :

$$\text{Pour la fonte : } r = L \left(0{,}0119 - \sqrt{0{,}000125387 - 0{,}0000000246\, P} \right).$$

$$\text{Pour le fer : } r = \frac{P\,L}{1621231}.$$

Deux barres de fer et de fonte de 1 centim. carré de section et de 10 mètres de longueur, sous une charge de 1000 kilog., ont subi un raccourcissement de 0^c678 pour le fer et 1^c16 pour la fonte.

Ainsi, pour le raccourcissement comme pour l'allongement, c'est la fonte qui travaille le plus.

Piliers et colonnes en fonte et en fer. — Tredgold donne les formules suivantes :

$$\text{Pilier en fonte : } R = \frac{230\, D^4}{1{,}24\, D^2 + 0{,}00039\, L^2}.$$

$$\text{Pilier en fer : } R = \frac{267\, D^4}{1{,}24\, D^2 + 0{,}00034\, L^2}.$$

R résistance à la compression, D diamètre, et L longueur.

Ces formules sont applicables : 1° à des colonnes dont la longueur excède 30 fois le diamètre D, la fonte offrant une résistance de 10000 kilog. au centim. carré; 2° en supposant le 1/3 du poids de rupture; 3° la résultante des pressions ayant lieu suivant une génératrice et non suivant l'axe du pilier.

M. Love, partant des résultats acquis par M. Hodgkinson, à savoir que le maximum de résistance à la rupture de la fonte pouvait s'estimer à 8000 kilog. en moyenne par centim. carré, et celle du fer à 4000 kilog., en a déduit les formules suivantes du poids P de rupture en kilog. pour une résistance maximum R du pilier très-court.

$$\text{Fonte}\ \begin{cases} P = \dfrac{R}{1{,}45 + 0{,}00337 \left(\dfrac{h}{d}\right)^2}, & \text{pour des piliers dont la hauteur en cent. } h, \text{ varie de 4 à 120 fois le diamètre } d \text{ en cent.} \\[2em] \text{et } P = \dfrac{R}{0{,}68 + 0{,}1\,\dfrac{h}{d}}, & \text{pour les hauteurs } h = 5 \text{ à } 30 \text{ fois } d. \end{cases}$$

$$\text{Fer}\ \begin{cases} P = \dfrac{R}{1{,}55 + 0{,}0005\,\dfrac{h^2}{d}}; & h \text{ compris entre 10 et 180 fois } d. \\[2em] P = \dfrac{R}{0{,}85 + 0{,}04\,\dfrac{h}{d}}; & h \text{ compris entre 5 et 30 fois } d. \end{cases}$$

M. Love a déduit de ces formules le tableau suivant qui suppose deux séries de piliers de 1 centim. carré de section, l'un en fonte, l'autre en fer, en admettant : 1° une résistance maximum de compression de 8000 kilog. pour la fonte, et 2° une résistance maximum de 4000 kilog. pour le fer.

Rapport $\dfrac{h}{d}$ de la hauteur de la pièce à la plus petite section transversale.

AU-DESSOUS DE :

Charge de rupture		5	10	20	30	40	50	60	70	80	90	100
Fonte..	= 8000k	4476	2859	1784	1168	1013	588	445	351	277	230
Fer....	= 4000k	2500	2285	2000	1702	1428	1194	1000	842	714	610

Comme en pratique, pour une charge permanente, on ne doit prendre que le 1/6 pour la fonte et le 1/5 pour le fer des nombres respectifs de ce tableau, il en résulte le tableau réduit ci-dessous :

Rapport $\dfrac{h}{d}$.

Charge de sécurité		5	10	20	30	40	50	60	70	80	90	100
Fonte..	= 1333k	746	476	297	195	169	98	74	58	46	38
Fer....	= 800k	500	457	400	340	285	239	200	168	143	122

Piliers creux cylindriques. — L'expérience permet de considérer la résistance d'un pilier creux cylindrique, en fonte ou en fer, comme étant égale à la différence des résistances de deux piliers pleins de même longueur ayant respectivement pour diamètres, le premier le diamètre extérieur, le second le diamètre intérieur du pilier creux proposé.

M. Love donne la formule suivante pour les piliers creux carrés ou rectangulaires : $R = \dfrac{A + B'}{2} + B$ pour le fer, et $R = A + B$ pour la fonte.

R, résistance totale, A résistance de deux parois opposées, calculées comme si elles appartenaient à un pilier plein ayant les dimensions extérieures du pilier creux ; B' celle de ces mêmes parois calculées séparément, comme deux piliers rectangulaires ayant pour épaisseur celle de la tôle des tubes, et pour hauteur la dimension transversale de ce tube perpendiculaire à ces parois ; B la résistance des deux autres parois calculée de la même manière que B'.

D'après M. Love, dans la flexion des piliers, la flèche correspondante à la charge de rupture n'atteint jamais le 1/2 diamètre de ce pilier ; il en conclut qu'au moment où le pilier atteint son maximum de résistance, aucune partie de sa section n'est encore soumise à un effort de traction (1).

En ce qui concerne d'autres métaux que le fer et la fonte, la résistance maximum à l'écrasement est pour le cuivre battu 7245 kil., pour le cuivre jaune ou laiton 11584 kilog., pour l'étain coulé 1087 kilog., et pour le plomb coulé 540 kilog.

Flexion. — Cet effort transversal peut être appliqué de diverses manières selon la fonction des poutres, solives, traverses, supports, potences, châssis, leviers, balanciers, etc. Le double tableau suivant réunit les formules pour tous les cas de flexion et suivant les formes qu'affectent les pièces soumises à cet effort.

Forme d'égale résistance. — Il est constant que la rupture d'une pièce, encastrée à une extrémité et chargée à l'autre, tend à avoir lieu à la ligne même d'encastrement, puisque c'est là que l'énergie du poids est à son maximum. Lors donc que l'on a déterminé par les formules la hauteur de la section de la pièce à l'encastrement, on allége utilement son poids en diminuant cette hauteur sous la forme parabolique sur le restant de la longueur de la pièce. Cette forme donne à la pièce une égale résistance en un point quelconque de sa longueur ; on l'applique généralement aux balanciers des machines à vapeur.

(1) La résistance maximum de la fonte grise à l'écrasement = 10,000 kilog.; celle de la fonte blanche = 15,000 kilog.; celle du fer forgé = 4,945 kilog.

FORMULES POUR LA RÉSISTANCE DES SOLIDES

A UN EFFORT TRANSVERSAL.

	Equation suivant le mode de charge et la charge.	
	1re colonne.	2e colonne.
R = Résistance de la pièce à l'effort, son expression varie suivant la forme de la pièce ; P = Le poids dont est chargé le solide ; L = Longueur de la pièce soumise à l'effort.		
1º Solide encastré d'un bout, et chargé par l'autre d'un poids P, à la distance L, du point d'encastrement.	$R = P L$	$R = \dfrac{P'L}{2}$
2º Solide, reposant sur deux appuis, et chargé en un point quelconque entre ces appuis. Le poids P est à une distance L' d'un des points d'encastrement, et à une distance L'' de l'autre L' + L'' = L.	$R = \dfrac{P L' L''}{L}$	$R = \dfrac{P' L' L''}{2 L}$
3º Solide reposant sur deux appuis, et chargé au milieu de sa longueur L d'un poids P, ou bien encore : solide, appuyé au milieu de sa longueur L, et chargé à chaque extrémité d'un poids $\dfrac{P}{2}$	$R = 1/4\, P L$	$R = \dfrac{P'L}{8}$
4º Pièce encastrée par ses deux extrémités, et chargée au milieu de sa longueur L d'un poids P.	$R = 1/8\, P L$	$R = \dfrac{P'L}{16}$
5º Pièce encastrée par une extrémité, soutenue par l'autre, et chargée au milieu de sa longueur L, d'un poids P.	$R = 1/6\, P L$	$R = \dfrac{P'L}{12}$

OBSERVATIONS SUR LES FORMULES DES PAGES 186 ET 187.

Dans toutes ces formules, si le poids est uniformément réparti, on aura $\dfrac{P'}{2}$ au lieu de P, ce qui fournira les équations de la 2e colonne.

Nous allons donner maintenant les différentes valeurs de R, suivant que la pièce est ronde, carrée, triangulaire, etc.; on pourra donc prendre la valeur relative à la forme de la pièce, et on la substituera à R dans l'une des 5 équations de la 1re ou de la 2e colonne, suivant que le poids sera appliqué en un point ou uniformément réparti.

De l'équation formée, on tirera les valeurs de la pièce, par suite des rapports établis pratiquement entre les dimensions et les coefficients E, fournis par l'expérience.

E représente le plus grand effort auquel on doit soumettre les fibres les plus tendues d'un solide sollicité par un effort transversal, pour que cette pièce soit dans de bonnes conditions.

Nota. — Voir les formules pages 81 à 83 pour les arbres soumis aux efforts de torsion et de flexion.

FORMULES POUR LA RÉSISTANCE DES SOLIDES

A UN EFFORT TRANSVERSAL.

Equations suivant la forme.

$$R = \frac{E\,b\,h^2}{6}$$

1º Pour une section rectangulaire, b étant la base, h la hauteur ou plus grande dimension.

$$R = \frac{E\,b^3}{6}$$

2º Pour une section carrée, ayant b pour base.

$$R = \frac{E\,b^3}{6\sqrt{2}}$$

3º Pour la même section, la force agissant dans le sens de la diagonale.

$$R = \begin{cases} \dfrac{E\,\pi\,r^3}{4} \\ \dfrac{E\,\pi\,D^3}{32} \end{cases}$$

4º Pour une section circulaire, dont le rayon est r et le diamètre D.

$$R = \begin{cases} \dfrac{E\,\pi\,(r^4 - r'^4)}{4\,r} \\ \dfrac{E\,\pi\,(D^4 - D'^4)}{32\,D} \end{cases}$$

5º Pour une section annulaire, dont r est le rayon extérieur et r' le rayon intérieur, D et D' sont les diamètres.

$$R = \frac{E\,b\,h^3 - b'\,h'^3}{6\,h}$$

6º Pour section rectangulaire, évidée intérieurement en forme de tube, ou latéralement en forme de ⊤ les sections étant les mêmes, $b =$ la base extérieure, b' la base ou somme de bases intérieures, h la hauteur extérieure, h' la hauteur intérieure.

$$R = \frac{E\,b\,h^2}{3\,b}$$

7º Pour section triangulaire, la résistance est la même quand la pièce est posée sur une base b ou sur une arête, la hauteur est h.

M. Lowe affirme, d'après des expériences récentes, que, posé sur une arête, ce genre de section résiste mieux.

VALEURS DE E,

LE CENTIMÈTRE ÉTANT PRIS POUR UNITÉ DANS TOUTES LES FORMULES.

NATURE DES MATÉRIAUX.	MAXIMA.	MINIMA.	CAS GÉNÉRAL.	RUPTURE.
Bois de chêne....................	120	50	70	600
Bois de sapin....................	100	45	60	510
Fonte de fer....................	700	300	500	2800
Fer forgé....................	2000	600	1000	6000

TRAVAUX D'ART.

On comprend sous cette dénomination l'édification des constructions architecturales, monuments, tunnels, ponts, viaducs, etc.

Ordres d'architecture. — Les colonnes des différents ordres d'architecture ont un emploi fréquent comme supports réunissant l'élégance à la solidité; on distingue : le *toscan*, le *dorique* grec et romain, l'*ionique*, le *corinthien* et le *composite*. Chaque ordre comporte trois membres principaux : l'entablement, la colonne et le piédestal. L'entablement comprend la corniche, la frise et l'architrave; la colonne se compose du chapiteau, du fût et de la base; le piédestal se subdivise en corniche, dé et socle.

On peut toujours établir les parties proportionnelles d'un ordre quelconque sur une hauteur donnée que l'on divise en 19 parties dont on prend 3 pour l'entablement, 12 pour la colonne et 4 pour le piédestal.

Le diamètre et la hauteur de la colonne varient suivant l'ordre auquel elle appartient; ainsi, la hauteur de la colonne est 7, 8, 9 et 10 fois le diamètre inférieur, selon qu'il s'agit des ordres toscan, dorique, ionique, corinthien ou composite.

On met les divers membres d'un ordre en proportion, en les rapportant au module ou demi-diamètre inférieur de la colonne.

Le module se divise en 12 parties pour les ordres toscan et dorique, et en 18 parties pour les ordres ionique, corinthien et composite.

La hauteur totale de l'ordre toscan est de 22 modules 2 parties, savoir : 14 modules pour la colonne; 4 modules 8 parties pour le piédestal; 3 modules 6 parties pour l'entablement. La hauteur totale de l'ordre dorique est de 25 modules 4 parties, savoir : colonne, 16 modules; piédestal, 5 modules 4 parties; entablement, 4 modules. La hauteur totale de l'ordre ionique est de 28 modules 9 parties, savoir : piédestal, 6 modules; colonne, 18 modules; entablement, 4 modules 9 parties. La hauteur totale des ordres corinthien et composite comprend 31 modules 12 parties, dont 6 modules 12 parties pour le piédestal, 20 modules pour la colonne, et 5 modules pour l'entablement.

TABLEAU COMPARATIF

DES PROPORTIONS DES PARTIES PRINCIPALES DES ORDRES D'ARCHITECTURE.

DÉSIGNATION DES PARTIES.			DORIQUE grec.	TOSCAN.	DORIQUE romain.	IONIQUE.	CORINTHIEN.	COMPOSITE.
			Mod. Part.	Mod. Part.	Mod. Part.	Mod. Part.	Mod. Part.	Mod. Part.
Entablement	Corniche	Hauteur	1. 2	1. 8	1.12	1.27	2. »	2. »
		Saillie	1 4.6	1.12	2. »	1.26	2. 4	2. »
	Frise	Hauteur	1.15	1. 4	1.12	1.18	1.18	1.18
	Architrave	Hauteur	1.15	1. »	1. »	1. 9	1.18	1.18
		Saillie	1.95	». 4	». 4	».10	».10	».14
Colonne	Chapiteau	Hauteur	18.35	1	1. »	».24	2.12	2.12
		Saillie	9.1	10	».10	».10	».13	».12
	Fût	Hauteur	10. 5.15	12	14. »	16. 9	16.24	16.24
		Diamètre en haut (a)	1.12.4	1.14	1.16	1.24	1.24	1.24
		Nombre des cannelures	20 (b)	». »	».20 (b)	».24 (c)	».24 (c)	».24 (c)
	Base	Hauteur	8	1. »	1. »	1. 3	».24	1. »
		Saillie	3.73	». 9	».10	».14	1. »	».14
Piédestal	Corniche	Hauteur	10.4	».12	».12	».20	».14	».28
		Saillie	6.06	». 8	».12	».20	».28	».16
	Dé	Hauteur	2 9.9	3.16	4. »	4.32	».16	5. 8
		Saillie sur le fût	3.73	». 9	».10	».14	5. 8	».14
	Base	Hauteur	11.7	».12	».20	».30	».14	».24
		Saillie	1.33	». 8	».10	».16	».24	».16

(a) Le diamètre ne commence à décroître qu'à partir du tiers de la hauteur du fût ; dans le dorique grec, il décroît depuis le bas.
(b) Cannelures à arêtes vives, dont la largeur est égale à leur rayon.
(c) Cannelures creusées en demi-cercle et séparées par un listel du tiers de leur largeur.

SUITE DU TABLEAU COMPARATIF

DES PROPORTIONS DES PARTIES PRINCIPALES DES ORDRES D'ARCHITECTURE.

DÉSIGNATION DES PARTIES.	DORIQUE grec.	TOSCAN.	DORIQUE romain.	IONIQUE.	CORINTHIEN.	COMPOSITE.
	Mod. Part.	Mod. Part.	Mod. Part.	Mod. Part.	Mod. Part.	Mod. Part.
Hauteur totale...... De l'entablement......	4. 8	3.12	4. »	4.18	5. »	5. »
Hauteur totale...... De la colonne.........	11. 8	14. »	16. »	18. »	20. »	20. »
Hauteur totale...... Du piédestal..........	3 8	4.16	5. 8	6. »	6 24	6.24
Hauteur totale...... De l'ordre............	19. »	22. 4	23. 8	28.18	34.24	34.24
Entre-colonnement, mesuré d'axe en axe des colonnes.	»	6.16	7.12	6.18	6.24	6.24
Portique sans piédestal... Distance d'axe en axe des colonnes......	»	9.12	10. »	11.18	12. »	12. »
Portique sans piédestal... Ouverture de l'arcade entre les pieds-droits.	»	6.12	7. »	8.18	9. »	9. »
Portique sans piédestal... Distance verticale de la clef de l'arcade au-dessous de l'architrave............	»	1. »	2. »	1. »	2. »	2. »
Portique avec piédestal... Distance d'axe en axe des colonnes.......	»	12.18	15. »	15. »	16. »	16. »
Portique avec piédestal... Ouverture de l'arcade entre les pieds-droits.	»	8.18	10. »	11. »	12. »	12. »
Portique avec piédestal... Distance verticale de la clef au-dessous de l'architrave................	»	1. 4	1. 8	2. »	1.24	1.24

NOTA. — Les colonnes des portiques doivent être engagées du 1/4 de leur diamètre dans les pieds-droits, c'est-à-dire qu'elles doivent saillir des 3/4 de leur diamètre.

Dans une colonnade, la distance des colonnes au mur de l'édifice est au moins égale à la distance des colonnes ; elle est quelquefois double et même triple pour l'ordre corinthien.

D'ordinaire le diamètre des colonnes ne diminue qu'à partir du 1/3 de la hauteur du fût ; cette décroissance est de 1/5, 1/6, 1/7 et 1/8, selon qu'il s'agit des ordres : toscan, dorique, ionique, corinthien et composite.

3.

DIMENSIONS MODULAIRES ET MÉTRIQUES
DES DIFFÉRENTES PARTIES D'UN ORDRE TOSCAN.

Colonnes « Saillies / Hauteurs » (mod. part.) : module divisé en 12 parties. — Colonnes « Saillies / Hauteurs » (mèt.) : en supposant le module de 1 mètre.

Partie	Membre	Désignation des principaux membres et des moulures qui constituent l'ordre entier.	Saillies à partir de l'axe de la colonne — mod.	part.	Hauteurs — mod.	part.	Haut. (membre) — mod.	part.	Haut. (ordre) — mod.	part.	Saillies à partir de l'axe de la colonne — mèt.	Hauteurs en mètres et millimètres — mèt.	Haut. (membre) — mèt.	Haut. (ordre) — mèt.
Entablement	Corniche	Quart de rond...........	2	3 1/2	»	4					2,292	0,333		
		Baguet'e.............	2		»	1					2,000	0,083		
		Filet..............	1	11 1/2	»	» 1/2					1,959	0,042		
		Larmier.............	1	10 1/2	»	6	1	4			1,875	0,500	1,333	
		Filet..............	1	7 1/2	»	» 1/2					1,625	0,042		
		Talon..............	1 »	1 1/2 10	»	4			3	6	1,425 0,833	0,333		3,500
	Frise.	Frise..............	»	9 1/2	1	2	1	2			0,792	1,167	1,167	
	Architrave	Listel.............	»	11 1/2	»	2					0,959	0,167		
		Face de l'architrave......	»	9 1/2	»	10	1	»			0,792	0,828	1,000	
		Listel.............	1	2 1/2	»	1					1,209	0,083		
Colonne	Chapiteau	Face du tailloir.......	1	1 1/2	»	3					1,125	0,250		
		Echine ou quart de rond...	1	1	»	3	1	»			1,083	0,250	1,000	
		Filet ou anneau........	»	10 1/2	»	1					0,875	0,083		
		Gorgerin...........	»	9 1/2	»	4					0,792	0,334		
	Fût	Astragale { Baguette...	»	11	»	1					0,947	0,083		
		Astragale { Ceinture...	»	10 1/2	»	» 1/2	12	»	14	»	0,875	0,042	12,000	14,000
		Fût ou vif de la colonne { Part. sup...	»	9 1/2	11	10 1/2					0,792	11,875		
		Fût ou vif de la colonne { Part. inf...	1								1,000			
	Base	Listel ou ceinture.......	1	1 1/2	»	1					1,125	0,083		
		Tore..............	1	4 1/2	»	5	1	»			1,375	0,417	1,000	
		Plinthe.............	1	4 1/2	»	6					1,375	0,500		
Piédestal	Corniche	Réglet ou listel.......	1	8 1/2	»	2					1,709	0,167		
		Talon..............	1 1	8 5	»	4	»	6			1,667 1,417	0,333	0,500	
	Dé	Dé................	1	4 1/2	3	8	3	8	4	8	1,375	3,667	3,667	4,667
	Base	Réglet ou listel......	1	6 1/2	»	1	»	6			1,542	0,083	0,500	
		Socle.............	1	8 1/2	»	5					1,709	0,447		

Hauteur totale de l'ordre................ = 22 mod. 2   ou = 22,167

VOIES DE CIRCULATION.

La communication entre divers points d'une ou de plusieurs contrées s'effectue par terre ou par eau.

La voie de terre comprend les routes proprement dites et les chemins de fer. La voie par eau s'entend de la navigation fluviale ou maritime, à la voile ou à la vapeur.

Routes ordinaires. — On les classe en routes impériales, en routes départementales, en chemins vicinaux et en chemins ruraux. Une route comprend la *chaussée* pavée ou macadamisée pour la circulation des chevaux et voitures, les *accotements* pour consolider la chaussée de chaque côté et servir aux piétons, et enfin les *fossés* si la route est en *tranchée* pour recueillir les eaux pluviales, ou, si la route est en *remblai*, les *talus* dont l'inclinaison est de 1,5 de base pour 1 de hauteur.

La profondeur des fossés est d'ordinaire de 1^m50. La pente des accotements est réglée en général à 0^m04 par mètre. La flèche de l'arc qui profile transversalement la chaussée est le 1/50 de la corde.

La chaussée est *pavée* ou *empierrée*. L'encaissement d'une chaussée pavée comprend la couche de sable du fond, soit 0^m13 augmenté de 0^m22 pour le pavage. La quantité de sable par mètre carré équivaut alors à $0^{m.c.}18$, dont $0^{m.c.}13$ pour le lit, $0^{m.c.}03$ pour les joints et $0^{m.c.}02$ pour couvrir le pavage.

L'encaissement d'une chaussée à empierrement a moyennement 0^m30 d'épaisseur; on emploie des cailloux ou pierres dures concassées et du gravier dans le rapport respectif de 0,38 de gravier et 0,47 de pierres concassées.

Lorsque la direction d'une route a été arrêtée au point de vue géographique et administratif, le tracé consiste à fixer, soit sur le terrain, soit sur le papier, la ligne d'opération qui sert de ligne d'axe à la route, et d'établir par des nivellements les profils en long et en travers.

L'étude de la route se complète par le calcul des volumes de déblais et de remblais. On évalue les déblais et les remblais entre des profils consécutifs en les décomposant en pyramides, trapèzes et rectangles.

On peut avoir, lors de l'étude d'une route, une approximation des volumes des déblais et remblais en ajoutant la surface totale en déblai sur un profil à la surface totale en déblai sur l'autre profil· le produit de cette somme par la 1/2 distance des profils donne le volume du déblai; le cube du remblai s'obtient de la même manière.

TABLEAU

DES DIMENSIONS DES ROUTES.

DÉSIGNATION des routes.	LARGEUR.			
	de la chaussée.	de chaque accotement.	de chaque fossé.	Totale non compris les fossés.
	m. m.	m. m.	m.	m. m.
Routes impériales des trois classes....................	7 00 à 5 00	3 50 à 2 50	1 50	14 00 à 10 00
Routes départementales.....	5 00 à 4 00	2 50 à 2 00	1 50	10 00 à 3 00
Chemins vicinaux de grande communication...........	5 00 à 3 00	2 00 à 1 50	1 00	8 00 à 6 00

Pour répartir d'une manière uniforme le chargement et le transport des terres dans un chantier, on admet que dans une terre facile un ouvrier peut charger 15 mètres cubes de terre en 10 heures, et qu'une brouette qui mesure $0^{m.c.}$ 03 à $0^{m.c.}$ 05 est chargée la première en 72″ et la deuxième en 120″.

Or, un meneur peut parcourir 30000 mètres dans le même temps, soit un espace de 60 mètres en 72″ et de 100 mètres en 120″. Dans le 1ᵉʳ cas l'étendue du relais sera de 30 mètres pour l'allée et le retour, et dans le 2ᵉ cas il sera de 50 mètres, c'est-à-dire que l'étendue du relais est subordonné au chargement de la brouette, et que la capacité de cette dernière est proportionnelle à la longueur du relais.

Voies ferrées. — Les transactions commerciales ayant fait reconnaître la nécessité d'accélérer la vitesse de transport, on a nivelé les routes et on a disposé sur la voie des rails en fer malléable.

La distance d'axe en axe des deux files parallèles d'un rail est généralement de $1^{m}50$; l'écartement intérieur est de $1^{m}44$ et l'entrevoie est de $1^{m}80$; l'accotement mesuré de l'extérieur du rail à la crête du remblai ou à l'arête du fossé est de 1 mètre à $1^{m}50$.

Pour une chaussée en déblai on pratique sur le terrain solide une fouille de $0^{m}50$ à $0^{m}60$ de profondeur au-dessous du niveau des rails; on construit parallèlement à l'axe deux murs en pierre sèche qui séparent la chaussée du fossé avec 1/10 de fruit du côté du fossé. On étend entre ces deux murs une couche de $0^{m}25$ de sable de pierres concassées ou de ballast sur laquelle on place les traverses.

On introduit les rails dans les coussinets des traverses et on les y assujettit par des coins en bois ; enfin, on remplit de ballast l'intervalle entre les traverses jusqu'au niveau des deux murs latéraux.

Les traverses équarries et saines doivent être en bois de chêne neuf. D'ordinaire pour les conserver on les prépare au sulfate de cuivre ou à la créosote extraite du goudron de houille.

La longueur d'une traverse varie de 2ᵐ60 à 2ᵐ80, la hauteur verticale est de 0ᵐ15, aubier déduit ; à la jonction des rails la traverse porte 0ᵐ33 de largeur et 0ᵐ28 seulement dans les intermédiaires.

Le poids moyen des coussinets en fonte est de 9 à 10 kilog. aux intermédiaires, et 11 à 12 kilog. aux joints des rails. La résistance par centimètre carré doit être de 1300 à 1500 kilog.

La longueur ordinaire des rails en fer est de 4ᵐ50 ; le rail Barlow a 5 mètres, et le rail Brunel, qui repose sur longrines, porte 6 mètres.

Le rail Barlow, qui est incliné au 1/20 vers l'axe de la voie, repose directement sur le ballast et exige que le sable soit bien damé au-dessous ; il a une selle, ainsi que celui de Brunel, à chaque jonction des rails. Une entretoise en fer placée à côté de la selle et rivée au rail, relie les deux files de rails.

Le poids moyen du mètre courant de rail ordinaire en fer est de 30 kilog. ; l'écartement des appuis = 1ᵐ12. Ce poids est le même pour le rail Brunel ; le rail Barlow pèse 45 kilog., non compris pour ces deux derniers le poids de la selle.

Avec les machines locomotives puissantes du poids de 20 tonnes et au-dessus, le poids des rails ordinaires doit être porté à 35 ou 40 kilog.

Les rails sont débités à la scie circulaire douée d'une grande vitesse et constamment immergée dans l'eau ; on doit employer pour leur confection du fer dur et résistant. Un rail placé sur deux coussinets, distancés d'axe en axe de 1ᵐ125, doit supporter dans le milieu une charge de 10000 kilog. On estime à moins de 3 dix-millimètres par année l'usure des rails sur une voie à circulation permanente.

On change de direction sur une voie ferrée, soit par le croisement au moyen d'aiguilles, soit par des plaques tournantes. Le diamètre de ces dernières, qui s'établissent en bois, fonte ou fer, varie de 4 mètres à 4ᵐ50 ; les galets de roulement ont 0ᵐ03 à 0ᵐ04 de diamètre et une largeur de 7 centim. environ. La disposition préférable consiste à rendre les galets mobiles et roulant entre deux chemins de fer circulaires, fixés l'un à la plaque tournante, l'autre à la cuve.

Chemins mixtes. — Pour accélérer dans une certaine mesure la circulation sur les routes carrossables, on y adapte des rails creux ou saillants sur lesquels cheminent les voitures conduites par des chevaux. Ce système de voie ferrée dite américaine peut être appliqué économiquement pour desservir des localités privées de railways. (1)

Canaux. — Une voie navigable, pour être avantageuse au commerce, doit permettre la circulation des bateaux dans les deux sens et éviter tout transbordement des marchandises pour passer d'un fleuve ou d'une rivière dans un autre bassin.

Lorsque la disposition naturelle des cours d'eau s'oppose à une navigation régulière et à un transport économique lors de la remonte, on y supplée par des canaux latéraux.

Comme d'ordinaire, au point de vue de la facilité des communications, des obstacles naturels s'opposent à la canalisation à niveau du seuil qui sépare deux rivières, on a dû trancher la difficulté en s'élevant de l'une jusqu'à un point culminant et en redescendant vers l'autre; on a réuni en ce point commun dit de *partage* un volume d'eau suffisant à l'alimentation de deux canaux qui se dirigent chacun de leur côté vers les bassins à rejoindre, et on a dénommé *canal à point de partage* cette communication artificielle à double pente.

La différence notable de niveau entre le point de partage et la rivière de communication, ainsi que la difficulté de faire monter et descendre à un bateau une telle pente si elle était continue, ont conduit à l'installation des *écluses à sas* qui permettent d'élever un bateau à une hauteur de plusieurs mètres. Ces écluses donnent la possibilité de subdiviser un canal latéral ou chacune des branches d'un canal à point de partage en plusieurs parties, à niveau ou à faible pente, séparées par des chutes que franchissent les bateaux sans aucune difficulté.

On maintient donc l'eau à la hauteur convenable dans les différentes parties d'un canal au moyen d'écluses. Chaque partie d'un canal comprise entre ces deux écluses s'appelle *bief;* une écluse correspond à deux biefs, l'un supérieur dit d'*amont*, l'autre inférieur dit d'*aval*.

Dimensions. — L'écluse à sas est un espace compris entre deux portes munies de *vannes;* elle a pour longueur minimum celle d'un bateau; sa largeur dépasse de 20 centimètres celle d'un bateau, et son lit affleure le plafond du bief inférieur.

Une écluse se compose de 3 parties principales : la tête d'amont, la tête d'aval et le sas. Les têtes d'amont et d'aval, indépendamment des diverses pièces qui leur sont communes, telles que : *rai-*

(1) L'effort de traction sur chemin de fer américain horizontal s'estime à 6ᵏ7 par tonne moyennement.

nures des poutrelles, chardonnets, enclaves des portes et *busc,* portent la première les *musoirs,* les *murs en retour* et le *garde-radier,* et la deuxième les *épaulements de fuite* et l'*arrière-radier.* Le sas, qui comprend les *bajoyers* et le *radier,* n'excède que de 10 centimètres de chaque côté la largeur du bateau.

La largeur d'un canal doit satisfaire au croisement de deux bateaux; on donne respectivement 10, 12 et 15 mètres de largeur au plafond des canaux dont les écluses ont 5 mètres, $6^m 50$ et $7^m 50$ à 8 mètres de largeur; dans quelques circonstances, pour activer la navigation, on laisse passer 2 largeurs de bateaux à la fois dans l'écluse dont la largeur ne doit laisser qu'un jeu de 10 centimètres de chaque côté. La profondeur de l'eau est calculée pour laisser $0^m 40$ au-dessous des bateaux à charge complète dans le canal; elle correspond à $1^m 50$ ou 2 mètres environ. Les talus intérieurs sont inclinés de $1^m 5$ à 2 mètres, ou même de 2,5 de base pour 1 de haut. La distance verticale du niveau de l'eau au chemin de halage varie de 0,40 à 0,80 pour se rapprocher d'une traction horizontale; la largeur de la banquette est moyennement de 3 mètres.

Éclusage. — Pour remonter, par exemple, un bateau d'un bief inférieur dans un bief supérieur, on ferme la porte d'amont, on ouvre la porte d'aval et on introduit le bateau dans le sas; on ferme ensuite la porte d'aval et on ouvre la porte d'amont pour établir dans le sas le même niveau que dans le bief supérieur; le bateau ainsi soulevé par l'ascension du niveau de l'eau dans le sas passe par une simple traction dans le bief supérieur.

On fait descendre le bateau par une opération contraire : on ferme la porte d'aval, on ouvre la porte d'amont, on établit ainsi le même niveau dans le sas que dans le bief supérieur et on y introduit le bateau; on ferme alors la porte d'amont, on ouvre la vanne d'aval, puis ensuite la porte elle-même, et le niveau du sas descend ainsi que le bateau au niveau du bief inférieur.

Alimentation et dépense des canaux latéraux et de partage. — Un canal latéral s'alimente aux dépens de la rivière qu'il côtoie et de ruisseaux ou prises accessoires; mais il faut recueillir dans un réservoir commun au point de partage soit par des rigoles, soit au moyen de digues et aqueducs les produits de sources et d'eaux pluviales surabondantes pour réparer les pertes dues à l'évaporation dans le parcours, aux filtrations, aux pertes d'eau par les portes d'écluses, au remplissage des écluses pour la navigation et au remplissage du canal après la mise à sec pour réparations.

Il est difficile de déterminer *à priori* la somme des différentes perłes, par suite de la nature si variable du sol, des variations atmosphériques et autres circonstances. Toutefois on évalue l'évaporation à $0^{m.c.}004$ par mètre carré de surface d'eau et par 24 heures, soit $1^{m.c.}50$ environ par année. On estime au double, soit $0^{m.c.}008$ par jour la perte pour filtration; on compte au minimum pour les fuites par les portes d'écluses, un volume d'eau par année égal à celui dépensé par le passage de 7 à 8 bateaux.

La dépense à chaque éclusée est égale à $P + v$ pour la montée d'un bateau et à $P - v$ pour la descente, soit $2P$ la quantité d'eau extraite du bief de partage pour la montée et la descente d'un bateau; P exprimant le volume du prisme ayant pour base la section horizontale du sas, et pour hauteur la chute de l'écluse, et v exprimant le volume d'eau déplacé par le bateau.

Enfin, la perte d'eau pour le remplissage du canal à sec après une réparation correspond à la capacité du bief de partage et des biefs placés en amont des premières prises d'eau sur les deux versants.

PONTS.

Ces ouvrages s'établissent en maçonnerie, en charpente et en métal. On les subdivise en ponts fixes et en ponts mobiles, et on les classe ainsi : *pont* à plusieurs arches supportées par des piles avec circulation pour voitures et piétons; *ponceau* réduit à deux points d'appui ou culées, distancés de 4 à 5 mètres; *passerelle* destinée à l'usage seul des piétons; *pont-aqueduc* pour amener les eaux dans une localité; *viaduc* pour faire passer d'une voie au-dessus d'une autre; et *pont-canal* pour faire franchir à un canal un cours d'eau ou une route.

La largeur d'un pont est d'ordinaire celle de la route même dont il forme le prolongement; elle ne doit pas être inférieure à 7 ou 8 mètres, pour permettre à deux voitures de se croiser en réservant un trottoir pour les piétons.

Le débouché ou la distance entre les culées d'un ponceau se détermine en multipliant le volume de l'eau affluente à l'époque des grandes crues, et la pente par la vitesse moyenne du courant, d'après la formule de Prony : $RI = AV + BV^2$; R rapport entre la section et le périmètre mouillé; I pente par mètre; A coefficient d'expérience $= 0,000024$; B coefficient $= 0,00036$, et V vitesse telle qu'elle ne puisse dégrader le fond (voir page 141). Si donc D représente le volume d'eau, et S la section, on aura $D = SV$.

Le débouché d'un pont entre les piles et les culées exige le profil en travers de la rivière avec l'indication de l'étiage et du niveau des plus grandes eaux. Lorsque les fondations des piles et culées sont terminées on dispose les cintres et il reste à élever les arches. Primitivement les arches s'établissaient en plein cintre ou voûte en demi-circonférence à laquelle les parois des piles étaient tangentes ; maintenant on les dispose à *anse de panier*, formée par une ellipse ou une courbe à plusieurs centres, ou en *arc de cercle*. La naissance d'une voûte est son raccordement avec le pied-droit ; la flèche est la hauteur verticale de la clef au-dessus des naissances.

Le rayon r d'une arche en arc de cercle se détermine par la formule $r = \dfrac{l^2 + m^2}{2\,m}$; l largeur de la demi-ouverture du pont, et m la montée, qui ne peut être inférieure à 1/8 de l'ouverture.

Ponts suspendus. — Longueur d'un suspensoir ou $y = \dfrac{4fx^2}{L^2}$; tension des câbles ou $T = \dfrac{p\,L^2}{8\,lf}$; long^r des câbles ou $L = l\left(\dfrac{1 + 2L^2}{3\,l^2}\right)$. L exprimant la longueur entre les piliers, p le poids appliqué à chaque suspensoir, l leur écartement et f la flèche des points de passage du câble sur les piliers, y l'ordonnée, x l'abscisse.

Ponts des railways. — L'ouverture d'un pont est réglée au minimum à 8 mètres au-dessus d'une route impériale, à 7 mètres sur une route départementale, à 5 mètres pour un chemin vicinal de grande communication, et à 4 mètres pour un chemin vicinal ordinaire. Il faudrait ne pas limiter la hauteur sous les ponts ou tunnels au-dessous de 5^{m}20 pour réserver à la cheminée la hauteur suffisante.

La hauteur sous clef à partir de la chaussée de la route est de 5 mètres au moins ; pour les ponts en charpente la hauteur sous poutre = 4^{m}30 au minimum ; la largeur entre les parapets ne peut être inférieure à 7^{m}40, et la hauteur des parapets à 0^{m}80.

Si le chemin de fer passe au-dessous d'une route, la largeur minimum entre les parapets du pont sera respectivement de 8, 7, 5 et 4 mètres, selon le classement de la route. L'ouverture du pont entre les culées sera au moins de 7^{m}40, et la hauteur de l'intrados mesurée verticalement au-dessus des rails extérieurs ne sera pas moins de 4^{m}30. La largeur des souterrains entre les pieds-droits est fixée à 7^{m}40, et la hauteur sous clef à 5^{m}50. La déclivité des pentes aux abords des ponts ne peut excéder 0^{m}03 pour les routes impériales et départementales, et 0,05 pour les chemins vicinaux.

TABLE DES ANSES

A 3, 5, 7 CENTRES, POUR VOUTES, TUNNELS ET ARCHES DE PONT.

ANSES A 3 CENTRES.

Montée.	Premier rayon.	Différence des rayons successifs.	Hauteur réduite.
0,380	0,336	0,327	0,303
0,390	0,350	0,301	0,310
0,400	0,363	0,273	0,318
0,410	0,377	0,246	0,326
0,420	0,391	0,219	0,334
0,430	0,404	0,191	0,341
0,440	0,418	0,164	0,349
0,450	0,432	0,137	0,356
0,460	0,445	0,109	0,364
0,470	0,459	0,082	0,371
0,480	0,473	0,055	0,378
0,490	0,486	0,027	0,386
0,500	0,500	0,000	0,393

ANSES A 5 CENTRES.

Montée.	Premier rayon.	Différence des rayons successifs.	Hauteur réduite.
0,350	0,245	0,228	0,274
0,360	0,262	0,213	0,282
0,370	0,279	0,198	0,290
0,380	0,296	0,183	0,298
0,390	0,313	0,167	0,306
0,400	0,330	0,152	0,345
0,410	0,347	0,137	0,323
0,420	0,364	0,122	0,330
0,430	0,381	0,107	0,338
0,440	0,398	0,094	0,346
0,450	0,416	0,077	0,354
0,460	0,432	0,061	0,362
0,470	0,449	0,046	0,370
0,480	0,466	0,030	0,377
0,490	0,483	0,015	0,385
0,500	0,500	0,000	0,393

ANSES A 7 CENTRES.

Montée.	Premier rayon.	Différence des rayons successifs.	Hauteur réduite.
0,330	0,183	0,181	0,256
0,340	0,202	0,174	0,264
0,350	0,221	0,160	0,272
0,360	0,239	0,149	0,281
0,370	0,258	0,139	0,289
0,380	0,276	0,128	0,297
0,390	0,295	0,117	0,305
0,400	0,314	0,107	0,313
0,410	0,332	0,096	0,322
0,420	0,351	0,085	0,330
0,430	0,370	0,075	0,338
0,440	0,388	0,064	0,346
0,450	0,407	0,053	0,354
0,460	0,425	0,043	0,364
0,470	0,444	0,032	0,369
0,480	0,463	0,024	0,377
0,490	0,484	0,011	0,385
0,500	0,500	0,000	0,393

Ce tableau de M. l'ingénieur Lerouge suppose que les divers rayons passant par les points de raccordement font des angles égaux entre eux, mais que les rayons croissent suivant une progression arithmétique ; l'ouverture est prise pour unité pour toutes les valeurs de ce tableau. — Les 4es colonnes donnent la hauteur réduite du débouché enveloppé par la courbe.

DÉPENSES COMPARATIVES

DE TRACTION, D'EXÉCUTION ET D'ENTRETIEN POUR ROUTES, CHEMINS DE FER ET CANAUX.

Les frais de traction par tonne et par kilomètre sont :

CANAUX.	CHEMINS DE FER.	ROUTES.
1 cent. 5 à 2 cent.	5 à 6 centimes.	20 centimes.

Le péage sur les canaux est en moyenne de 2 cent. environ par que deux hommes et un cheval, L'effort est de 1 kilogr. par tonne.

La dépense de construction peut en moyenne s'estimer ainsi par kilomètre :

CANAUX.	RAILWAY.	ROUTES.
130,000 à 160,000 fr.	250,000 à 300,000 fr.	40,000 fr. non pavée; 62,500 fr. pavée.

La dépense annuelle pour l'entretien s'élève par kilomètre :

CANAUX.	RAILWAY.	ROUTES.
1,500 à 2,000 fr.	2,000 à 3,000 fr.	250 à 500 fr.

Et pour les travaux d'art à 1 p. % du prix de revient.

CHAUFFAGE ET VENTILATION.

Les agents de la chaleur sont le soleil, la pression, la percussion, le frottement et la combustion.

Combustion. — On distingue cinq modes de chauffage : 1° par rayonnement direct; 2° par l'air chaud; 3° par la vapeur; 4° par circulation d'eau chaude; 5° par l'eau et la vapeur combinées.

Cheminées. — La chaleur rayonnante du bois n'étant que 25 p. 0/0 de la chaleur totale développée, et la meilleure cheminée ouverte ne dégageant dans la pièce que le quart de la chaleur rayonnante, il en résulte qu'une cheminée n'utilise que 6 p. 0/0 environ de la chaleur totale développée par le bois. Le rayonnement du coke et de la houille étant de 55 p. 0/0, on estime à 13 p. 0/0 l'effet utile dans une cheminée.

On estime que, par une cheminée de $0^{m,q}.25$ de section, et une vitesse de l'air froid égale à 2 mètres, il s'écoule 1/2 mètre cube d'air par seconde, soit 30 mètres cubes par minute; l'air d'un appartement de 100 mètres est ainsi renouvelé en 3 ou 4 minutes au plus.

Il est préférable d'établir l'appel d'air froid dans une pièce par des ventouses plutôt que par les joints des portes et des fenêtres. Dans les meilleures cheminées, l'appel d'air s'élève au moins à 60 mètres cubes par kilog. de bois brûlé; la température de cet air est en moyenne de 40 à 50°, ce qui détermine une vitesse ascendante assez faible.

On diminue la déperdition du calorique par une cheminée, en évasant les faces du foyer, en rétrécissant la section de la cheminée et en distribuant dans la pièce, par des bouches de chaleur, l'air de ventilation échauffé.

Poêles métalliques et calorifères. — On estime en moyenne à 50 p. 0/0 leur rendement utile, bien que dans certains cas on arrive à 75 p. 0/0. On compte alors à raison de 3000 calories pour chaque kilog. de houille, et on donne 1 mètre carré de surface de chauffe par 100 mètres cubes de capacité à chauffer, ce qui correspond à la combustion de 1 kilog. de houille ou de 2 kilog. de bois à l'heure.

En exprimant par 50 kilog. la quantité de combustible nécessaire pour conserver, avec une cheminée ordinaire, à une salle la même température pendant un temps déterminé, cette quantité se réduit à 13 pour les poêles et calorifères, et de 16 à 20 kilog. pour les cheminées dites à la prussienne, à la Rumfort, etc.

Il résulte des expériences de M. Péclet sur le rayonnement des cheminées en tôle, fonte et terre, à circulation d'air chaud intérieur, qu'un mètre carré de surface pour un degré différentiel de température, laisse passer à l'extérieur à travers les parois, savoir : la tôle, 3,93 unités calorifiques; la fonte, 9,9; et la terre cuite, 3,85. Le diamètre des tuyaux varie de 10 à 20 centimètres. La vitesse de l'air ne doit pas excéder 0^m50 en moyenne, et on entretient l'humidité de l'air par l'évaporation à l'air libre de l'eau dans un vase placé sur l'appareil.

On donne à la grille, à la cheminée et aux carneaux les mêmes sections que pour les foyers des générateurs à vapeur, et on compte à 200° la température de la fumée dans la cheminée.

Dans les grands froids, 100 mètres cubes de logement habité exigent 14 à 1500 calories à l'heure pour être maintenus à 15 ou 16 degrés.

Un calorifère à air chaud ventile 2000 calories environ par mètre carré de chauffe et par heure.

Chauffage à la vapeur. — La propriété de la vapeur d'eau de rendre, en se condensant, environ 550 calories par kilog. qu'elle a absorbés dans la vaporisation, est un moyen avantageux de transmission de la chaleur. Le chauffage a lieu à basse pression et à haute pression. Le diamètre des tuyaux à basse pression est compris entre 0^m 07 et 0^m 20. Le diamètre des tuyaux de conduite de vapeur, au-dessus de 2 atm., se calcule, d'après M. Grouvelle, par la formule suivante : $d = 35$ millim. $+ (1^{mm} 5) n$; n exprimant le nombre de chevaux-vapeur. Ainsi, pour 10 chevaux-vapeur ou pour une production de 250 kilog. de vapeur $d = 35 + (1,5) \times 10 = 35 + 15 = 50$ mill.

La chaleur transmise à travers une paroi dépend de la nature et de l'état du métal.

TABLE

DES QUANTITÉS DE VAPEUR CONDENSÉES ET TRANSMISES EN UNE HEURE PAR UN MÈTRE CARRÉ DE SURFACE DE CHAUFFE DANS L'AIR A 15°.

NATURE DU MÉTAL.	VAPEUR condensée, 15°.	CALORIES transmises.	NATURE DU MÉTAL.	VAPEUR condensée, 15°.	CALORIES transmises.
Fonte nue en tuyau horizontal.......	1^k 81	995	Cuivre noirci en tuyau vertical...	1^k 98	1089
Fonte noircie id.	1 70	935	Tôle neuve id.	1 80	990
Cuivre nu id.	1 47	808	Tôle rouillée id.	2 10	1155
Cuivre noirci id.	1 70	935	Verre id.	1 76	»
Fer-blanc id.	1 07	»			

M. Grouvelle admet, en supposant un rapport moyen de refroidissement des surfaces de murs et de vitrages, qu'un mètre carré de surface chauffée intérieurement par de la vapeur permet de chauffer et d'entretenir à 15° une salle de 66 à 70 mètres cubes de capacité ou un atelier de 90 à 100 mètres cubes.

La surface de chauffe doit être augmentée pour tenir compte de la déperdition pour le renouvellement, par ventilation, d'une partie de l'air de la salle.

Pour déterminer la quantité de vapeur condensée, on multiplie le volume en mètres cubes d'air froid à chauffer dans un temps donné par le poids d'un mètre cube.

Le poids total à chauffer ainsi connu, on le multiplie par la capacité calorifique de l'air et par la différence de température de l'air chaud et de l'air froid, ce qui donne la quantité de chaleur à fournir à l'air; on divise cette quantité par 550, chaleur latente de vaporisation ; le quotient exprime la quantité de vapeur condensée.

M. Péclet estime que, dans les fabriques, pour une différence de température intérieure et extérieure de 20°, il faut calculer la puissance de chauffage à raison de 70 unités de chaleur, à fournir par heure et par mètre carré de surface de mur de $0^m 33$ à $0^m 35$ d'épaisseur, et sur 80 unités par mètre carré de surface de vitres.

Chauffage à circulation d'eau chaude. — L'eau chaude communique la chaleur nécessaire à un volume d'air 3200 fois plus grand; c'est un chauffage régulier, car sur la limite de 100 mètres de parcours, la différence de température n'excède pas 4 à 5°. Un mètre carré de surface de fonte ou de tôle de poêle à 108° développe 1100 calories. Un mètre carré de surface de chauffe par circulation d'eau à basse pression ne permet de chauffer et entretenir à 15° qu'une capacité de 35 à 40 mètres cubes, c'est-à-dire environ les 3/5 de la capacité chauffée par la vapeur; on considère alors dans ce mode de chauffage $1^{m.q.}60$ à $1^{m.q.}75$ comme l'équivalent de 1 mètre carré de chauffe à la vapeur. On donne d'ordinaire un diamètre de 0,12 à 0,15 aux tuyaux en cuivre. Par prévoyance, on augmente de 25 p. 0/0 la surface totale de chauffe pour satisfaire à la déperdition.

Chaque mètre carré de surface de chauffe de la chaudière absorbe de 14 à 1500 calories, et on admet que 1 kilog. de houille ou de coke transmet à la chaudière 3500 calories, 1 kilog. de bois 1520 calories, et 1 kilog. de tourbe 1200 à 1400 calories.

Lorsque la circulation d'eau est à haute pression, système Perkins, le diamètre intérieur des tuyaux en fer étiré $= 0,012$, et le diamètre extérieur $= 25$ millim. Ces tuyaux sont essayés à 200 atm. On compte qu'un mètre carré de surface de tube peut chauffer 80 mètres cubes de capacité.

M. Léon Duvoir a établi une disposition de chauffage à circulation d'eau, avec tubes et récipients, à la pression de 2 à 5 atm.

Chauffage par l'eau et la vapeur. — Ce système mixte de M. Grouvelle réunit les propriétés analogues des deux chauffages isolés. Ainsi, il offre les qualités d'émission et d'égalisation de chaleur que ne donne pas la vapeur seule, et il donne la faculté de transport et de distribution que ne permet pas l'eau seule.

Ce système est obtenu en fractionnant les circulations d'eau et en isolant les appareils de circulation par étages et par localités, puis en leur envoyant la chaleur au moyen de la vapeur sortie d'un générateur unique et central.

On calcule la surface des tuyaux de vapeur pour chauffer chaque appareil, en prenant pour base qu'un mètre carré de cuivre plongé dans l'eau à 25° condense par heure 150 kilog. de vapeur.

Dans ces divers appareils de chauffage, la surface de chauffe doit être augmentée pour tenir compte de la déperdition absorbée par la ventilation de l'air renouvelé dans la salle.

Ventilation. — Cette opération joue un rôle considérable, soit pour enlever l'air d'une localité quelconque, soit pour refouler de l'air dans des salles, forges ou fourneaux métallurgiques.

La ventilation par aspiration peut avoir lieu : 1° par la raréfaction de là colonne d'air d'une cheminée dite d'appel au moyen de la chaleur ou d'un jet de vapeur; 2° par des machines aspirantes à pistons ou à cloches plongeantes, par des vis pneumatiques ou par des ventilateurs aspirateurs.

La ventilation par refoulement s'effectue au moyen de ventilateurs.

L'air est composé de 79ᵖ·20 d'azote, impropre à la respiration, de 20ᵖ·8 d'oxygène, et de 0ᵖ·0004 à 0ᵖ·0006 d'acide carbonique.

L'homme aspire 25 fois dans une minute, et chaque aspiration absorbe 0ˡⁱᵗ·666 d'air ou 1 mètre cube à l'heure. D'après M. Dumas, la respiration d'un homme transforme en acide carbonique par heure tout l'oxygène contenu dans 90 litres d'air, et le volume d'air qu'il respire = 333 litres contenant 0,04 d'acide carbonique.

Une personne vicie en 1 heure, tant par la respiration que par la transpiration 6 mètres cubes d'air; on compte d'ordinaire de 10 à 20 mètres cubes d'air le volume d'air à renouveler par chaque personne et par heure dans un appartement; ce volume s'élève de 30 à 40 mètres cubes dans les hôpitaux.

On estime à 15° la quantité de chaleur absorbée à l'heure par chaque mètre carré de mur et à 22° celle par chaque mètre carré de vitrage, et on évalue à 40° la chaleur développée dans le même temps par 1 personne, ce qui compense la déperdition par les murs et vitres pour une salle remplie d'auditeurs.

La section d'une cheminée d'appel doit être calculée pour que la vitesse de l'air ne dépasse pas 1 mètre à 1ᵐ50 par seconde. La vitesse se détermine par la formule de M. Péclet :

$$V = 8,65 \sqrt{\dfrac{H\,a\,t\,D}{L + 4\,D}};$$

D diamètre; L longueur du canal à la suite duquel la cheminée est placée, t différence de température de l'intérieur à l'extérieur, 25°;

a coefficient de dilatation des gaz qui pour 1 degré $= 0{,}00367$;
H hauteur de la cheminée depuis 6 mètres à 30 mètres.

Un kilog. de houille dégageant 7000 calories, et 1 kilog. d'air pesant $1^{gr}{.}30$ et exigeant 4 fois moins de chaleur que l'eau pour être élevé d'un degré, le poids de houille capable d'élever à la température différentielle de 25°, par un temps froid, un amphithéâtre de 1200 individus à raison d'une ventilation de 10 mètres cubes par personne, se calcule par la formule suivante :

$$P = \frac{1200 \times 10 \times 1^k 30 \times 25°}{4 \times 7000} = 13^k 93.$$

Ainsi un kilog. de houille enlève 1000 à 1200 mètres cubes de ventilation par heure.

Foyers métallurgiques. — M. Péclet a trouvé qu'il fallait $0^k 5$ de coke pour fondre 1 kilog. de fonte; ainsi, la chaleur absorbée par le métal jusqu'à la fusion n'est que les 0,09 de la chaleur totale développée par le combustible.

M. Grouvelle estime à 0,20 la quantité de chaleur utilisée dans les fours de fusion de la fonte; à 0,05 dans les fours à puddler et à réchauffer; et à 0,02 dans les fours de verrerie et à cuire les poteries, porcelaines, etc.

M. Ebelmen a reconnu que les gaz absorbent une quantité de chaleur égale aux 0,62 de la puissance calorifique d'un combustible dans un haut-fourneau au charbon de bois, et aux 0,69 dans un haut-fourneau à mélange de bois et de charbon de bois.

Dans ces fourneaux on brûle 100 à 160 kilog. de charbon pour 100 kilog. de fonte, mais la combustion s'élève de 140 à 220 kilog. de coke dans les fours à coke pour 100 kilog. de fonte.

On compte dans les fours continus à chaux 1 volume de houille ou 1 volume 1/2 de coke pour 4 volumes de pierre à chaux.

ÉCLAIRAGE.

On comprend sous cette dénomination : la lumière produite par la chandelle, la bougie, l'huile, le gaz de houille, de l'huile, de la résine, de l'eau, etc.

L'intensité de la lumière est en raison inverse du carré de la distance.

Titre de l'éclairage au gaz. — Le titre d'un gaz est le nombre de bougies nécessaires pour équivaloir à la lumière fournie par un nombre de becs suffisant pour brûler en 1 heure 100 litres de gaz.

Dire que le titre d'un gaz est de 10 bougies, c'est admettre que la lumière d'un bec, brûlant 100 litres de gaz en 1 heure, représente 10 bougies.

Ainsi, en donnant le titre d'un gaz, on a égard à la dépense ou à la quantité de gaz brûlé dans un temps donné. Connaissant la puissance d'un bec et la dépense en 1 heure, on en détermine le titre par une simple proportion; soit un bec brûlant 125 litres par 1 heure, avec une puissance de 8 bougies; son titre se calcule ainsi : $125 : 100 :: 8 : x = 6^{boug.}4$.

Titre d'éclairage solide. — Les bougies stéariques de 10 au kilog. brûlent $9^{gr.}6$ de matière par heure.

Le pouvoir éclairant de la chandelle est les 9/10 de celui de la bougie ; une chandelle brûle par heure 7 à 8 grammes et son titre $= 0^{boug.}990$; à poids égal, la bougie et la chandelle rendent sensiblement la même quantité de lumière; ainsi, il faut 10 chandelles pour 9 bougies, et brûler $9^{gr.}733$ de suif.

Titre de l'huile. — Un quinquet brûle à l'heure $31^{gr.}94$; son pouvoir éclairant est de $6^{boug.}15$; il en résulte que $9^{gr.}60$ d'huile brûlée en 1 heure équivalent à $1^{boug.}848$; tel est le titre de l'huile brûlée dans un quinquet.

Le titre de l'éclairage à l'huile dans une lampe modérateur brûlant $28^{gr.}6$, avec pouvoir éclairant de $6^{boug.}210$ est de $2^{boug.}09$.

On estime à $0^{m.c.}322$ le volume d'air nécessaire à l'alimentation d'une chandelle ou d'une bougie, dont 1/3 de l'oxygène est absorbé, et à $1^{m.c.}266$ celui d'une lampe à gros bec.

PRIX COMPARATIF

DES DIVERS SYSTÈMES D'ÉCLAIRAGE.

NATURE DE L'ÉCLAIRAGE.	PUISSANCE en bougies.	TITRE.	VALEUR EN CENTIM.	
			de la matière brûlée en 1 heure.	de l'unité de lumière.
Bougie (10 au kil.), 3 fr. 20 c. le kil.	1,000	1,000	3,072	3,072
Chandelle (10 au kil.), 1 fr. 70 c. le kil.	0,917	0,990	1,654	1,654
Quinquet (huile à), 115 fr. les 100 k.	6,150	1,848	4,632	0,753
Lampe a modérateur petit modèle...	6,210	2,090	4,147	0,666
Gaz à la houille, 30 c. le mètre cube.	7,124	6,280	3,243	0,455

On voit par ce tableau que l'unité de lumière représentée par une bougie coûte : pour la bougie = 3ᶜ072; pour la chandelle = 1ᶜ654; pour l'huile dans une lampe modérateur = 0ᶜ666; et pour le gaz = 0ᶜ445.

D'après M. Jeanneney, le titre de gaz pour un bec donné est en raison directe du volume brûlé, et en raison inverse de la pression sous laquelle on le brûle, sauf la limite où le gaz commence à fumer.

Deux becs de gaz, soumis à des pressions différentes mais à la même dépense, ont donné les résultats suivants : le premier bec, dépensant 100 litres de gaz soumis à la pression de 18 millim. d'eau, a donné un pouvoir éclairant de 3ᵇᵒᵘᵍ·5. Deuxième bec : dépense = 100 litres, pression = 7 millim., pouvoir éclairant = 7 bougies.

Deux becs de gaz à même pression, mais de grosseurs différentes, ont produit :

Le premier brûlant 50 litres, pression = 7 millim., pouvoir éclairant = 2ᵇᵒᵘᵍ·25. Le second brûlant 125 litres, pression = 7 millim., pouvoir éclairant = 11ᵇᵒᵘᵍ·25.

En soumettant à la même dépense de 125 litres ces deux becs de grosseurs différentes, le pouvoir éclairant aurait été pour le premier $\frac{125}{50} \times 2,25 = 5^{\text{boug}}\cdot 62$.

Il en conclut que, pour tirer du gaz la plus grande lumière possible, il convient de marcher à basse pression et à grande flamme.

Carburation du gaz. — On augmente l'intensité de lumière ou la richesse du gaz de houille en le saturant d'une huile essentielle par son passage à travers une couche d'hydro-carbure liquide.

On estime à 40 grammes par mètre cube de gaz de houille la proportion de Benzine entraînée. On peut, à égalité de dépense d'argent, compter sur une augmentation de lumière de 25 à 50 p. 0/0.

La pesanteur spécifique du gaz de houille, par rapport à celle du gaz de l'huile, est moyennement comme 0,529 : 0,960. L'intensité de lumière produite par le gaz de houille est à celle du gaz de l'huile comme le rapport moyen 100 : 272.

Il existe quatre espèces de brûleurs :

1° Brûleurs à 2 trous et à courants croisés dits becs Manchester ou à éventail;

2° Brûleurs fendus, généralement usités pour les lanternes des villes;

3° Becs d'Argand ayant de 10 à 20 trous rangés sur un cercle;

4° Becs où le gaz s'échappe par un orifice annulaire, portant un conducteur destiné à faire frapper l'air presque horizontalement contre la flamme.

TABLEAU

DONNANT LA DÉPENSE COMPARATIVE DES GAZ SUIVANT LA NATURE DES BECS.

NATURE du brûleur.	PRESSION.	DÉPENSE par heure.	PUISSANCE du bec	DÉPENSE par heure. Le gaz étant vendu 30 cent.	PRIX de l'unité de lumière représentée par une bougie. Le gaz à 30 centimes le mèt. cube.
	m/m	litres.	bougies.		
Bec Manchester, n° 4.	8	58,5	2,390	1,755	0,731
Id. n° 5.	8	85	3,925	2,550	0,638
Id. n° 6.	8	97	7,360	2,940	0,394
Id. n° 7.	9	125,5	10,500	3,765	0,357
Id. n° 8.	9	154	14,440	4,620	0,319
(Les résultats obtenus avec les becs fendus, dits becs papillons, sont généralement moins satisfaisants.) Becs à double courant d'air..........					
Becs Maccaud.......	18	294	25,960	8,730	0,337
Becs Parisot à fente circulaire..........	7	247	24,640	7,410	0,345

En se reportant à ce tableau, on voit que la lumière du gaz peut être appliquée à tous les besoins industriels et domestiques, tout en réalisant une économie sur le prix de l'huile, de la bougie et de la chandelle.

Ainsi, le chauffage au gaz, indépendamment de la faculté de ne l'utiliser qu'au moment opportun, offre, avec une économie remarquable de dépense et de temps, divers avantages essentiels, notamment la suppression de la fumée et le règlement de la chaleur.

D'après Dulong, 1 mètre cube de gaz développe 12,000 calories et pèse $0^k,70$; il en résulte qu'un kilogramme de **gaz développe** 17,000 calories.

ÉCLAIRAGE ET CHAUFFAGE PAR LE GAZ DANS LA VILLE DE PARIS.

(Extrait de l'ordonnance du 25 juillet 1855. Concession de 50 années, à partir du 1er janvier 1856.)

Le gaz, exclusivement à la houille, sera parfaitement épuré; son pouvoir éclairant devra être tel que, sous une pression ordinaire, il donne, pour les becs de l'éclairage public, les intensités de lumière ci-après :

$$1^{re} \text{ série : consommant 100 litres à l'heure} \ldots\ldots\ldots = 0,77$$
de l'éclat d'une lampe Carcel brûlant 42 gr. d'huile à l'heure.
$$2^e \text{ série : consommant 140 litres à l'heure} \ldots\ldots\ldots = 1,10$$
$$3^e \text{ série} \quad \text{id.} \quad 200 \quad \text{id.} \quad \ldots\ldots\ldots = 1,72$$

Les dimensions de la flamme de ces becs seront au minimum :

$$1^{re} \text{ série} = 0^m 057 \text{ de largeur sur } 0^m 029 \text{ de hauteur.}$$
$$2^e \text{ série} = 0^m 067 \quad \text{id.} \quad 0^m 032 \quad \text{id.}$$
$$3^e \text{ série} = 0^m 094 \quad \text{id.} \quad 0^m 045 \quad \text{id.}$$

Le prix est fixé par heure pour l'éclairage public :

$$\text{Becs de la } 1^{re} \text{ série} \ldots\ldots\ldots \quad 0 \text{ fr. } 0,15$$
$$\text{»} \quad 2^e \quad \text{»} \quad \ldots\ldots\ldots \quad 0 \text{ » } 0,21$$
$$\text{»} \quad 3^e \quad \text{»} \quad \ldots\ldots\ldots \quad 0 \text{ » } 0,30$$

Pour l'éclairage public, le gaz sera livré au compteur à raison de 0 fr. 15 c. le mètre cube.

Pour l'éclairage particulier, le gaz sera livré au compteur au prix de 0 fr. 30 c. par mètre cube.

Les prix du gaz livré à l'heure au moyen de becs cylindriques à double courant d'air, dit d'*Argand,* seront débattus de gré à gré entre la société et les abonnés.

La moyenne de production de 100 kilog. de houille est en gaz de 25 mètres cubes et de $4^k 5$ de goudron, soit 250 litres par un kilog. le houille. Il y a le plus grand avantage à employer de la houille sèche.

1 hectolitre de houille rend en moyenne $1^{hect.} 40$ à $1^{hect.} 50$ de coke, pesant 40 à 45 kilog. l'hectolitre comble.

Un mètre cube de gaz de houille dégageant en brûlant 8008 calories, on l'évalue en pratique comme l'équivalent en puissance calorifique de $1^k 20$ de houille.

18.

Tuyaux de conduite. — *Mouvement permanent de l'eau dans les canaux découverts et dans les tuyaux.* — En désignant par d le diamètre intérieur d'une conduite cylindrique à régime régulier ; par I l'inclinaison ou pente par mètre, et par V la vitesse moyenne du régime, on a pour les tuyaux cylindriques la formule :

$$\frac{d\,\mathrm{I}}{4} = 0,0000\,173\ \mathrm{V} + 0,000\,348\ \mathrm{V}^2,$$

de laquelle on tire $\mathrm{V} = 53,58 \sqrt{\dfrac{d\,\mathrm{I}}{4}} - 0,025.$

La section de la conduite est : $\mathrm{S} = \dfrac{\pi\,d^2}{4},$

et la dépense $\mathrm{D} = \mathrm{S\,V} = \dfrac{\pi\,d^2}{4} \times \mathrm{V} = 0,785\,d^2 \times \mathrm{V}$

exprime le volume d'eau en mètres cubes débité par seconde.

L'extrait suivant, d'un tableau dressé par M. de Prony sur la conduite des eaux, à ciel découvert et par des tuyaux, donne des résultats suffisamment exacts, et les valeurs R I d'après la formule d'Eytelwein.

TABLE ABRÉVIATIVE DES CALCULS
DE LA CONDUITE DES EAUX.

Vitesses moyennes	VALEURS CORRESPONDANTES.		de 1/4 d I ou $(cV + c'V^2)$ multipliées par 1000.	Vitesses moyennes	VALEURS CORRESPONDANTES.		de 1/4 d I ou $(cV + c'V^2)$ multipliées par 1000.
	de R I ou $(c\,V + c'\,V^2)$ multipliées par 1000 dans les canaux.				de R I ou $(c\,V + c'\,V^2)$ multipliées par 1000 dans les canaux.		
	Eytelwein.	Prony.			Eytelwein.	Prony.	
0,01	0,0003	0,0005	0,0002	0,90	0,318	0,291	0,298
0,02	0,0006	0,0010	0,0005	1,00	0,390	0,354	0,366
0,03	0,0011	0,0016	0,0008	1,10	0,470	0,423	0,444
0,05	0.0021	0,0030	0,0017	1,20	0,556	0,499	0,522
0,08	0,0043	0,0055	0,0036	1,30	0,649	0,649	0,611
0,10	0,0060	0,0075	0,0032	1,40	0,750	0,668	0,707
0,15	0,012	0,014	0,040	1,50	0,859	0,763	0,810
0,20	0,020	0,021	0,017	1,60	0,975	0,863	0,919
0,25	0,029	0,030	0,026	1,70	1,098	0,969	1,036
0,30	0,040	0,044	0,037	1,80	1,228	1,083	1,160
0,35	0,053	0,053	0,049	1,90	1,366	1,201	1,290
0,40	0,068	0,067	0,063	2,00	1,511	1,326	1,428
0,45	0,085	0,083	0,078	2,10	1,663	1.457	1,572
0,50	0,104	0,100	0,096	2,30	1,969	1,739	1,882
0,60	0,146	0,138	0,136	2,50	2,345	2,044	2,220
0,70	0,196	0,183	0,183	2,70	2,730	2,730	2,586
0,80	0,253	0,234	0,237	3,00	2,363	2,947	3,486

Pouce de fontainier. — Le module de Prony, unité adoptée pour jauger le produit d'une source ou d'une chute, suppose l'écoulement par un trou de 2 centimètres, percé dans une paroi de 17 millim. d'épaisseur, avec une charge d'eau sur le centre de 3 centimètres.

Le produit donne 0$^{lit.}$2314 par seconde, 13$^{lit.}$888 par minute, 833$^{lit.}$330 par heure et 20,000 litres par 24 heures. (20 mètres cubes).

L'ancien pouce fontainier, avec charge de 1 ligne sur le sommet ou de 15 millim. 3/4 sur le centre, ne donnait qu'un débit de 19$^{m.c.}$2 en 24 heures.

La ligne d'eau est la 144e partie du pouce d'eau.

Dimensions des tuyaux de conduite en fonte. — L'épaisseur e en millimètres à donner à un tuyau cylindrique d'un diamètre d, et soumis à une pression intérieure p, est donnée par la formule :

$$e = \frac{p \times d}{4} = 0{,}25\, p d, \text{ d'où on fait } d = \frac{e}{0{,}25 \times p}.$$

Dans la pratique on admet $e = 0^m 01 \times 0{,}02\, d$, et $d = \dfrac{e - 0{,}01}{0{,}02}$.

M. Morin indique les formules suivantes pour divers genres de tuyaux pour liquides et gaz :

Tuyaux en fonte $e = 0{,}0007\, p d + 0^m 01.$

    »   en fer $e = 0{,}0005\, p d + 0^m 003.$

    »   en plomb $e = 0{,}005\, p d + 0^m 0045.$

    »   en bois $e = 0{,}833\, p d + 0^m 027.$

Pierres naturelles $e = 0{,}05\, p d.$

    »   factices $e = 0{,}10\, p d.$

d représente le diamètre intérieur, e l'épaisseur, et p la pression en atmosphères par cent. carré.

M. Guettier a fait un travail sur la fabrication et l'emploi des tuyaux de conduite en fonte; il y a annexé deux tableaux représentant l'un (page 214) l'ancienne série du commerce dont les diamètres étaient primitivement établis en pouces et en lignes, et l'autre (page 215) la série nouvelle dont les diamètres sont cotés en nombres ronds de centimètres.

Les tuyaux de la 2e série ont été livrés à l'épreuve de 15 atm., tandis que pour ceux de l'ancienne série, l'épreuve est limitée d'ordinaire à 10 atm.; le 2e tableau, tout en répondant aux formules et à l'expérience pour la détermination exacte des longueurs, épaisseurs, jeux d'emboîtements, poids, etc., a le mérite de restreindre le nombre des modèles, et il est destiné à une application générale ainsi que le fait prévoir la canalisation de Marseille.

TABLE RELATIVE A L'ÉTABLISSEMENT DES TUYAUX DE CONDUITES.

DIAMÈTRE DES TUYAUX.

VITESSE moyenne en mètres par 1″.	0m,05		0m,10		0m,15		0m,20		0m,25		0m,30	
	Dépenses en litres par 1″.	Charge par mèt. de longr en cent.	Dépenses en litres par 1″.	Charge par mèt. de longr en cent.	Dépenses en litres par 1″.	Charge par mèt. de longr en cent.	Dépenses en litres par 1″.	Charge par mèt. de longr en cent.	Dépenses en litres par 1″.	Charge par mèt. de longr en cent.	Dépenses en litres par 1″.	Charge par mèt. de longr en cent.
m.	lit.	c/m	lit.	c/m	lit.	c/m	lit.	c/m	lit.	c/m	lit.	c/m
0,01	0,0196	0,0046	0,078	0,0008	0,174	0,0006	0,314	0,0004	0,494	0,0003	0,707	0,0002
0,02	0,0393	0,0038	0,157	0,0049	0,353	0,0043	0,628	0,0009	0,982	0,0007	1,414	0,0006
0,05	0,098	0,010	0,393	0,007	0,884	0,0046	1,571	0,0034	2,454	0,0027	3,534	0,0023
0,08	0,157	0,029	0,628	0,014	1,414	0,0096	2,513	0,007	3,927	0,0057	5,655	0,0048
0,10	0,196	0,042	0,785	0,021	1,767	0,014	3,142	0,010	4,909	0,008	7,069	0,007
0,15	0,295	0,083	1,178	0,042	2,651	0,028	4,712	0,021	7,363	0,017	10,603	0,014
0,20	0,393	0,139	1,571	0,069	3,534	0,046	6,283	0,035	9,818	0,028	14,137	0,023
0,25	0,491	0,209	1,963	0,104	4,418	0,069	7,854	0,052	12,272	0,042	17,672	0,035
0,30	0,589	0,292	2,356	0,146	5,304	0,097	9,425	0,073	14,726	0,058	21,206	0,049
0,35	0,687	0,390	2,749	0,195	6,185	0,130	10,996	0,097	17,181	0,078	24,740	0,065
0,40	0,785	0,501	3,142	0,251	7,069	0,167	12,566	0,125	19,635	0,100	28,274	0,084
0,45	0,884	0,627	3,534	0,313	7,952	0,209	14,137	0,157	22,089	0,125	31,809	0,104
0,50	0,932	0,766	3,927	0,383	8,836	0,255	15,708	0,191	24,544	0,153	35,343	0,128
0,55	1,080	0,919	4,320	0,459	9,719	0,306	17,279	0,230	26,998	0,184	38,877	0,153
0,60	1,178	1,086	4,712	0,543	10,603	0,362	18,850	0,272	29,433	0,217	42,442	0,181
0,65	1,276	1,267	5,105	0,634	11,487	0,422	20,420	0,317	31,907	0,253	45,946	0,211
0,70	1,374	1,462	5,498	0,731	12,370	0,487	21,991	0,366	34,361	0,292	49,480	0,244
0,75	1,473	1,671	5,891	0,836	13,254	0,557	23,562	0,418	36,846	0,334	53,015	0,279
0,80	1,571	1,894	6,283	0,947	14,137	0,631	25,133	0,474	39,270	0,379	56,549	0,316
0,85	1,669	2,134	6,676	1,065	15,021	0,710	26,704	0,533	41,724	0,426	60,083	0,355
0,90	1,767	2,382	7,069	1,491	15,904	0,794	28,274	0,595	44,179	0,476	63,617	0,397

TABLE RELATIVE A L'ÉTABLISSEMENT DES TUYAUX DE CONDUITES (*Suite*).

DIAMÈTRE DES TUYAUX.

VITESSE moyenne en mètres par 1".	0m,05		0m,10		0m,15		0m,20		0m,25		0m,30	
	Dépenses en litres par 1".	Charge par mèt. de longr en cent.	Dépenses en litres par 1".	Charge par mèt. de longr en cent.	Dépenses en litres par 1".	Charge par mèt. de longr en cent.	Dépenses en litres par 1".	Charge par mèt. de longr en cent.	Dépenses en litres par 1".	Charge par mèt. de longr en cent.	Dépenses en litres par 1".	Charge par mèt. de longr en cent.
m.	lit.	c/m	lit.	c/m	lit.	m/c	lit.	c/m	lit.	c/m	lit.	c/m
0,95	1,865	2,646	7,464	1,323	16,788	0,822	29,843	0.662	46,633	0,329	67.452	0,444
1,00	1,96	2,93	7,85	1,46	17,67	0,98	31,42	0,73	49.09	0,59	70,69	0,49
1,10	2,16	3,52	8,64	1,76	19,44	1,18	34,55	0,88	54,00	0,71	77,76	0,59
1,20	2,36	4,18	9,43	2,09	21.21	1,39	37,70	1,05	58,91	0,84	84,82	0,70
1,30	2,55	4,89	10,21	2,44	22,97	1,65	40,84	1,22	63,81	0,98	91,89	0,82
1,40	2,75	5,66	11,00	2,83	24,74	1,89	43,98	1,41	68,72	1,13	98,96	0,94
1,50	2,95	6,48	11,78	3,24	26,51	2,16	47,12	1,62	73,63	1,30	106,03	1,08
1,60	3,14	7,35	12,57	3,68	28,27	2,43	50,27	1,84	78,54	1,47	113,10	1,23
1,70	3,34	8,29	13,35	4,14	30,04	2,76	53,41	2,07	83,45	1,66	120,17	1,38
1,80	3,53	9,28	14,14	4,64	31,81	3,09	56,55	2,32	88,36	1,86	127,24	1,55
1,90	3,73	10,32	14,92	5,16	33,58	3,44	59,69	2,58	93,27	2,06	134,30	1,72
2,00	3,93	11,42	15,71	5,71	35,34	3,81	62,83	2,85	98,17	2,28	141,37	1,90
2,10	4,12	12,58	16,49	6,29	37,11	4,19	65,97	3,14	103,08	2,52	148,44	2,10
2,20	4,32	13,79	17,28	6,89	38,88	4,60	69,12	3,45	107,99	2,76	155,51	2,30
2,30	4,52	15,06	18,06	7,53	40,64	5,02	72,26	3,76	112,90	3,01	162,58	2,51
2,40	4,71	16,38	18,85	8,19	42,41	5,46	75,40	4,10	117,81	3,28	169,65	2,73
2,50	4,91	17,76	19,64	8,88	44,18	5,92	78,54	4,44	122,72	3,55	176,72	2.96
2,60	5,11	19,19	20,42	9,59	45,95	6,40	81,68	4,80	127,62	3,84	183,78	3,20
2,70	5,30	20,69	21,21	10,34	47,71	6,89	84,82	5,17	132,54	4,14	190,85	3,45
2,80	5,50	22,23	21,99	11,12	49,48	7,41	87,96	5,56	137,45	4,45	197,92	3,71
2,90	5,69	23,83	22,78	11,92	51,25	7,94	91,11	5,96	142,35	4,77	204,99	3,97
3,00	5,89	25,49	23,56	12,75	53,02	8,50	94,25	6,37	147,26	5,10	212,06	4,25

PREMIÈRE SÉRIE DES TUYAUX DE CONDUITE EN FONTE, DITE : SÉRIE ANCIENNE.

TUYAUX ORDINAIRES A EMBOITEMENT ET CORDON   TUYAUX A BRIDES.

Diamètre intérieur des tuyaux.	Longueur totale des tuyaux.	Épaisseur des tuyaux.	Diamètre du bout mâle.	Diamètre intérieur de l'emboîtement.	Profondeur de l'emboîtement.	Épaisseur de la fonte à l'emboîtement.	Jeu entre le bout mâle et l'emboîtement.	Poids normal.	Poids à tolérer.	Diamètre des brides.	Épaisseur des brides.	Côté du carré des trous de boulons.	Fruit.	Nombre de trous par bride.
Millim.	Mètres.	Millim.	Millim	Millim.	Millim.	Millim.	Millim.	Kil.	Kil.	Millim.	Millim.	Millim.	Millim.	
30	1,340	6,5	54	60	75	9	3	8 70	9,0	143	12	10	15	3
42	1,340	7	64,5	71	75	10,5	3	11,50	12,0	160	13	15	15	3
54	1,870	8	74	80	85	11	3	25,0	26,0	170	14	20	17	3
60	1,870	8	84	90	85	11	3	28,0	29,0	182	14	20	17	3
68	1,900	9	100	106	90	12	3	34,0	35,0	190	15	20	17	3
81	2,410	10	101,5	115	95	12	3	50,0	52,0	214	15,5	20	18	4
108	2,550	11	139	145	120	14	3	73,0	78,0	235	16	20	20	4
135	2,580	12	166	172	125	15,5	3	110,0	115,0	275	16	20	20	4
162	2,670	13	197	205	125	15	4	130,0	130,0	312	16	25	20	5
190	2,730	13	226	234	140	15	4	158,0	165,0	334	17	30	20	6
216	2,730	13	252	260	140	15,5	4	180,0	200,0	370	17	30	20	6
244	2,730	13	280	289	140	15,5	4,5	235,0	240,0	398	18	30	22	6
270	2,730	14	310	319	145	15,5	4,5	265,0	270,0	440	18	30	22	6
300	2,730	14	340	349	145	16	4,5	300,0	315,0	470	18	30	22	6
325	2,730	14	369	378	150	16	4,5	340,0	345,0	515	18	30	24	6
350	2,730	14	394	403	150	19	4,5	350,0	355,0	528	18,5	35	24	8

La table précédente a l'inconvénient de ne pas exprimer des nombres ronds en centimètres. — La table suivante, qui répond aux formules et à l'expérience, a le mérite de se restreindre à un petit nombre de modèles qui suffisent à tous les cas. — L'application en a été faite avantageusement pour la canalisation de Marseille.

SÉRIE NOUVELLE.

TUYAUX ORDINAIRES EN FONTE A EMBOITEMENT ET CORDON.										TUYAUX A BRIDES.				
Diamètre intérieur des tuyaux.	Longueur totale des tuyaux.	Épaisseur des tuyaux.	Diamètre du bout mâle.	Diamètre intérieur de l'emboîtement.	Profondeur de l'emboîtement.	Épaisseur de la fonte à l'emboîtement.	Jeu entre le bout mâle et l'emboîtement.	Poids normal.	Poids à tolérer.	Diamètre des brides.	Épaisseur des brides.	Côté du carré des trous de boulons.	Fruit.	Nombre de trous par bride.
Millim.	Mètres.	Millim.	Millim.	Millim.	Millim.	Millim.	Millim.	Kil.	Kil.	Millim.	Millim.	Millim.	Millim.	
40	1,334	9	69	72	75	11	3	15,50	17	166	12	15	2	4
50	1,880	9	81	84	83	12	3	26,0	28	182	13	18	2	4
60	1,880	9	93	95	90	12	3	31,0	33	200	14	20	2	4
80	2,400	9,5	114	108	100	13	4	48,0	50	220	15	20	2	5
100	2,600	10	135,2	139,2	110	14	4	70,0	73	245	17	21	2,5	6
120	2,600	10,5	156	160	110	14	4	84,0	88	272	17	22	3	6
150	2,620	11	186,8	190,8	115	14	4	112,0	118	310	18	24	3	8
200	2,620	12	242	246	120	17	4	165,0	172	368	18.	24	3	8
250	2,628	13	296	300	120	20	4	212,0	221	422	18	24	3	8
300	2,628	14	348	352	130	20	4	270,0	282	473	19	24	3	8
350	2,628	15	420	405	130	21	4,5	328,0	340	522	20	24	3,5	8
400	2,628	15	447	451,5	130	21	4,5	380,0	395	576	21	25	3,5	9
500	2,628	16	551	556,5	130	21	5,5	520,0	538	678	24	25	4	9
600	2,628	18	657	664	150	25	7	695,0	720	700	26	25	4	11

Tuyaux en plomb. — La tenacité R du plomb n'est que de 1^k30 par millim. carré de section, c'est-à-dire 10 fois moins que la fonte. On calcule l'épaisseur à donner aux tuyaux de plomb par la formule $e = \dfrac{p\,d}{2\,R}$; e épaisseur en millim., p pression intérieure en mètres d'eau, d diamètre du tuyau en mètres.

TABLE DU POIDS D'UN MÈTRE COURANT

DE TUYAUX DE PLOMB ÉTIRÉ, VARIANT DE DIAMÈTRE ET D'ÉPAISSEUR.

DIAMÈTRE intérieur en centimètres	POIDS EN KILOGRAMMES POUR LES ÉPAISSEURS DE					
	3 mill.	4 mill.	5 mill.	6 mill.	8 mill.	9 mill.
	kilog.	kilog.	kilog.	kilog.	kilog.	kilog.
2	2,4	3,4	4,4	»	»	»
3	3,5	4,8	6,2	7,7	»	»
4	4,6	6,3	8,0	9,8	»	»
5	5,7	7,7	9,8	12,0	»	»
6	6,7	9,1	11,6	14,1	»	»
7	7,8	10,5	13,4	16,3	22,2	»
8	8,9	12,0	15,0	18,5	25,1	»
9	9,9	13,4	16,8	20,6	27,9	31,8
10	11,0	14,8	18,6	22,2	30,8	35,0
11	12,1	16,3	20,4	24,9	33,6	38,2
12	13,1	17,7	22,2	27,1	36,5	41,4
13	14 2	19,1	24,0	29,1	39,3	44,6
14	15,3	20,5	25,7	31,2	42,2	47,8
15	16,4	22,0	27,5	33,3	45,0	51,0
16	17,4	23,4	29,3	35,4	47,9	54,2
17	18,5	25,0	31,1	37,6	50,7	57,5
18	19,6	26,3	32,9	39,7	53,6	60,7
19	20,6	27,8	34,7	41,8	56,5	63,9
20	21,7	29,2	36,4	44,1	59,4	67,1

La longueur totale des tuyaux de conduite pour le gaz courant dans la ville de Paris, dépasse 685 kilomètres.

La ville de Paris est éclairée par environ 109,000 becs, et on en compte au moins 2 millions chez les particuliers.

Le gaz portatif, sur 100 parties, contient 28 parties d'hydrogène bicarboné; le gaz de houille n'en renferme que 6 à 7 parties. Ainsi, l'intensité de lumière du gaz portatif est supérieure 4 fois à celle du gaz courant de houille.

QUATRIÈME PARTIE

APPENDICE

PRIX DE REVIENT DES PRINCIPAUX MATÉRIAUX EMPLOYÉS
DANS LES CONSTRUCTIONS A PARIS.

		fr.	c.
Pavage : Fontainebleau de 0,19 × 0,15 d'épaisseur, le 1000		206	70
— Pierre franche, de 0,22 à 0,23 en tous sens... id.		403	80
Carrelage : Carreaux à bandes et hexagones, de 0,16 de Paris et Massy............... id.	34 à 36	»
— de 0,22 id. id. id. de 0,22 id.	110 à 130	»

Maçonnerie.

		fr.	c.
Sable de plaine ou carrière.................... mèt. cub.		4	50
— de rivière............................. id.		5	25
Caillou ou *silex*............................ id.		5	50
Ciment de tuile ordinaire de Vassy ou Pouilly... id.		9	»
— Id. 1re qualité.................. id.		25	»
Mastic de Dilh........................ les 100 k.		40	»
— de Limaille........................ id.		30	»
Chaux grasse : Melun et Champigny...... le mèt. cub.	42 à 44	»
— *hydraulique :* Senonches et Champigny...... id.		38	»
Plâtre.............................. id.		16	»
Platras............................. id.		3	65
Mortier : 1 partie chaux grasse, 2 p. de sable.... id.		12	80
— 1 partie chaux hydraulique, 2 p. de sable... id.		17	25
Béton : 2 parties mortier, 3 p. cailloux......... id.		18	10
Moellon de la plaine...................... id.		9	50

Pierre.

		fr.	c.
Liais : Arcueil, Bagneux, Conflans, Senlis, *à pied d'œuvre,* le m. c. 80 à 100 fr *façonné....* id.		120	»

		fr.	c.
Roches : Château-Landon, *id.* 140 fr.; *façonné*... mèt. cube		160	»
— Soissons, Bagneux, St-Nom, Vendresse, *id.* 60 à 80 fr................ *id.*	id. 90 à 115		»
Banc royal : Abbaye du Val, Conflans, Puiseux, Savonnières, *id.* 60 à 65............ *id.*	id. 90 à 100		»
Pierre tendre : Méry, Vergelé, Saint-Leu, *id.* 40 fr., ... *id.*	id.	64	»
Libages : Bagneux, Châtillon, Charenton, Molay, *id.* 40 fr................ *id.*	id.	70	»
— pierre franche, *id.* 35 fr.............. . *id.*	id.	53	»

> *Nota.* — Approche, brayage, débrayage, 1er mètre au-dessus de la première assise.............. 1 fr. 60
> — Chaque mètre en plus...................... » 40
> — Sciage au mètre sup., 1 fr. pour pierre dure;
> — 0 fr. 75 pour pierre tendre.

Briques de 0,22 × 0,11 et 0,054 de Bourgogne... le 1000		76 à 80	»
— de Pays, façon Bourgogne................	id.	43	»
— réfractaires............................	id.	90	»
— tubulaires Borie, nos 1, 2, 3...............	id.	60	»
— Id. nos 4, 5, 6...............	id.	100	»
Tuyaux de cheminée adossés de 0,22 × 0,24 × 0,33.	id.	900	»

Charpente.

Sapin ordinaire jusqu'à 0,25................. le stère.		40	»
— id. de 0,25 à 0,32 et au-dessus.....	id.	45 à 55	»
Chêne : Champagne jusqu'à 0,32...............	id.	66	20

Menuiserie.

Sapin du Nord : planches de 13 mill. sur 0,22, rendu dans Paris..................... le mètre.		»	38
— madriers de 0,08 sur 0,22	id.	1	60
— de Lorraine : feuillet de 13 mill. × 0,22....	id.	0	42
— . id. planches de 27 mill. × 0,32...	id.	0	70
— id. madriers de 0,54 × 0,32.......	id.	1	80
Chêne : Champagne, feuillet de 13 mill. × 0,24.	id.	0	70
— id. entrevaux de 27 mill. × 0,24.	id.	»	95
— id. planche de 34 mill. × 0,24.	id.	1	40
Battant de porte cochère de 0,11 × 0,32........	id.	6	»

Couverture.

Tuile plate, grand moule de Bourgogne....... le 1000		93	»
— faîtières de Courtois et de Bourgogne........	id. 145 à 155		»

		fr.	c.
Voliges	le 1000	200	»
Lattes.................................	id.	5	»

Serrurerie.

Fers rendus dans Paris.(Les prix varient suivant les cours, mais en gardant la même proportion.) De la 1re classe à la 8e........	les 100 kil.	36 à 50	»
— à double T, de 0,11 à 0,16 jusq. 7 m. de lon.	id.	44	»
— à moulures.................	id.	53	»
Tôles laminées à la houille.................	id.	54	»
— douces laminées au bois, des Ardennes.....	id.	70	»
— .id. id. du Berry........	id.	80	»
Galvanisation du fer	id.	25	»
— de la tôle de 3 mill. à 1 cent.............	id.	20 à 34	»

Fumisterie.

Terre à four.................	la voie.	8	»
Carreaux en fayence émaillée de 0,11 (90 par m. superficiel)	le 100	6	50
— en porcelaine de.0,16 (63 par mèt. superfic.).	id.	11	»
— en émail porcelaine	id.	35	»

Peinture.

Huile de lin épurée.................	les 100 kil.	144	»
— de pied de bœuf.................	id.	240	»
— cuite (siccatif).................	id.	300	»
Essence de térébenthine.................	id.	110	»
Esprit de vin 3/6.................	id.	240	»
Goudron, blanc de zinc en poudre et céruse.....	id.	80 à 88	»
Vernis gras ou à l'esprit de vin.................	id.	300 à 350	»
— anglais.................	id.	600	»
Or jaune fin (livret de 25 feuilles de 0,087 au titre de 925).................	le livret.	1	50

Vitrerie.

Mesures du commerce : 1° 0,69 × 0,54; 2° 0,75 × 0,51; 3° 0,81 × 0,48; 4° 0,84 × 0,45; 5° 0,90 × 0,42; 6° 0,96 × 0,39; 7° 1,02 × 0,36; 8° 1,08 × 0,33; 9° 1,14 × 0,30.

Verre : blanc, 1er choix dans les 9 mesures, verre dit à couper .... le mèt. sup. 3 50 fr.   c.

Verre : blanc, 2ᵉ choix, dans les 9 mesures..... le mèt. sup. 2   45

—   Id.   3ᵉ choix   *id.*   ... .   id.   2   20

— pour dalles, brut des deux faces........... le kilog.   1   50

TARIF DES TRAVAUX DE TERRASSEMENTS A PARIS.

Fouille accessible aux voitures, de 0,20 de hauteur et au-dessus, mesurée au vide de la   fr.   c.
fouille............................. le mèt. cub.   »   30

— en rigole............................. id.   »   38

Jet : sur berge de terre déjà fouillée jusquà 2 mètres de profondeur..................... id.   »   19

Chaque jet au delà de 2 mètres (compter alors des banquettes de 2 mètres en 2 mètres par chaque jet)........................ id.   »   22

Transport des terres : *Brouette.* La formule du prix du mètre cube transporté $x = \dfrac{2\,p\,\mathrm{D}}{1000}$ dans laquelle p prix de la journée et D distance limite : 98 ᵐ. La formule donne $x = 0,12^c$ pour $\mathrm{D} = 30$ et $p = 2$ fr.

Tombereau. La formule du prix du mètre cube, $x = \dfrac{\mathrm{P}\,(2\,\mathrm{D}+d)}{\mathrm{L}\,\mathrm{C}}$.

P journée de voiture, D distance, $d =$ distance représentative des temps perdus, L = parcours journalier de la voiture supposé continu, C cube du chargement.

Enlèvement des terres sur une profondeur de 3 à 4 mètres : Fouille, 0 f. 38 c.; 1ᵉʳ jet, 0 f. 19 c.; 2ᵉ jet, 0 f. 22 c.; chargement, 0 f. 19 c.; transport, 3 fr. 05. Total.............. le mèt. cub. fr.   4   03

      N. B. Tous les articles ci-dessus sont comptés au vide de la fouille, et comportent un foisonnement de 25 centimes p. 100....... »   25

Enlèvement compris, chargement seulement des terres et graviers mesurés dans le tombereau............................. id.   2   60

Chaussée.

Empierrement à Paris............. Le mètre superficiel.   4   »

Chaussée macadamisée, entretien annuel.... id.   3   50

Bordure de trottoir, en grès de 0ᵐ20 sur 0,33. .... Le mètre linéaire.   8   »

— en granit, de 30 × 30................ id.   16   »

TARIF SYNOPTIQUE
DU PRIX DE REVIENT DES JOURNÉES D'OUVRIERS A PARIS.

NATURE DES TRAVAUX.	OUVRIERS.	ÉTÉ. fr.	ÉTÉ. c.	HIVER. fr.	HIVER. c.
TERRASSE............	Rouleur.....................	2	75	2	50
	Piocheur....................	3	25	3	»
	Garçon.....................	3	»	2	75
	Limousin.	4	»	3	50
	Compagnon maçon	5	»	4	25
	Tailleur de pierres (ravalements)..	5	75	5	75
MAÇONNERIE.......	Tailleur de pierres ordinaire......	5	25	4	75
	Poseur.....................	5	75	5	25
	Ficheur-pinceur....⎫ Contre-poseur......⎬............	4	»	3	50
	Bardeur.....................	3	25	3	»
CARRELAGE	Garçon.....................	2	40	2	15
	Compagnon	4	»	3	50
	Aide.......................	3	»	2	70
MARBRERIE	Polisseur	4	»	3	50
	Poseur.....................	5	50	5	»
	Marbrier ou scieur..............	5	»	4	50
	Garçon.....................	3	»	2	50
PAVAGE..........	Compagnon	4	50	4	»
	Piqueur de grès	6	»	6	»
CHARPENTE	Compagnon (10 heures été, 8 h. hiver)	5	»	4	»
	Fer de scie...................	9	50	8	»

Sans distinction de saisons.

NATURE DES TRAVAUX.	OUVRIERS.	ÉTÉ. fr.	ÉTÉ. c.
COUVERTURE.......	Garçon.....................	4	»
	Compagnon..................	6	»
MENUISERIE.......	Menuisier	4	»
	Parqueteur..................	5	25
	Homme de peine..............	3	»
	Homme de ville..............	3	80
SERRURERIE.......	Ferreur.....................	4	»
	Ajusteur....................	4	60
	Forgeron. ⎰ Petite forge..........	5	30
	⎱ Grande forge........	6	50
MÉCANIQUE (*chaudronnerie, fonderie, ferblanterie, tôlerie*).	Ouvrier.....................	3 50 à 4	
	Monteur....................	5 à 6	
FUMISTERIE	Garçon.....................	1	80
	Compagnon..................	4	50
PLOMBERIE.......	Garçon.....................	3	»
	Compagnon..................	5	»
GAZ.............	Aide.......................	3	»
	Homme de ville	4	»
	Plombier....................	5	»
PEINTURE.........	Peintre, vitrier ou colleur.........	4	»
	Aide.......................	3	»
ASPHALTE et BITUME.	1er aide	3	50
	Applicateur..................	4	»

La saison d'été compte du 1er mars au 1er octobre, et celle d'hiver du 1er octobre au 1er mars.

19.

TARIF DES HONORAIRES DES ARCHITECTES
ET DES EXPERTS.

Arrêté du conseil des bâtiments civils du 12 pluviose an VIII
(sanctionné par la jurisprudence).

Travaux ordinaires. — Rédaction des plans et devis... 1 1/2 p. 100
— Conduite des travaux...................... 1 1/2
— Vérification et règlement des mémoires......... 2
Travaux publics. — Projets et devis approuvés ou susceptibles d'être approuvés ou mis en adjudication................................... 1 2/3
— Direction, conduite, surveillance et tenue des attachements............................ 1 2/3
— Réception, vérification et règlement des travaux. 1 2/3

Dans ces allocations ne sont pas compris les frais de voyage qui doivent être alloués conformément au tarif des expertises près les tribunaux.

Soit, pour les architectes de Paris, Lyon, Bordeaux et Rouen, par myriamètre........................... 6 fr. »
Pour les architectes des autres villes, par myriamètre... 4   50

Vacations et frais de voyage.

Pour les travaux dont on ne peut apprécier le chiffre des honoraires par les dépenses qu'ils occasionnent, on applique le tarif des frais de procédure. (Décret du 16 février 1807.)

Ainsi, pour chaque vacation de trois heures, l'allocation de tout architecte, expert ou artiste opérant dans le lieu de leur domicile ou dans un rayon de deux myriamètres dans le département de la Seine.................. 8 fr. »
Pour les architectes dans les autres départements..... 6   »
Au delà de 2 myriamètres, il est alloué à titre de frais de voyage et nourriture par chaque myriamètre pour aller ou venir, aux architectes de Paris..................... 6   »
A ceux des départements.......................... 4   50
Pendant leur séjour, il est alloué, à la charge de faire quatre vacations par jour, aux architectes de Paris...... 32   »
A ceux des départements.......................... 24   »

Nota. — La taxe est réduite dans le cas où le nombre de quatre vacations n'aurait pas été employé.

Il est alloué aux experts deux vacations, l'une pour la prestation du serment, l'autre pour le dépôt du rapport ; indépendamment de leurs frais de transport, s'ils sont domiciliés à plus de 2 myriamètres de distance du lieu où siége le tribunal, il leur sera alloué dans ce cas 1/5 de leur journée de campagne, ce qui supprime le prix de voyage et de nourriture.

État des lieux.

Le prix de chaque rôle de 25 lignes par page, rédigé par un seul architecte et en double expédition................. 3 fr. »

En cas de rédaction contradictoire et simultanée par deux architectes. .... 4 . »

Pour toute expédition en plus par rôle:................. 0 50

Pour tout état de lieux et estimation de matériel d'établissements agricoles et industriels, des théâtres, des usines, etc., pour plans et dessins y annexés, contre vérification ou modification d'anciens états de lieux pour vacation, après estimation... 8 »

Nota. — Les déplacements pour état de lieux, rédaction et vérification, donnent droit à une demande d'honoraires et de frais en sus tarifés comme ci-dessus pour les expertises près les tribunaux.

Honoraires des métreurs.

Le tarif consacré par l'usage est basé sur le montant en demande des mémoires établis. .

Le mètre de terrasse, maçonnerie, couverture, plomberie, carrelage, est fixé à.................. 1 fr. 20 p. 100

Le mètre de peinture, menuiserie et serrurerie est fixé à.. 1   50 p. 100

VOIRIE.

Pour toute permission de bâtir et d'alignement, ravalements, percement de baies, réparations, exhaussements ou changements quelconques aux murs de face sur les voies publiques, établissements de grands balcons, etc., adresser une demande sur timbre à M. le préfet de la Seine.

Pour toute permission d'établissement de devantures, montres, tableaux, enseignes, petits balcons, etc., adresser une demande sur timbre à M. le préfet de police.

FORCE MOTRICE EN CHEVAUX-VAPEUR EMPLOYÉE DANS DIVERSES INDUSTRIES.

chev.-vapeur.

Mouture des farines, par 100 kil. de blé moulu à l'heure, correspondant à une paire de meules, avec les accessoires, bluterie, etc............. 4 à 5

Scieries mécaniques.

Scies rectilignes. { Par m. car. de bois de chêne et à l'h. 0,50

id. id. tendre à l'heure.... 0,33

— *circulaires..* { id. id. chêne et à l'heure. 0,25

id. id. tendre et à l'heure. 0,26

— *à placage.* Par m. carré de surface, sciée à l'heure. 0,15

Machine à lainer les draps. Par machine........... 2,50

Filature de laine. Par 100 broches avec les cardes.... 2

— *de coton.* Par 100 broches de coton n° 30 à 40, avec les accessoires................................ 0,45

Tissage mécanique du coton. Par métier, avec ses accessoires.............................. 0,10 à 0,12

Papeterie à pilons. Par 100 kil. de pâte produite à l'h. 20

— *à cylindres.* Par 100 kil. de pâte produite et raffinée à l'heure................................ 25

Meules verticales à broyer le ciment. Par 100 kil. de ciment broyés à l'heure.................... 0,80

Par alésoir ou forerie............................. 2 à 3

Une roue à laver (washwheel) 1,60

Huilerie. Par 100 kil. de grain broyé à l'heure........ 1,80

Machine soufflante d'un haut-fourneau au charbon de bois................................... 8 à 15

— id. id. au coke...... 30 à 40

— d'un feu d'affinerie .... 2,50 à 3,00

— d'un feu de maréchal......................... 1 à 1,25

Marteau frontal................................ 30 à 35

Marteau de feu d'affinerie....................... 10 à 12

Martinet de forge.............................. 6 à 7

Un train de laminoirs, comprenant une paire de cylindres ébaucheurs et une paire de cylindres finisseurs............................... 35 à 40

TABLE

DU POIDS D'UN MÈTRE CARRÉ DE FEUILLES DE TÔLE, EN FER LAMINÉ, CUIVRE ROUGE, ZINC, ÉTAIN ET ARGENT, SUIVANT LES ÉPAISSEURS.

ÉPAISSEUR des feuilles.	POIDS de la tôle en fer.	POIDS de la tôle de cuivre rouge.	POIDS de la feuille de plomb.	POIDS de la feuille de zinc.	POIDS de la feuille d'étain.	POIDS de la feuille d'argent.
millim.	kilog.	kilog.	kilog.	kilog.	kilog.	kilog.
1/4	1,947	2,197	2,838	1,715	1,825	2,652
1/2	3,894	4,394	5,676	3,430	3,650	5,305
1	7,788	8,788	11,352	6,861	7,300	10,610
2	15,576	17,576	22,704	13,722	14,600	21,220
3	23,364	26,364	34,056	20,583	21,900	31,830
4	31,154	35,152	45,408	27,444	29,200	41,440
5	38,940	43,940	56,760	34,305	36 500	52,050
6	46,728	52,728	68,112	40,166	43,800	62,660
7	54,516	61,516	79,464	47,027	51,100	73,270
8	62,304	70,304	90,816	53,878	58,400	83,880
9	70,092	79,092	102,168	60,749	65,700	94,490
10	77,880	87,880	113,520	67,610	73,000	105,100
11	85,668	96,668	124,872	74,471	80,300	115,710
12	92,456	105,456	136,224	81,332	87,600	126,320
13	100,234	114,244	147,576	88,193	94,900	136,930
14	109,032	123,032	158,928	95,054	102,200	147,540
15	116,820	131,820	170,280	101,915	109,500	158,150
16	124,608	140,608	181,632	108,776	116,800	168,760
17	132,396	149,396	192,984	115,637	124,100	179,370
18	140,184	158,184	204,336	122,498	131,400	189,980
19	147,972	166,972	215,688	129,359	138,700	200,590
20	155,760	175,760	227,040	136,220	146,100	211,200

TABLE

DES FERS CARRÉS ET RONDS POUR UNE LONGUEUR DE 1 MÈTRE.

DIAMÈTRES ou côtés en millim.	FERS CARRÉS poids en kilog.	FERS RONDS poids en kilog.	DIAMÈTRES ou côtés en millim.	FERS CARRÉS poids en kilog.	FERS RONDS poids en kilog.
1	0'0078	0,0066	9	0,631	0,488
2	0,031	0,022	10	0,780	0,612
3	0,070	0,044	11	0,943	0,732
4	0,124	0,092	12	1,123	0,868
5	0,195	0,152	13	1,318	1,020
6	0,280	0,212	14	1,528	1,188
7	0,382	0,288	15	1,755	1,368
8	0,499	0,380	16	1,996	1,556

DIAMÈTRES ou côtes en millim.	FERS CARRÉS poids en kilog.	FERS RONDS poids en kilog.	DIAMÈTRES ou côtés en millim.	FERS CARRÉS poids en kilog.	FERS RONDS poids en kilog.
17	2,254	1,750	39	11,863	9,300
18	2,527	1,968	40	12,480	9,788
19	2,815	2,200	41	13,111	10,276
20	3,120	2,244	42	13,759	10,776
21	3,439	2,688	43	14,422	11,300
22	3,775	2,944	44	15,100	11,836
23	4,126	3,204	45	15,795	12,384
24	4,482	3,512	46	16,504	12,936
25	4,875	3,816	47	17,230	13,504
26	5,272	4,124	48	17,971	14,080
27	5,686	4,448	49	18,727	14,680
28	6,115	4,784	50	19,500	15,292
29	6,559	5,136	55	23,595	18,502
30	7,020	5,504	60	28,080	22,024
31	7,495	5,872	65	32,955	25,842
32	7,985	6,248	70	38.220	29,968
33	8,494	6,668	75	43,875	34,412
34	9,016	7,060	80	49,920	39,160
35	9,555	7,488	85	56,355	44,202
36	10,108	7,920	90	63,480	49,556
37	10,678	8,364	95	70,395	55,248
38	11,263	8,820	100	78,000	61,159

TABLE DU POIDS D'UN MÈTRE COURANT

DE TUYAUX EN FER LAMINÉ, OU ÉTIRÉ AU BANC.

Diamètre extérieur en millim.	POIDS EN KILOG. POUR LES ÉPAISSEURS.				
	1 mill. 1/2.	2 mill.	3 mill.	4 mill.	5 mill.
	kg.	kg.	kg.	kg.	kg.
10	0,3	0,4	»	»	»
15	0,5	0,6	0,9	»	»
20	0,7	0,9	1,2	»	»
25	0,9	1,1	1,6	»	»
30	1,0	1,4	2,0	2,5	»
35	1,2	1,6	2,3	3,0	3,2
40	1,4	1,9	2,7	3,6	4,3
45	1,6	2,1	3,1	4,0	4,9
50	1,8	2,3	3,4	4,5	5,5
55	2,0	2,6	3,8	5,0	6,1
60	2,1	2,8	4,2	5,5	6,7
65	2,2	3,1	4,5	6,0	7,5
70	2,4	3,3	4,9	6,5	7,9
75	2,6	3,6	5,3	7,0	8,5
80	2,9	3,8	5,6	7,4	9,1
85	3,1	4,1	6,0	7,9	9,8
90	3,2	4,3	6,4	8,4	10,4
95	3,4	4,5	6,7	8,9	11,0
100	3,6	4,8	7,1	9,4	11,6
105	3,8	5,0	7,5	9,9	12,2
110	4,0	5,3	7,9	10,4	12,9

CLASSIFICATION DES FERS

D'APRÈS MM. FLACHAT ET BARRAULT.

DÉSIGNATION.	Largeur.	Épaisseur.	Diamètre.	Côté.
	m/m	m/m	m/m	m/m
Fers marchands plats...	40 à 160	10 et au-dessus	»	»
Id. méplats.	25 à 40	15 id.	»	»
Id. carrés..	»	»	»	35 à 100
Fers de petite forge plats.	25 à 40	8 à 9	»	»
Id. méplats.	25 à 30	9 à 11	»	»
Id. carrés..	»	»	»	19 à 20
Martinets ronds........	»	»	»	»
Carillon.............	»	»	10 à 100	»
Bandelettes..........	15 à 40	5 à 7	»	10 à 20
Fonderie, verges......	5 à 25	6 à 14	»	»
Aplatis pour carrosserie.	40 à 70	6 et au-dessus	»	»
Aplatis pour cuves.....	25 à 100	3 à 8	»	»

CLASSIFICATION DES FILS DE FER

SELON LA JAUGE DE LIMOGES.

Nos	Diamètre en millim.	Nos	Diamètre en millim.	Nos	Diamètre en millim.	Nos	Diamètre en millim.
0	0,39	7	1,12	14	2,02	21	5,10
1	0,45	8	1,24	15	2,14	22	5,65
2	0,56	9	1,35	16	2,25	23	6,20
3	0,67	10	1,46	17	2,84	24	6,80
4	0,79	11	1,68	18	3,40		
5	0,90	12	1,80	19	3,95		
6	1,01	13	1,91	20	4,50		

Classification des tôles. — Les tôles de chaudières sont en fonte affinée au bois, en feuilles de 1 à 3 mètres de long sur 0ᵐ325 à 1ᵐ50 de large; leur épaisseur varie de millimètre en millimètre, depuis 4 jusqu'à 15.

La tôle affinée à la houille sert pour tuyaux de poéle, cheminées, toitures, etc.

Classification du fer-blanc. — Le fer-blanc vient de la fonte affinée au bois; les feuilles s'expédient en caisses de 100 à 225 feuilles, dont voici la table :

NOMBRE de feuilles.	DIMENSION DES FEUILLES.		POIDS bruts des caisses.
	Longueur.	Largeur.	
	m.	m.	kg.
100	0,435	0,325	48 à 69
100	0,490	0,350	73 à 85
150	0,405	0,310	78 à 103
150	0,325	0,245	28 à 53
200	0,380	0,270	67 à 87
225	0,350	0,260	58 à 88

RÈGLEMENT CONCERNANT LES VOIES PUBLIQUES, CONSTRUCTIONS, COMBLES, TROTTOIRS, ETC.

Décret du 26 mars 1852.

GRANDE VOIRIE DE PARIS.

Dans tout projet d'expropriation pour l'élargissement, le redressement ou la formation des rues de Paris, l'administration aura la faculté de comprendre la totalité des immeubles, lorsqu'elle jugera que les parties restantes ne sont pas d'une étendue ou d'une forme qui permette d'y élever des constructions salubres.

Tout constructeur de maison, avant de se mettre à l'œuvre, devra demander l'alignement et le nivellement de la voie publique au devant de son terrain et s'y conformer.

Il devra également adresser à l'administration un plan et des coupes, cotés de construction, qu'il projette et se soumettre aux prescriptions qui lui seront faites dans l'intérêt de la sûreté publique et de la salubrité; vingt jours après le dépôt des plans et coupes, au secrétariat de la préfecture de la Seine, le constructeur pourra commencer les travaux d'après son plan, s'il ne lui a été notifié aucune injonction.

Une coupe géologique des fouilles pour fondations de bâtiment sera adressée par tout architécte-constructeur, à la préfecture de la Seine.

HAUTEUR DES MAISONS, COMBLES ET LUCARNES

Décret du 27 juillet 1859.

Hauteur des bâtiments. — La hauteur des maisons bordant les voies publiques dans la ville de Paris, est déterminée par la largeur légale des voies publiques.

Cette hauteur, mesurée du trottoir ou du pavé, au pied des façades des bâtiments et prise dans tous les cas au milieu de ces façades, ne peut excéder, y compris les entablements, attiques et toutes les constructions aplomb du mur de face, savoir :

11^m,70 pour les voies au-dessous de 7^m,80 de largeur ;

14^m,60 pour les voies de 7^m,80 et au-dessus jusqu'à 9^m,75.

17^m,55 pour les voies de 9^m,75 et au-dessus.

Un décret du 1er septembre 1864, stipule que toutefois dans les rues ou boulevards de 20 mètres et au-dessus, l'administration municipale pourra, en vue des raccordements et de l'harmonie des lignes de constructions, permettre de porter la hauteur des bâtiments jusqu'à un maximun de 20 mètres, mais à la charge pour les constructeurs de ne faire, en aucun cas, au-dessus du rez-de-chaussée plus de cinq étages, entresol compris.

Dans tous les bâtiments, il ne peut être exigé une hauteur d'étage de plus de 2^m,60. Cette hauteur, pour l'étage de comble, s'applique à la partie la plus élevée du rampant.

Combles. — Le faîtage du comble ne peut excéder une hauteur égale à la moitié de la profondeur du bâtiment, y compris les saillies et les corniches. Le profil du comble sur la façade du côté de la voie publique ne peut dépasser une ligne inclinée à 45° partant de l'extrémité de la corniche ou de l'entablement.

Lucarnes. — La face extérieure des lucarnes doit être placée en arrière du parement extérieur du mur de face donnant sur la voie publique et à une distance d'au moins 30 centimètres ; elles ne peuvent s'élever, compris leur toiture, à plus de 3 mètres au-dessus de la base des combles. Leur largeur ne peut excéder 1^m,50 hors-œuvre.
— Les intervalles auront au moins 1^m,50, quelle que soit la largeur des lucarnes. La saillie de leurs corniches, égouts compris, ne doit pas excéder 15 centimètres.

Arrêté préfectoral du 15 avril 1846.

Trottoirs. — Les trottoirs des rues centrales et commerciales de Paris continueront d'être établis entièrement en granit.

20

Bordures et dallage. — La bordure des trottoirs sera élevée de 17 centimètres au-dessus du pavé; la pente en travers du dallage sera de 0^m,04 par mètre. Devant les portes cochères, la bordure sur 2 mètres de largeur n'aura que 0^m,04 de saillie au-dessus du ruisseau; aux extrémités de cette bordure régneront deux plans inclinés de 0^m,05 centimètres par mètre, au milieu desquels déboucheront les gargouilles obliques de la porte cochère. Les bordures devant les portes ne seront jamais entaillées.

L'intervalle compris entre les portes cochères et la bordure sera rempli par un pavage smillé, appareillé en quinconce et posé sur un mortier hydraulique avec des joints de 0^m,005 de largeur en plus.

Arrêté préfectoral du 31 mai 1856.

Nivellement. — Les nivellements pour tous les travaux publics et privés dépendant de la préfecture de la Seine, devront se rapporter au niveau moyen de la mer ; en conséquence, les cotes de nivellement exprimeront la distance ou ordonnée de chaque point considéré à ce niveau pris pour zéro.

La vérification des cotes sera rapportée à des repères de fonte aux armes de la ville, placés aux carrefours, aux angles des rues, sur les soubassements des monuments, sur les murs des quais et sur les autres points jugés nécessaires ; ces repères indiqueront les ordonnées de comparaison, savoir : la cote relative au milieu de la mer, et deux autres cotes se rapportant l'une au zéro du pont de la Tournelle; l'autre au plan de comparaison passant à 0^m50 au-dessus du niveau légal des eaux du bassin de la Villette.

RÈGLEMENT CONCERNANT LES CHAUDIÈRES A VAPEUR

Décret du 23 janvier 1865.

Tout générateur à vapeur doit être soumis comme épreuve au double de la pression effective de la vapeur, toutes les fois que celle-ci est comprise entre demi kilog. et six kilog. par centimètre carré.

Ainsi, une chaudière pour être timbrée à 6 atmosphères devra préalablement être essayée à la pression de :

$$(6 - 1) \times 2 = 10 \text{ atmosphères.}$$

Les chaudières se divisent en trois catégories basées sur la capacité du générateur et sur la tension de la vapeur.

On exprime en mètres cubes la capacité de la chaudière avec ses tubes bouilleurs ou réchauffeurs, et on multiplie ce nombre par le n° du timbre augmenté d'une unité.

Ainsi, le volume d'une chaudière timbrée à 4 atmosphères étant par exemple, de 5 mètres cubes, ou aura $(4+1) \times 5 = 25$.

Les chaudières sont de la première catégorie quand le produit dépasse 15. La deuxième catégorie est comprise entre le produit 5 et 15, et la troisième catégorie concerne les chaudières dont le produit est au-dessous de 5.

Machines fixes. — Une chaudière de première catégorie ne peut être établie dans une maison d'habitation, c'est-à-dire, où des étages sont superposés à l'atelier de la machine; elle doit être distante de plus de 3 mètres d'une maison d'habitation appartenant à des tiers ou de la voie publique.

Au delà de 10 mètres, aucune condition n'est imposée à l'établisment de la chaudière de première catégorie; enfin, les distances de 3 mètres et de 10 mètres sont réduites à $1^m,50$ et à cinq mètres lorsque la chaudière est enterrée, de façon que sa partie supérieure se trouve un mètre au moins en contre-bas du sol du côté de la maison voisine.

Le nouveau règlement ne prescrit un mur de défense que dans certains cas où la sûreté du voisinage est plus spécialement intéressée.

Les chaudières de deuxième catégorie peuvent être installées dans l'intérieur de tout atelier et sans aucune condition de mur de défense pourvu que l'atelier ne fasse pas partie d'une maison habitée par d'autres que le manufacturier, sa famille, ses employés, ouvriers ou serviteurs.

Les chaudières de troisième catégorie peuvent être établies dans un atelier quelconque, même faisant partie d'une maison habitée par des tiers.

Les fourneaux de deuxième et troisième catégorie sont entièrement séparés des maisons d'habitation appartenant à des tiers; l'espace vide est de un mètre pour les chaudières de la deuxième catégorie et de $0^m,50$ pour la troisième catégorie.

La déclaration adressée au préfet comprend : 1° le nom et le domicile du vendeur des chaudières ou leur origine ; 2° le lieu précis où elles sont établies; 3° leur forme, leur capacité et leur surface de chauffe; 4° le n° du timbre exprimant en kilog. par centimètre carré la pression effective maximum sous laquelle elles doivent fonctionner; 5° enfin, le genre d'industrie et l'usage auxquels elles sont destinées;

Les machines à vapeur, cylindres et accessoires, ne sont plus considérés comme établissements insalubres et sont dispensés de l'autorisation préalable, il suffit de les mentionner dans la déclaration au préfet (§ 5).

Locomobiles. — Les chaudières des machines locomobiles destinées à circuler ou à fonctionner d'une manière temporaire sur un point donné sont soumises aux mêmes épreuves et formalités que les générateurs à demeure. Il en est de même des chaudières de locomotives.

Aucune locomobile ne peut être employée sur une propriété particulière, à moins de 5 mètres de tout bâtiment d'habitation et de tout amas découvert de matières inflammables appartenant à des tiers sans le consentement formel de ceux-ci.

TABLE COMPARATIVE

DES TROIS ÉCHELLES THERMOMÉTRIQUES ALLEMANDE, FRANÇAISE ET ANGLAISE.

1 degré centigrade ou Celsius = 0,80 degré Réaumur = 1,80 degré Fahrenheit.
1 degré Réaumur = 1,25 degrés centigrades ou Celsius = 2.25 id.
1 degré Fahrenheit = 0,5555 id. id. = 0,4444 degré Réaumur.

DEGRÉS centigrades ou Celsius.	DEGRÉS Réaumur.	DEGRÉS Fahrenheit.	DEGRÉS centigrades ou Celsius.	DEGRÉS Réaumur.	DEGRÉS Fahrenheit.
négatifs.	négatifs.	négatifs.	positifs.	positifs.	positifs.
− 50	− 40	− 58	+ 10	+ 8	+ 50
40	32	40	15	12	59
30	24	22	20	16	68
25	20	13	25	20	77
20	16	4	30	24	86
17,77	14,22	positifs. 0	35	28	95
15	12	+ 5	40	32	114
10	8	14	45	36	113
5	4	23	50	40	122
4	3,20	24,80	60	48	140
3	2,40	26,64	70	56	158
2	1,60	28,40	80	64	176
1	0,80	30,20	90	72	194
positifs. 0	positifs. 0,00	32,00	100	80	212
+ 1	+ 0,80	33,80	110	88	230
2	1,60	35,60	120	96	248
3	2,40	37,40	130	104	266
4	3,20	39,20	140	112	284
5	4,00	41,00	150	120	302
6	4,80	42,80	160	128	320
7	5,60	44,60	180	144	356
8	6,40	46,40	200	160	392
9	7,20	48,20	250	200	482
			300	240	572

Pour transformer 482 degrés Farenheit en centigrades, on retranche le nombre 32 et on multiplie leur différence par $\frac{5}{9}$, l'expression $(482 - 32) \times \frac{5}{9} = 250°$.

TABLE

DES NOMBRES, DE LEURS CARRÉS ET RACINES CARRÉES, DES CUBES ET RACINES CUBIQUES, AINSI QUE DES CIRCONFÉRENCES ET SURFACES DE CERCLE DES MÊMES NOMBRES CONSIDÉRÉS COMME DIAMÈTRES, DE 1 A 1000.

Nombres ou diamètres.	Carrés.	Racines carrées.	Cubes.	Racines cubiques.	Circonférences.	Surfaces.
1	1	1,00	1	1,00	3,14	0,7854
2	4	1,41	8	1,26	6,28	3,1416
3	9	1,73	27	1,44	9,42	7,07
4	16	2,00	64	1,59	12,57	12,56
5	25	2,23	125	1,74	15.71	19,63
6	36	2,45	216	1,82	18,85	28,27
7	49	2.64	343	1,91	21,99	38,48
8	64	2,83	512	2,00	25,13	50,26
9	81	3,09	729	2,08	28,27	63,61
10	100	3,16	1000	2,13	31,41	78,54
11	121	3,31	1331	2,22	34,55	95,03
12	144	3,46	1728	2,29	37,70	113,09
13	169	3,60	2197	2,35	40.84	132,73
14	196	3,74	2744	2,41	43,98	153,94
15	225	3,87	3375	2 46	47,12	176,71
16	256	4,00	4096	2,52	50,26	201,06
17	289	4,12	4913	2,57	53,40	226,98
18	324	4,24	5832	2,62	56.55	254,47
19	361	4,36	6859	2,67	59,69	283,53
20	400	4,47	8000	2,71	62,83	314,16
21	441	4,58	9261	2,76	65,97	346,36
22	484	4,69	10648	2,80	69,11	380,13
23	529	4,79	12167	2,84	72,25	415,47
24	576	4.90	13824	2,88	75,40	452,39
25	625	5,00	15625	2.92	78,54	490,87
26	676	5,10	17576	2,96	81,68	530,93
27	729	5,19	19683	3,00	84,82	572,55
28	784	5,29	21952	3.04	87,96	615,75
29	841	5,38	24389	3,07	91,40	660,52
30	900	5,48	27000	3,11	94,25	706,86
31	961	5,57	29791	3.14	97,39	754,77
32	1024	5,65	32768	3,17	100,53	804,25
33	1089	5,74	35937	3,21	103.67	855,30
34	1156	5,83	39304	3,24	106,84	907,92
35	1225	5,91	42875	3,27	109,95	962,11
36	1296	6,00	46656	3.30	113,09	1017,87
37	1369	6,08	50653	3,33	116,24	1075,21
38	1444	6,16	54872	3,36	119.38	1134,11
39	1521	6,24	59319	3,39	122,52	1194,59
40	1600	6.32	64000	3,42	125,66	1256,64
41	1681	6,40	68921	3,45	128,80	1320,25
42	1764	6,48	74088	3,48	131,94	1385,44

Pour transformer 250° en Farenheit, on multiplie 250 par 1,8 et on ajoute 32, l'expression (250 × 1,8) + 32 = 482.

20.

TABLE DES NOMBRES, ETC. (*Suite*).

Nombres ou diamètres.	Carrés.	Racines carrées.	Cubes.	Racines cubiques.	Circonférences.	Surfaces.
43	1849	6,56	79507	3,50	135,09	1452,20
44	1936	6,63	85184	3,53	138,23	1520,53
45	2025	6,71	91125	3,56	141,37	1590,43
46	2116	6,78	97336	3,58	144,51	1661,90
47	2209	6,85	103823	3,61	147,65	1734,95
48	2304	6,93	110592	3.63	150,79	1809,56
49	2401	7,00	117649	3,66	153,93	1885,74
50	2500	7,07	125000	3,68	157,08	1963,50
51	2601	7,14	132651	3,70	160,22	2042,82
52	2704	7,21	140608	3,73	163,36	2123,72
53	2809	7,28	148877	3,75	166,50	2206,49
54	2916	7,34	157464	3,78	169,64	2290,22
55	3025	7,42	166375	3,80	172,78	2375,83
56	3136	7,48	175616	3,83	175,93	2463,01
57	3249	7,55	185193	3,85	179,07	2551,76
58	3364	7,61	195112	3,87	182,21	2642,08
59	3481	7,68	205379	3,89	185,35	2733,97
60	3600	7,74	216000	3,91	188,49	2827,44
61	3721	7,81	226981	3,94	191,63	2922,47
62	3844	7,87	238328	3,96	194,77	3019,07
63	3969	7,94	250047	3,98	197,92	3117,25
64	4096	8,00	262144	4,00	201,06	3216,99
65	4225	8,06	274625	4,02	204,20	3318,31
66	4356	8,12	287496	4,04	207.34	3421,20
67	4489	8,18	300763	4,06	210,48	3525,66
68	4624	8,25	314432	4,08	213.63	3631,69
69	4761	8.30	328509	4,10	216.77	3739,29
70	4900	8,37	343000	4,12	219,91	3848,46
71	5041	8,42	357911	4,14	223,05	3959,20
72	5184	8,48	373248	4,16	226,19	4071,51
73	5329	8,54	389017	4,18	229,33	4185,39
74	5476	8,60	405224	4,20	232,47	4300,85
75	5625	8,66	421875	4,21	235,62	4417,87
76	5776	8,72	438976	4,23	238,76	4536,47
77	5929	8,77	456533	4,25	241,90	4656,63
78	6084	8,83	474552	4,27	245,04	4778,37
79	6241	8,89	493039	4,29	248,18	4901,68
80	6400	8,94	512000	4,31	251,32	5026,56
81	6561	9,00	531441	4,32	254,47	5153,01
82	6724	9.05	551368	4,34	257,61	5281,03
83	6889	9,11	571787	4,36	260,75	5410,62
84	7056	9,16	592704	4,38	263,89	5541,78
85	7225	9,22	614125	4,40	367,03	5674,50
86	7396	9,27	636056	4,41	270,17	5808,81
87	7569	9,33	658503	4,43	273.32	5944,69
88	7744	9,38	681472	4,45	276,46	6082,13
89	7921	9,43	704969	4,46	279,60	6221,13
90	8100	9,49	729000	4,48	282,74	6361,74
91	8281	9,54	753571	4,50	285,88	6503,89
92	8464	9,59	778688	4,51	289,02	6647,62

TABLE DES NOMBRES, ETC. (*Suite.*)

Nombres ou diamètres.	Carrés.	Racines carrées.	Cubes.	Racines cubiques.	Circonférences.	Surfaces.
93	8649	9,643	804357	4,530	292,17	6792,92
94	8836	9,695	830584	4,546	295,31	6939,78
95	9025	9,746	857375	4,562	298,45	7088,23
96	9216	9,797	884736	4,578	301,59	7238,24
97	9409	9,848	912673	4,594	304,73	7389,83
98	9604	9,899	941192	4,610	307,87	7542,98
99	9801	9.949	970299	4,626	311,02	7697,68
100	10000	10,000	1000000	4,641	314,16	7854,00
101	10201	10,049	1030301	4,657	317,30	8011,86
102	10404	10,099	1061208	4,672	320,44	8171,30
103	10609	10,148	1092727	4,687	323,58	8332,30
104	10816	10,198	1124864	4,702	326,72	8494,88
105	11025	10,246	1157625	4,747	329,86	8659,03
106	11236	10,295	1191016	4,732	333,00	8824,75
107	11449	10,344	1225043	4,747	336,45	8992,04
108	11664	10,392	1259712	4,762	339,29	9160,90
109	11881	10.440	1295029	4,776	342.43	9331,33
110	12100	10,488	1331000	4,791	345.57	9503.34
111	12321	10,535	1367631	4,805	348,71	9676.91
112	12544	10,583	1404928	4,820	351,85	9852,05
113	12769	10,630	1442897	4,834	355,01	10028,77
114	12996	10,677	1481544	4,848	358.14	10207,05
115	13225	10,723	1520875	4,862	361,28	10386,91
116	13456	10.770	1560896	4,876	364,42	10568,34
117	13689	10,816	1601643	4,890	367,56	10751,34
118	13924	10,862	1643032	4,904	370.70	10935,90
119	14161	10,908	1685159	4,918	373,85	11122,04
120	14400	10,954	1728000	4,932	376,99	11309,76
121	14641	11,000	1771561	4,946	380,13	11499,04
122	14884	11.045	1815848	4,959	383,27	11689,89
123	15129	11,090	1860867	4,973	386,41	11882.31
124	15376	11,135	1906624	4,986	389,55	12076,31
125	15625	11,180	1953125	5,000	392,70	12271,87
126	15876	11,224	2000376	5,013	395.84	12469,01
127	16129	11,269	2048383	5,026	398,98	12667,71
128	16384	11,313	2097152	5,039	402,12	12867,99
129	16641	11,357	2146689	5,052	405.26	13069,84
130	16900	11,401	2197000	5,065	408,41	13273,26
131	17161	11,445	2248091	5,078	411,54	13478,24
132	17424	11,489	2299968	5,091	414,69	13614,80
133	17689	11,532	2352637	5,104	417,83	13892,94
134	17956	11,575	2406104	5,117	420,97	14102,64
135	18225	11,618	2460375	5,129	424,11	14313,91
136	18496	11.661	2515456	5,142	427.25	14526,75
137	18769	11 704	2571353	5,155	430,39	14741,17
138	19044	11,747	2620872	5,167	433,54	14957,15
139	19321	11,789	2685619	5,180	436,68	15174,71
140	19600	11,832	2744000	5,192	439.82	15393,84
141	19881	11,874	2803221	5,204	442.96	15614,53
142	20164	11,916	2863288	5,217	446,10	15836,80

TABLE DES NOMBRES, ETC. (*Suite.*)

Nombres ou diamètres.	Carrés.	Racines carrées.	Cubes.	Racines cubiques.	Circonférences.	Surfaces.
143	20449	11,958	2924207	5,229	449,24	16060,64
144	20736	12,000	2985984	5,241	452,39	16286,05
145	21025	12,041	3048625	5,253	455.53	16513 03
146	21316	12,083	3112136	5,265	458,67	16741,48
147	21609	12,124	3176523	5,277	461,81	16971,70
148	21904	12,165	3241792	5,289	464.95	17203,40
149	22201	12,206	3307949	5,301	468,09	17436,13
150	22500	12,247	3375000	5,313	471,24	17674.50
151	22801	12,288	3442951	5,325	474,38	17907.90
152	23104	12,328	3511808	5,336	477,52	18145,88
153	23409	12,369	3581577	5,348	480,66	18385,42
154	23716	12,409	3652264	5,360	483,80	18626,54
155	24025	12,449	3723875	5,371	486 94	18869,23
156	24336	12,489	3796416	5,383	490.08	19113,49
157	24649	12,529	3869893	5.394	493 23	19359,32
158	24964	12,569	3944312	5,406	496,37	19606.72
159	25281	12.609	4019679	5,417	499,51	19855,69
160	25600	12,649	4096000	5,428	502,65	20106.24
161	25921	12.688	4173281	5.440	505,79	20358,35
162	26244	12,727	4251528	5,451	508,93	20612,03
163	26569	12,767	4330747	5,462	512.08	20867,20
164	26896	12,806	4410944	5,473	515.22	21124,11
165	27225	12,845	4492125	5,484	518,36	21382,51
166	27556	12,884	4574296	5.495	521,50	21642.48
167	27889	12,922	4657463	5,506	524 64	21904 02
168	28224	12,961	4741632	5,517	527.78	22167,12
169	28561	13,000	4826809	5,528	530.93	22431.80
170	28900	13,038	4913000	5,539	534,07	22698.06
171	29241	13,076	5000211	5,550	537,31	22965.88
172	29584	13,114	5088448	5.561	540,35	23235,27
173	29929	13,152	5177717	5,572	543,49	23506.23
174	30276	13.190	5268024	5,582	546,64	23778,77
175	30625	13,228	5359375	5,593	549,78	24052.87
176	30976	13,266	5451776	5.604	552 92	24328,55
177	31329	13,304	5545233	5,614	556,06	24605,79
178	31684	13,344	5639752	5,625	559,20	24884.64
179	32041	13,379	5735339	5,635	562,34	25165,00
180	32400	13,416	5832000	5,646	565.48	25446,96
181	32761	13,453	5929741	5,656	568.62	25730,48
182	33124	13.490	6028568	5,667	571.77	26015,58
183	33489	13,527	6128487	5 677	574.91	26302.26
184	33856	13,564	6229504	5,687	578,05	26590,50
185	34225	13,601	6331625	5,698	581.49	26880.31
186	34596	13 638	6434856	5,708	584,33	27171,69
187	34969	13,674	6539203	5.718	587,47	27464 65
188	35344	13,711	6644672	5,728	590.62	27759.17
189	35721	13.747	6751269	5,738	593 76	28055,27
190	36100	13,784	6859000	5.748	596,90	28352.94
191	36481	13,820	6967871	5,758	600,04	28652.47
192	36864	13,856	7077888	5,768	603,18	28952,98

TABLE DES NOMBRES, ETC. (*Suite.*)

Nombres ou diamètres.	Carrés.	Racines carrées.	Cubes.	Racines cubiques.	Circonférences.	Surfaces.
193	37249	13,892	7189057	5,778	606,32	29255,36
194	37636	13,928	7301384	5,788	609,47	29559,31
195	38025	13,964	7414875	5,798	612,61	29864,83
196	38416	14.000	7529536	5,808	615.75	30171,92
197	38809	14,035	7645373	5,818	618,89	30480,60
198	39204	14,071	7762392	5,828	622,03	30790,82
199	39601	14,106	7880599	5,838	625.17	31102,52
200	40000	14,142	8000000	5,848	628,32	31416,00
201	40401	14,177	8120601	5,857	631,46	31730.94
202	40804	14,212	8242408	5,867	634,60	32047,46
203	41209	14,247	8365427	5,877	637,74	32365.54
204	41616	14,282	8489664	5,886	640,88	32685,20
205	42025	14,317	8615125	5,896	644,02	33006,43
206	42436	14,352	8741816	5,905	647,16	33329,23
207	42849	14.387	8869743	5,915	650,31	33653,60
208	43264	14,422	8998912	5,924	653,45	33979,54
209	43681	14,456	9129329	5,934	656.59	34307,05
210	44100	14,491	9261000	5,943	659,73	34636,14
211	44521	14,525	9393931	5,953	662,87	34966,79
212	44944	14,560	9528128	5,962	666,01	35299.01
213	45369	14,594	9663597	5,972	669 16	35632,81
214	45796	14,628	9800344	5.981	672,30	35968,17
215	46225	14,662	9938375	5,990	675,44	36305,11
216	46656	14,696	10077696	6,000	678,58	36643,62
217	47089	14,730	10218313	6,009	681,72	36983,70
218	47524	14,764	10360232	6,018	684,86	37325,34
219	47961	14,798	10503459	6,027	688,01	37668,56
220	48400	14,832	10648000	6,036	691,15	38013,36
221	48841	14.866	10793861	6,045	594,29	38359,72
222	49284	14,899	10941048	6,055	697,43	38707,65
223	49729	14.933	11089567	6,064	700,57	39057,51
224	50176	14,966	11239424	6,073	703,71	39408,23
225	50625	15,000	11390625	6,082	706,86	39760,87
226	51076	15,033	11543176	6,091	710.00	40115,09
227·	51529	15.066	11697083	6,100	713,14	40470,87
228	51984	15,099	11852352	6,109	716.28	40828,23
229	52441	15,132	12008989	6.118	719,42	41187.16
230	53900	15,165	12167000	6,126	722.56	41547,66
231	53361	15.198	12326391	6,135	725,70	41909,72
232	53824	15,231	12487168	6,144	728,85	42273,36
233	54289	15,264	12649337	6,153	731,99	42638,58
234	54756	15,297	12812904	6,162	735,13	43005,36
235	55225	15,329	12977875	6,171	738,27	43373,71
236	55696	15,362	13144256	6,179	741.41	43743,63
237	56169	15,394	13312053	6,188	744.55	44115,11
238	56644	15,427	13481272	6,197	747,68	44488,19
239	57121	15,459	13651919	6,205	750,84	44862,83
240	57600	15,491	13824000	6,214	753,98	45239,04
241	58081	15,524	13997521	6,223	757,12	45616,81
242	58564	15,556	14172488	6,234	760,26	45996,16

TABLE DES NOMBRES, ETC. (*Suite.*)

Nombres ou diamètres.	Carrés.	Racines carrées.	Cubes.	Racines cubiques.	Circonférences.	Surfaces.
243	59049	15,588	14348907	6,240	763,40	46377,08
244	59536	15,620	14526784	6,248	766,55	46759,57
245	60025	15,652	14706125	6,257	769,69	47143,63
246	60516	15,684	14886936	6,265	772,83	47529,26
247	61009	15,716	15069223	6,274	775,97	47916,46
248	61504	15,748	15252992	6,282	779,11	48305,24
249	62001	15,779	15438249	6,291	782,25	48695,58
250	62500	15,811	15625000	6,299	785,40	49087,50
251	63001	15,842	15813251	6,307	788,54	49480,98
252	63504	15,874	16003008	6,316	791,68	49876,04
253	64009	15,905	16194277	6.324	794,82	50272,66
254	64516	15,937	16387064	6,333	797,96	50670,86
255	65025	15,968	16581375	6,341	801,10	51070,63
256	65536	16,000	16777216	6,349	804,24	51471,96
257	66049	16,031	16974593	6,357	807,39	51874,88
258	66564	16,062	17173512	6,366	810,53	52279,36
259	67081	16,093	17373979	6,374	813,67	52685,41
260	67600	16,124	17576000	6,382	816,81	53093,04
261	68121	16,155	17779581	6,390	819,97	53502,23
262	68644	16,186	17984728	6.398	823,09	53912,99
263	69169	16,217	18191447	6,406	826,24	54325,33
264	69696	16.248	18399744	6,415	829,38	54739.23
265	70225	16,278	18609625	6,423	832,52	55154,71
266	70756	16,309	18821096	6,431	835,66	55571,76
267	71289	16,340	19034163	6,439	838,80	55990,38
268	71824	16,370	19248832	6,447	841,94	56410,56
269	72361	16,401	19465109	6,455	845,09	56832,32
270	72900	16,431	19683000	6,463	848,23	57255,66
271	73441	16,462	19902511	6,471	851,37	57680,56
272	73984	16,492	20123648	6,479	854,51	58107,03
273	74529	16,522	20346417	6,487	857,65	58535,07
274	75076	16,552	20570824	6,495	860,79	58964,69
275	75625	16,583	20796875	6,502	863,94	59395,87
276	76176	16.613	21024576	6,510	867,08	59828,63
277	76729	16,643	21253933	6,518	870,22	60262,95
278	77284	16,673	21484952	6,526	873,36	60698,85
279	77841	16,703	21717639	6,534	876,50	61136,32
280	78400	16,733	21952000	6,542	879,64	61575,36
281	78961	16,763	22188041	6,549	882,78	62015,96
282	79524	16.792	22425768	6,557	885,93	62458,14
283	80089	16,822	22665187	6,565	889,07	62901,90
284	80656	16,852	22906304	6,573	892,21	63347,22
285	81225	16,881	23149125	6,580	895,35	63794,11
286	81796	16,911	23393656	6,588	898,49	64242,57
287	82369	16,941	23639903	6,596	901,63	64692,61
288	82944	16,970	23787872	6,603	904,78	65144,21
289	83521	17,000	24137569	6,611	907,92	65597,39
290	84100	17,029	24389000	6,619	911,06	66052,14
291	84681	17,059	24642171	6,627	914,24	66508,45
292	85264	17,088	24897088	6,634	917,34	66966,34

TABLE DES NOMBRES, ETC. (*Suite.*)

Nombres ou diamètres.	Carrés.	Racines carrées.	Cubes.	Racines cubiques.	Circonférences.	Surfaces.
293	85849	17,117	25153757	6,642	920,48	67425,80
294	86436	17,146	25412184	6,649	923,63	67886,83
295	87025	17,176	25672375	6,657	926,77	68349,43
296	87616	17,205	25934336	6,664	929,91	68813,60
297	88209	17,234	26198073	6,672	933,05	69279,34
298	88804	17,263	26463592	6,679	936,19	69746,66
299	89401	17,292	26730899	6,687	939,33	70215,54
300	90000	17,320	27000000	6,694	942,18	70686,00
301	90601	17,349	27270901	6,702	945,62	71158,02
302	91204	17,378	27543608	6,709	948,76	71631,62
303	91809	17,407	27818127	6,717	951,90	72106,78
304	92416	17,436	28094464	6,724	955,04	72583,52
305	93025	17,464	28372625	6,731	958,18	73061,83
306	93636	17,493	28652616	6,739	961,32	73541,71
307	94249	17,521	28934443	6,746	964,47	74023,46
308	94864	17,549	29218112	6,753	967,61	74506,18
309	95481	17,578	29503629	6,761	970,75	74990,77
310	96100	17,607	29791000	6,768	973,89	75476,94
311	96721	17,635	30080231	6,775	977,03	75964,67
312	97344	17,663	30371328	6,782	980,17	76453 93
313	97969	17,692	30664297	6,789	983,32	76944,85
314	98596	17,720	30959144	6,797	986,45	77437,29
315	99225	17,748	31255875	6,804	989,60	77931,31
316	99856	17,776	31554496	6,811	992,74	78426,89
317	100489	17,804	31855013	6,818	995,88	78924,06
318	101124	17,832	32157432	6,826	999,02	79422,78
319	101761	17,860	32461759	6,833	1002,17	79923,08
320	102400	17,888	32768000	6,839	1005,31	80424,96
321	103041	17,916	33076161	6,847	1008,45	80928,40
322	103684	17,944	33386248	6,854	1011,59	81433,41
323	104329	17,972	33698267	6,861	1014,73	81939,99
324	104976	18,000	34012224	6,868	1017,88	82448,15
325	105625	18,028	34328125	6,875	1021,16	82956,87
326	106276	18,055	34645976	6,882	1024,30	83469,17
327	106929	18,083	34965783	6,889	1027,44	83982,60
328	107584	18,111	35287552	6,896	1030,58	84496,47
329	108241	18,638	35614289	6,903	1033,72	85012,48
330	108900	18,166	35937000	6,910	1036,86	85530,06
331	109561	18,193	36264691	6,917	1039 88	86049,20
332	110224	18,221	36594668	6,924	1043,01	86569,92
333	110889	18,248	36926037	6,931	1046,15	97092,22
334	111556	18,276	37259704	6,938	1049,29	87616,08
335	112225	18,303	27595375	6,945	1052,43	88141,51
336	112896	18,330	37933056	6,952	1055,57	88668,51
337	113569	18,357	38272753	6,959	1058,71	89197 09
338	116244	18,385	38614472	6,966	1061,86	89727,23
339	114921	18,412	38958219	6,973	1065,02	90258,95
340	115600	18,439	39304000	6,979	1068,14	90792,24
341	116281	18,466	39651821	6,986	1071,28	91327,09
342	116964	18,493	40001688	6,993	1074,27	91863,52

TABLE DES NOMBRES, ETC. (*Suite.*)

Nombres ou diamètres.	Carrés.	Racines carrées.	Cubes.	Racines cubiques.	Circonférences.	Surfaces.
343	117649	18,520	40353607	7,000	1077,56	92401,15
344	118336	18,547	40707584	7,007	1080.71	92941,09
345	119025	18,574	41063625	7,014	1083,85	93482,23
346	119716	18,601	41421736	7,020	1086,99	94024,94
347	120409	18,628	41781923	7,027	1090,13	94569,22
348	121104	18,655	42144192	7,034	1093,27	95115.08
349	121801	18,681	42508549	7,040	1096,41	95662,50
350	122500	18,708	42875000	7,047	1099,56	96211,50
351	123201	18,735	43243551	7,054	1102,70	96762,06
352	123904	18,762	43614208	7,061	1105.84	97314,20
353	124609	18,788	43986977	7,067	1108.98	,97867,90
354	125316	18,815	44361864	7,074	1112.62	98423,18
355	126025	18,842	44738875	7,081	1115,26	98980,03
356	126736	18,868	45118016	7,087	1118,40	99538,45
357	127449	18,894	45499293	7,094	1121,55	100098,43
358	128164	18,921	45882712	7,101	1124.69	100660,00
359	128881	18,947	46268279	7,107	1127,83	101223,13
360	129600	18,974	46656000	7,114	1130,97	101787,84
361	130321	19 000	47045881	7,120	1134,11	102354,11
362	131044	19,026	47437928	7,127	1137,25	102921,95
363	131769	19,052	47832147	7,133	1140 40	103491,31
364	132496	19,079	48228544	7,140	1143.54	104062,35
365	133225	19,105	48627125	7,146	1146,68	104634,91
366	133956	19,131	49027896	7,153	1149,82	105209,04
367	134689	19,157	49430863	7,159	1152,96	105784,74
368	135424	19,183	49836032	7,166	1156,10	106362,00
369	136161	19,209	50243409	7,172	1159,25	106940,84
370	136900	19,235	50653000	7,179	1162,39	107521,26
371	137641	19,261	51064811	7,185	1165,53	108103,22
372	138384	19.287	51478848	7,192	1168,67	108686,79
373	139129	19,313	51895117	7,198	1171.81	109271,91
374	139876	19,339	52313624	7,205	1174.95	109858,62
375	140625	19,365	52734375	7,211	1178,10	110446,87
376	141376	19.391	53157376	7,218	1181,24	111036,74
377	142129	19.416	53582633	7,224	1184,38	111628.11
378	142884	19,442	54010152	7,230	1187,52	112224,09
379	143641	19,468	54439939	7,237	1190.66	112815,64
380	144400	19,493	54872000	7,243	1193,80	113411,76
381	145161	19.519	55306341	7,249	1196,94	114009,46
382	145924	19,545	55742968	7,256	1200.09	114608,70
383	146689	19,570	56181887	7.262	1203.23	115209,54
384	147456	19,596	56623104	7.268	1206,37	115811.94
385	148225	19,621	57066625	7,275	1209,51	116415,91
386	148996	19,647	57512456	7,281	1212.65	117021,45
387	149769	19,672	57960603	7,287	1215,79	117628,57
388	150544	19.698	58411072	7,294	1218,94	118237.25
389	151321	19,723	58863869	7.299	1222,08	118846,51
390	152100	19,748	59319000	7,306	1225,22	119459,62
391	152881	19.774	59776471	7,312	1228,36	120072,73
392	153664	19,799	60236288	7,319	1231,50	120687,70

TABLE DES NOMBRES, ETC. (*Suite*).

Nombres ou diamètres.	Carrés.	Racines carrées.	Cubes.	Racines cubiques.	Circonférences.	Surfaces.
393	154449	19,824	60698457	7,325	1234,64	121304,24
394	155236	19,849	61162984	7,331	1237,79	121922,43
395	156025	19,875	61629875	7,337	1240,93	122542,03
396	156816	19,899	62099136	7,343	1244,07	123163,28
397	157009	19,925	62370773	7,349	1247,21	123786,10
398	158404	19,949	63044792	7,356	1250,35	124411,28
399	159201	19,975	63521199	7,362	1253,49	125036,46
400	160000	20,000	64000000	7,368	1256,64	125664,00
401	160801	20,025	64481201	7,374	1259,78	126293,10
402	161604	20,049	64964808	7,380	1262,92	126923,88
403	162409	20,075	65450827	7,386	1266,06	127556,02
404	163216	20,099	65939264	7,392	1269,20	128189,84
405	164025	20,125	66430125	7,399	1272,34	128825,23
406	164836	20,149	66923416	7,405	1275,48	129462,19
407	165649	20,174	67419143	7,411	1278,63	130100,71
408	166464	20,199	67914312	7,417	1281,77	130740,82
409	16-281	20,224	68417929	7,422	1284,91	131382,49
410	168100	20,248	68921000	7,429	1288 05	132025,74
411	168921	20,273	69426531	7,434	1291,19	132670,55
412	169744	20,298	69934528	7,441	1294,34	133316,93
413	170569	20,322	70444997	7,447	1297,48	133964,89
414	171396	20,347	70957944	7,453	1300,62	134614,41
415	172225	20,371	71473375	7,459	1303,76	135265,51
416	173056	20,396	71991296	7,465	1306,90	135918,18
417	173889	20,421	72514743	7,471	1310,04	136572,42
418	174724	20,445	73034632	7,477	1313,18	137228,22
419	175561	20,469	73560059	7,483	1316,32	137885,69
420	176400	20,494	74088000	7,489	1319.47	138544,56
421	177241	20,518	74618461	7,495	1322,64	139205,08
422	178084	20,543	75151448	7,504	1325,75	139867,17
423	178929	20,567	75686967	7,507	1328,89	140530,83
424	179776	20,591	76225024	7,513	1332,03	141196,07
425	180625	20,615	76765625	7,518	1335,18	141862,87
426	181476	20,639	77308776	7,524	1338,32	142531,25
427	182329	20,664	77854483	7,530	1341,46	143201,19
428	183184	20,688	78402752	7,536	1344,60	143872,71
429	184041	20,712	78953589	7,542	1347,74	144545,80
430	184900	20,736	79507000	7,548	1350,88	145220,46
431	185761	20,760	80062994	7,554	1354,02	145896,68
432	186624	20,785	80621568	7,559	1357,17	146574,48
433	187489	20,809	81182737	7,565	1360,33	147253,85
434	188356	20,833	81746504	7,571	1363,45	147934,80
435	189225	20,857	82312875	7,577	1366,59	148617,31
436	190096	20,881	82881856	7,583	1369,73	149301,39
437	190969	20,904	83453453	7,588	1372,87	149987,05
438	191844	20,928	84027672	7,594	1376,02	150674,27
439	192721	20,952	84604519	7,600	1379,16	151362,87
440	193600	20,976	85184000	7,606	1382,30	152053,44
441	194481	21,000	85766121	7,612	1385,44	152745,37
442	195364	21,024	86350888	7,617	1368,58	153438,88

TABLE DES NOMBRES, ETC. (*Suite*).

Nombres ou diamètres.	Carrés.	Racines carrées.	Cubes.	Racines cubiques.	Circonférences.	Surfaces.
443	196249	21,047	86938307	7,623	1391,72	154133,96
444	197136	21,071	87528384	7,629	1394,87	154830,61
445	198025	21,095	88121125	7,635	1398.01	155528,83
446	198916	21,119	88716536	7,640	1401,15	156228.62
447	199809	21,142	89314623	7,646	1404,29	156929,98
448	200704	21,166	89915392	7,652	1407.43	157632,92
449	201601	21,189	90518849	7,657	1410,57	158337,42
450	202500	21,213	91125000	7.663	1413,72	159043,50
451	203401	21,237	91733851	7,669	1416,86	159751,14
452	204304	21,260	92345408	7,674	1420,00	160460,36
453	205209	21,284	92959677	7,680	1423,14	161174,44
454	206106	21,307	93576664	7,686	1426,28	161883,50
455	207025	21,331	94196375	7,691	1429,42	162597,43
456	207936	21,354	94818816	7,697	1432,56	163312,93
457	208849	21,377	95443993	7,703	1435,71	164030,20
458	209764	21,401	96071912	7,708	1438,85	164748,64
459	210681	21,424	96702579	7,714	1441,99	165468.85
460	211600	21,447	97336000	7,719	1445,13	166190,64
461	212521	21,471	97972181	7,725	1448,27	166943,99
462	213444	21,494	98611128	7,734	1451,41	167638,94
463	214369	21,517	99252847	7,736	1454,56	168365,41
464	215296	21,541	99897345	7,742	1457,70	169093,47
465	216225	21,564	100544625	7,747	1460,84	169823,11
466	217156	21.587	101194696	7,753	1463,98	170554,32
467	218089	21,610	101847563	7,758	1467,12	171287,10
468	219024	21,633	102503232	7,764	1470,26	172021,44
469	219961	21,656	103161709	7,769	1473,41	172757,36
470	220900	21,679	103823000	7,775	1476.55	173494,86
471	221841	21,702	104487111	7,780	1479,69	174233,92
472	222784	21,725	105154048	7,786	1482,83	174974,55
473	223729	21,749	105823817	7,791	1485,97	175716,75
474	224676	21,771	106496424	7,797	1489.11	176460,45
475	225625	21,794	107171875	7,802	1492,26	177205,87
476	226576	21,817	107850176	7.808	1495,36	177952,79
477	227529	21,840	108531333	7,813	1498,54	178701,27
478	228484	21,863	109215352	7,819	1501.68	179451,33
479	229441	21,886	109902239	7,824	1504 82	180202,96
480	230400	21,909	110592000	7,830	1507,96	180956,16
481	231361	21.932	111284641	7,835	1511,10	181710,92
482	232324	21,954	111980168	7,840	1514,25	182467,26
483	233289	21,977	112678587	7,846	1517,39	183225.18
484	234256	22,000	113379904	7,851	1520,53	183984,66
485	235225	22,023	114084125	7,857	1523,67	184745,71
486	236196	22,045	114794256	7.862	1526.81	185508,33
487	237169	22,069	115501303	7,868	1529,95	186272,53
488	238144	22,091	116214272	7,873	1533,10	187038,29
489	239121	22.113	116901169	7,878	1536,24	187805,63
490	240100	22,136	117649000	7,884	1539,38	188574,54
491	241081	22,158	118370771	7,889	1542,52	189345,01
492	242064	22,181	119095488	7,894	1545,66	190117,06

TABLE DES NOMBRES, ETC. (*Suite.*)

Nombres ou diamètres.	Carrés.	Racines carrées.	Cubes.	Racines cubiques.	Circonférences.	Surfaces.
493	243049	22,204	119823157	7,899	1548,80	190890,68
494	244036	22,226	120353784	7.905	1551.95	191665.87
495	245025	22,248	121287375	7,910	1555.09	192442,63
496	246016	22,271	122023936	7.915	1558,23	193220.96
497	247009	22,293	122763473	7 921	1561,37	194000,86
498	248004	22,316	123503992	7.926	1564,51	194782,34
499	249001	22,338	124251499	7.932	1567,55	195565,38
500	250000	22,361	125000000	7.937	1570,80	196350,00
501	251001	22,383	125751501	7,942	1573,94	197136,18
502	252004	22,405	126506008	7.947	1577,08	197923.94
503	253009	22,428	127263527	7,953	1580,22	198713,26
504	254016	22,449	128024864	7,958	1583,36	199504,16
505	255025	22,472	128787625	7,963	1586,50	200296.63
506	256036	22,494	129554216	7,969	1589,64	201090,67
507	257049	22,517	130323843	7,974	1592,79	201886.28
508	258064	22,539	131096512	7.979	1595.93	202683.46
509	259081	22,561	131872229	7.984	1599.07	203481.70
510	260100	22,583	132651000	7,989	1602,21	204282,54
511	261121	22,605	133432831	7,995	1605,35	205084,43
512	262144	22,627	134217728	8,000	1608,49	205887,84
513	263169	22,649	135005697	8.005	1611,64	206692.93
514	264196	22,671	135796744	8.010	1614,78	207499.53
515	265225	22,694	136590875	8,016	1617,92	208307.71
516	266256	22,716	137388096	8,021	1621,06	209117,46
517	267289	22,738	138188413	8,026	1624,20	209928,78
518	268324	22,759	138991832	8.031	1627,34	210741,66
519	269361	22,782	139798359	8.036	1630,49	211556,12
520	270400	22,803	140608000	8.041	1633,63	212372,16
521	271441	22,825	141420761	8,047	1636,77	213189,76
522	272484	22,847	142236648	8.052	1639,93	214008,93
523	273529	22,869	143055667	8,057	1643,05	214829,67
524	274576	22,891	143877824	8,062	1646,19	215651,99
525	275625	22,913	144703125	8,067	1649,34	216475,87
526	276676	22,935	145531576	8,072	1652,48	217301,33
527	277729	22,956	146361183	8,077	1655,62	218128,35
528	278784	22,978	147197952	8,082	1658,76	218936,95
529	279841	23,000	148035889	8.087	1661,90	219787,12
530	280900	23,022	148877000	8,093	1665,04	220618,86
531	281961	23,043	149721291	8.098	1668.18	221452,16
532	283024	23,065	150568768	8,103	1671,33	222287,04
533	284089	23,087	151419437	8,108	1674,47	223123,50
534	285156	23,108	152273304	8,113	1677,61	223961,52
535	286225	23,130	153130375	8.118	1680,75	224801,11
536	287296	23,152	153990656	8,123	1683 89	225642,27
537	288369	23,173	154854153	8,128	1687,04	226484,01
538	2 9444	23,195	155720872	8,133	1690,18	227329,31
539	290521	23.216	156590819	8,138	1693,32	228475,19
540	291600	23,238	157464000	8,143	1696,46	229022,64
541	292681	23,259	158340421	8,148	1699,60	229871,65
542	293764	23,281	159220088	8,153	1702,74	230722,24

TABLE DES NOMBRES, ETC. (*Suite.*)

Nombres ou diamètres.	Carrés.	Racines carrées.	Cubes.	Racines cubiques.	Circonférences.	Surfaces.
543	294849	23,302	160103007	8,158	1705,88	231574,40
544	295936	23,324	160989184	8,163	1709,03	232428,13
545	297025	23,345	161878625	8,168	1712,17	233283,43
546	298116	23,367	162771336	8,173	1715,31	234140,30
547	299209	23,388	163667323	8,178	1718,45	234998,74
548	300304	23,409	164566592	8,183	1721,59	235858,76
549	301401	23,431	165469149	8,188	1724,73	236720,34
550	302500	23,452	166375000	8,193	1727,88	237583,50
551	303601	23,473	167284151	8,198	1731,02	238448,22
552	304704	23,495	168196608	8,203	1734,16	239314,52
553	305809	23,516	169112377	8,208	1737,30	240182,38
554	306916	23,537	170031464	8,213	1740,44	241051,82
555	308025	23,558	170953875	8,218	1743,58	241922,83
556	309136	23,579	171879616	8,223	1746,72	242795,41
557	310249	23,601	172808693	8,228	1749,87	243669,56
558	311364	23,622	173741112	8,233	1753,01	244545,28
559	312481	23,643	174676879	8,238	1756,15	245422,57
560	313600	23,664	175616000	8,242	1759,29	246301,44
561	314721	23,685	176558481	8,247	1762,43	247181,87
562	315844	23 706	177504328	8,252	1765,57	248063,87
563	316969	23,728	178453547	8,257	1768,72	248947,45
564	318096	23,749	179406144	8,262	1771,86	249832,59
565	319225	23,769	180362125	8,267	1775,00	250719,31
566	320356	23,791	181321496	8,272	1778,14	251607,60
567	321489	23,812	182284263	8,277	1781,28	252497,36
568	322624	23,833	183250432	8,282	1784,42	253388,88
569	323761	23,854	184220009	8,286	1787,57	254281,88
570	324900	23,875	185193000	8,291	1790,71	255176,64
571	326041	23,896	186169411	8,296	1793,85	256072,60
572	327184	23,916	187149248	8,301	1796,99	256970,31
573	328329	23,937	188132547	8,306	1800,13	257869,59
574	329476	23,958	189119224	8,311	1803,27	258770,45
575	330625	23,979	190109375	8,345	1806,42	259672,87
576	331776	24,000	191102976	8,320	1809,56	260576,87
577	332929	24,021	192100033	8,325	1812,80	261482,43
578	334084	24,042	193100552	8,330	1815,84	262388,57
579	335241	24,062	194104539	8,335	1818,98	263298,28
580	336400	24,083	195112000	8,339	1822,12	264208,56
581	337561	24,104	196122941	8,344	1825,26	265120,46
582	338724	24,125	197137368	8,349	1828,41	266033,82
583	339889	24,145	198455287	8,354	1831,55	266948,82
584	341056	24,466	199176704	8,359	1834,69	267865,38
585	342225	24,187	200201625	8,363	1837,83	268783,57
586	343396	24,207	201230056	8,368	1840,97	269703,21
587	344569	24,228	202262003	8,373	1844,11	270624,49
588	345744	24,249	203297472	8,378	1847,26	271547,33
589	346921	24,269	204336469	8,382	1850,40	272471,75
590	348100	24,289	205379000	8,387	1853,54	273397,74
591	349281	24,310	206425071	8,392	1856,68	274325,29
592	350464	24,331	207474688	8,397	1859,82	275254,42

TABLE DES NOMBRES, ETC. (*Suite.*)

Nombres ou diamètres.	Carrés.	Racines carrées.	Cubes.	Racines cubiques.	Circonférences.	Surfaces.
593	351649	24,351	208527857	8,401	1862,96	276185,12
594	352836	24,372	209584584	8,406	1866,11	277117,39
595	354025	24,393	210644875	8,411	1869,25	278051,23
596	355216	24,413	211708736	8,415	1872,39	278986,64
597	356409	24,433	212776173	8,420	1875,53	279923,62
598	357604	24,454	213847192	8,425	1878,67	280862,18
599	358801	24,474	214921799	8,429	1881,81	281802,30
600	360000	24,495	216000000	8,434	1884,96	282744,00
601	361201	24,515	217081801	8,439	1888,10	283687,26
602	362404	24,536	218167208	8,444	1891,24	284632,10
603	363609	24,556	219256227	8,448	1894,38	285578,50
604	364816	24,576	220348864	8,453	1897,52	286526,48
605	366025	24,597	221445125	8 458	1900,66	287476,03
606	367236	24,617	222545016	8,462	1903,80	288426,15
607	368449	24,637	223648543	8,467	1906,95	289379,84
608	369664	24,658	224755712	8,472	1910,09	290334,40
609	370881	24,678	225866529	8,476	1913,23	291289,93
610	372100	24,698	226981000	8,481	1916,37	292247,34
611	373321	24,718	228099131	8 485	1919,51	293206,31
612	374544	24,739	229220928	8,490	1922,65	294166,85
613	375769	24,758	230346397	8,495	1925,80	295128,97
614	376996	24,779	231475544	8,499	1928,94	296092,65
615	378225	24,799	232608375	8,504	1932,08	297057,91
616	379456	24,819	233744896	8,509	1935,22	298024,74
617	380689	24,839	234885113	8,513	1938,36	298993,14
618	381924	24,859	236029032	8,518	1941,50	299963,00
619	383161	24,879	237176659	8,522	1944,65	300934,64
620	384400	24,899	238328000	8,527	1947,79	301907,76
621	385641	24,919	239483061	8,532	1950,93	302882,44
622	386884	24,939	240641848	8,536	1954,07	303858,69
623	388129	24,959	241804367	8,541	1957,21	304836,51
624	389376	24,980	242970624	8,545	1960,35	305815,91
625	390625	25,000	244140625	8,549	1963,50	306796,87
626	391876	25,019	245314376	8,554	1966,64	307779,41
627	393129	25,040	246491883	8,559	1969,78	308763,41
628	394384	25,059	247673152	8,563	1972,92	309749,19
629	395641	25,079	248858189	8,568	1976,06	310736,44
630	396900	25,099	250047000	8,573	1979,20	311725.26
631	398161	25,119	251239591	8,577	1982,34	312715,64
632	399424	25,139	252435968	8,582	1985,49	313707,58
633	400689	25,159	253636137	8,586	1988,63	314701,14
634	401956	25,179	254840104	8,591	1991,77	315696,64
635	403225	25,199	256047875	8,595	1994,91	316692,91
636	404496	25,219	257259456	8,599	1998,05	317691,15
637	405769	25,239	258474853	8,604	2001,19	318690,97
638	407044	25,259	259694072	8,609	2004,34	319692,35
639	408321	25,278	260917119	8,613	2007,48	320695,31
640	409600	25,298	262144000	8,618	2010,62	321699,84
641	410881	25,318	263374721	8,622	2013,76	322705,93
642	412164	25,338	264609288	8,627	2016,90	323713,60

21.

TABLE DES NOMBRES, ETC. (*Suite.*)

Nombres ou diamètres.	Carrés.	Racines carrées.	Cubes.	Racines cubiques.	Circonférences.	Surfaces.
643	413449	25.357	265847707	8,631	2020,04	324722,84
644	414736	25,377	267089984	8,636	2023,19	325733,65
645	416025	25.397	268836125	8,640	2026,33	326746,03
646	417316	25,416	269586136	8,644	2029,47	327759,98
647	418609	25,436	270840023	8,649	2032,61	328775,50
648	419904	25,456	272097792	8,653	2035,76	329792,60
649	421201	25,475	273359449	8,658	2038,89	330811,26
650	422500	25,495	274625000	8,662	2042,04	331831,50
651	423801	25,515	275894451	8.667	2045,18	332853,40
652	425104	25,534	277167808	8,671	2048,32	333876,68
653	426409	25,554	278445077	8,676	2051,46	334901,62
654	427716	25,573	279726264	8,680	2054,60	335928,14
655	429025	25,593	281011375	8.684	2057,74	336956,23
656	430336	25,612	282300416	8,689	2060,88	337985,89
657	431649	25,632	283593393	8,693	2064,03	339017,12
658	432964	25,651	284890312	8,698	2067,17	340049,92
659	434281	25,671	286191179	8,702	2070,31	341084,29
660	435600	25.690	287496000	8,706	2073,45	342120,24
661	436921	25,710	288804784	8,711	2076,59	343157,75
662	438244	25 729	290117528	8,715	2079,73	344196,33
663	439569	25 749	291434247	8,719	2082,88	345237,49
664	440896	25,768	292754944	8,724	2086,02	346279,74
665	442225	25,787	294079623	8,728	2089,46	347323.54
666	443556	25,807	295408296	8,733	2092,30	348368,88
667	444889	25,826	296740963	8,737	2095,44	349416,40
668	446224	25,846	298077632	8,742	2098,58	350464,32
669	447561	25 865	299418309	8,746	2101,73	351544,30
670	448900	25,884	300763000	8,750	2104,87	352566,06
671	450241	25,904	302111711	8,753	2108,01	353619,28
672	451584	25,923	303464448	8,759	2111,15	354674,07
673	452929	25,942	304821217	8,763	2114,29	355730.43
674	454276	25,961	306182024	8,768	2117,43	356788.37
675	455625	25,981	307546875	8.772	2120,58	357847,87
676	456976	26,000	308915776	8 776	2123,72	358908.95
677	458329	26,019	310288733	8,781	2126,86	359971,59
678	459684	26,038	311665752	8.785	2130,00	361035,84
679	461041	26,058	313046839	8,789	2133,14	362101,60
680	462400	26,077	314432000	8,794	2136,28	363168,96
681	463764	26,096	315821241	8,798	2139,42	364237,88
682	465124	26,115	317214568	8.802	2142,57	365308,38
683	466489	26,134	318611987	8,807	2145,71	366380.40
684	467856	26,153	320013504	8,811	2148,85	367454,10
685	469225	26 172	321419125	8,815	2151,99	368529,31
686	470396	26,492	322828856	8,819	2155,13	369605,60
687	471969	26,211	324242703	8,824	2158,27	370684,45
688	473344	26,229	325660672	8,828	2161,42	371764,37
689	474721	26,249	327082769	8,832	2164,56	372845,87
690	476100	26,268	328509000	8,836	2167,70	373928,94
691	477481	26,287	329939371	8,841	2170,84	375013,57
692	478864	26,306	331373888	8,845	2173,98	376099,78

TABLE DES NOMBRES, ETC. (*Suite.*)

Nombres ou diamètres.	Carrés.	Racines carrées.	Cubes.	Racines cubiques.	Circonfé- rences.	Surfaces.
693	480249	26,325	332812357	8,849	2177,12	377187,56
694	481636	26,344	334235384	8,853	2180,27	378276,94
695	483025	26,363	335702375	8,858	2183,41	379367,83
696	484416	26,382	337153536	8,862	2186,55	380460,32
697	485809	26,401	338608873	8,866	2189,69	382650,02
698	487204	26,419	340068392	8,870	2192,83	383747,22
699	488601	26,439	341532099	8,875	2195,97	384846,00
700	490000	26,457	343000000	8,879	2199,12	385945,92
701	491401	26,476	344472101	8,883	2202,26	387048,26
702	492804	26,495	345948408	8,887	2205,40	388151,74
703	494209	26,514	347428927	8,892	2208,54	389256,80
704	495616	26,533	348913664	8,896	2211,68	390363,43
705	497025	26,552	350402625	8,900	2214,82	391471,63
706	498436	26,571	351895816	8,904	2217,96	392581,40
707	499849	26,589	353393243	8,908	2221,11	393692,74
708	501264	26,608	354894912	8,913	2224,25	394805,65
709	502681	26,627	356400829	8,917	2227,39	395920,14
710	504100	26,645	357911000	8,921	2230,53	397036,19
711	505521	26,664	359425431	8,925	2233,67	398151,81
712	506944	26,683	360944128	8,929	2236,81	399273,01
713	508369	26,702	362467097	8,934	2239,96	400393,73
714	509796	26,721	363994344	8,938	2243,10	401516,11
715	511225	26,739	365525875	8,942	2246,24	402640,02
716	512656	26,758	367061696	8,946	2249,38	403765,50
717	514089	26,777	368601813	8,950	2252,52	403765,50
718	515524	26,795	370146232	8,954	2255,66	404892,54
719	516961	26,814	371694959	8,959	2258,81	406024,16
720	518400	26,833	373248000	8,963	2261,95	407154,36
721	519841	26,851	374805361	8,967	2265,09	408283,32
722	521284	26,870	376367048	8,971	2268,23	409416,45
723	522729	26,889	377933067	8,975	2271,37	410551,25
724	524176	26,907	379503424	8,979	2274,51	411687,93
725	525625	26,926	381078125	8,983	2277,66	412825,87
726	527076	26,944	382657176	8,988	2280,80	413965,24
727	528529	26,963	384240583	8,992	2283,94	415106,06
728	529984	26,981	385828352	8,996	2287,08	416249,43
729	531441	27,000	387420489	9,000	2290,22	417393,76
730	532900	27,018	389017000	9,004-	2293,36	418539,66
731	534361	27,037	390617891	9,008	2296,50	419687,12
732	535824	27,055	392223168	9,012	2299,65	420836,14
733	537289	27,074	393832837	9,016	2302,79	421986,78
734	538756	27,092	395446904	9,020	2305,93	423138,96
735	540225	27,111	397065375	9,023	2309,07	424292,71
736	541696	27,129	398688256	9,029	2312,21	425442,03
737	543169	27,148	400315553	9,033	2345,35	426604,93
738	544644	27,166	401947272	9,037	2318,50	427763,39
739	546121	27,184	403583419	9,041	2321 64	428923,43
740	547600	27,203	405224000	9,045	2324,78	430085,04
741	549081	27,221	406869021	9,049	2327,92	431248,21
742	550564	27,239	408518488	9,053	2331,06	432412,96

TABLE DES NOMBRES, ETC. (*Suite*).

Nombres ou diamètres.	Carrés.	Racines carrées.	Cubes.	Racines cubiques.	Circonférences.	Surfaces.
743	552049	27,258	410172407	9,057	2334,20	433579,28
744	553536	27,276	411830784	9,061	2337,35	434747,17
745	555025	27,295	413493625	9,065	2340,49	435916,63
746	556516	27,313	415160936	9,069	2343,63	437087,66
747	558009	27,331	416832723	9,073	2346,77	438260,26
748	559504	27,349	418508992	9,077	2349,91	439434,48
749	561001	27,368	420189749	9,081	2353,05	440610,18
750	562500	27,386	421875000	9,086	2356,20	441787,50
751	564001	27,404	423564751	9,089	2359,34	442966,38
752	565504	27,423	425259008	9,094	2362,48	444146,84
753	567009	27,441	426957777	9,098	2365,62	445328,86
754	568516	27,459	428661064	9,102	2368,76	446512,46
755	570025	27,477	430368875	9,106	2371,90	447697,63
756	571536	27,495	432081216	9,109	2375,04	448884,37
757	573049	27,514	433798093	9,114	2378,19	450072,68
758	574564	27,532	435519512	9,118	2381,33	451262,56
759	576081	27,549	437245479	9,122	2384.47	452454,01
760	577600	27,568	438976000	9,126	2387,61	453647,04
761	579121	27,586	440711081	9,129	2390,75	454841,63
762	580644	27,604	442450728	9,134	2393,89	456037,87
763	582169	27 622	444194947	9,138	2397,04	457235,53
764	583696	27,640	445943744	9,142	2400,18	458435,83
765	585225	27,659	447697125	9,146	2403,32	459635,71
766	586756	27,677	449455096	9,149	2406,46	460838,16
767	588289	27,695	451217663	9,154	2409,60	462042,18
768	589824	27,713	452984832	9,158	2412,74	463247,76
769	591361	27,731	454756609	9,162	2415,98	464454,92
770	592900	27,749	456533000	9,166	2419,03	465663,66
771	594441	27,767	458314011	9,170	2422,17	466873,96
772	595984	27,785	460099648	9,174	2425,31	468085,83
773	597529	27,803	461889917	9,178	2428,45	469299,27
774	599076	27,821	463684824	9,182	2431,59	470514,29
775	600625	27,839	465484375	9,185	2434,74	471730,87
776	602176	27,857	467288576	9,189	2437,88	472949,03
777	603729	27,875	469097433	9,193	2441,02	474168,75
778	605284	27,893	470910952	9,197	2444,16	475390.05
779	606841	27,911	472729139	9,201	2447,30	476612,92
780	608400	27,928	474552000	9,205	2450,44	477837,36
781	609961	27,946	476379541	9,209	2453,58	479063,36
782	611524	27,964	478211768	9,213	2456,73	480290,94
783	613089	27,982	480048687	9,217	2459,87	481520,10
784	614656	28,000	481890304	9,221	2463,01	482750,82
785	616225	28,018	483736625	9,225	2466,15	483983.11
786	617796	28,036	485587656	9,229	2469,29	485216,97
787	619369	28,054	487443403	9,233	2472,43	486452,41
788	620944	28,071	489303872	9,237	2475,58	487689,73
789	622521	28,089	491169069	9,240	2478,72	488927,99
790	624100	28,107	493039000	9,244	2481,86	490168,14
791	625681	28,125	494913671	9,248	2485,00	491409,85
792	627264	28,142	496793088	9,252	2488,44	492653,44

TABLE DES NOMBRES, ETC. (*Suite.*)

Nombres ou diamètres.	Carrés.	Racines carrées.	Cubes.	Racines cubiques.	Circonférences.	Surfaces.
793	628849	28,160	498677257	9,256	2491,28	493898,20
794	630436	28,178	500566184	9,260	2494,43	495144,43
795	632025	28,496	502459875	9,264	2497,57	496392,43
796	633646	28,213	504358336	9,268	2500,71	497642,40
797	635209	28,231	506261573	9,272	2503,85	498893,14
798	636804	28,249	508169592	9,275	2506,99	500145,86
799	638401	28,267	510082399	9,279	2510,13	501400,14
800	640000	28,284	512000000	9,283	2513,28	502656,00
801	641601	28,302	513922401	9,287	2516,42	503913,42
802	643204	28,320	515849608	9,291	2519,56	505162,43
803	644809	28,337	517781627	9,295	2522,70	506432,98
804	646416	28,355	519718464	9,299	2525,84	507695,52
805	648025	28,373	521660125	9,302	2528,98	508958,83
806	649636	28,390	523606616	9,306	2532,12	510224,11
807	651249	28,408	525557943	9,310	2535,27	511490,96
808	652864	28,425	527514112	9,314	2538,41	512759 38
809	654481	28,443	529475129	9,318	2541,55	514029,37
810	656100	28,460	531441000	9,322	2544,09	515300,94
811	657721	28,478	533411731	9,326	2547,83	516574,07
812	659344	28,496	535387328	9,329	2550,97	517848,77
813	660969	28,513	537367797	9,333	2554,12	519125,05
814	662596	28,531	539353144	9,337	2557,26	520402,85
815	664225	28,548	541343375	9,341	2560,40	521682,31
816	665856	28,566	543338496	9,345	2563,54	522963,30
817	667489	28,583	545338513	9,348	2566,68	524245,86
818	669124	28,601	547343432	9,352	2569,82	525529,98
819	670761	28,618	549353259	9,356	2572,97	526815,68
820	672400	28,636	551368000	9,360	2576,11	528102,96
821	674041	28,653	553387664	9,364	2579,25	529391,80
822	675684	28,671	555412248	9,368	2582,39	530682,21
823	677329	28,688	557444767	9,371	2585,53	531974,39
824	678976	28,705	559476224	9,375	2588,67	533267,75
825	680625	28,723	561515625	9,379	2591,82	534562,87
826	682276	28,740	563559976	9,383	2594,96	535859,57
827	683929	28,758	565609283	9,386	2598,10	537158,83
828	685584	28,775	567663552	9,390	2601,24	538457,62
829	687241	28,792	569722789	9,394	2604,38	539759,08
830	688900	28,810	571787000	9,398	2607,52	541062,06
831	690561	28,827	573856191	9,402	2610,66	542366,60
832	692224	28,844	575930368	9,405	2613,81	543672,72
833	693889	28,862	578009537	9,409	2616,95	544980,52
834	695556	28,879	580093704	9,413	2620,09	546289,68
835	697225	28,896	582182875	9,417	2623,23	547600,51
836	698896	28,914	584277056	9,420	2626,37	548912,91
837	700569	28,931	586376253	9,424	2629,51	550226,89
838	702244	28,948	588480472	9,428	2632,64	551542,43
839	703921	28,965	590589719	9,432	2635,80	552859,58
840	705600	28,983	592704000	9,435	2638,94	554178,24
841	707281	29,000	594823321	9,439	2642,08	555498,49
842	708964	29,017	596947688	9,443	2645,22	556820,32

TABLE DES NOMBRES, ETC. (*Suite*).

Nombres ou diamètres.	Carrés.	Racines carrées.	Cubes.	Racines cubiques.	Circonférences.	Surfaces.
843	710649	29,034	599077107	9,447	2648,36	558143,72
844	712336	29,052	601211584	9,450	2651,51	559468,69
845	714025	29,069	603351125	9,454	2654,65	560795,23
846	715716	29,086	605495736	9,458	2657,79	562123,34
847	717409	29,103	607645423	9,462	2660,93	563452,82
848	719104	29,120	609800192	9,465	2664,07	564784,28
849	720801	29,138	611960049	9,469	2667,21	566117,40
850	722500	29,155	614125000	9,473	2670,36	567451,59
851	724201	29,172	616295051	9,476	2673,50	568787,46
852	725904	29,189	618470208	9,480	2676,64	570125,00
853	727609	29,206	620650477	9,484	2679,78	571464,40
854	729316	29,223	622835864	9,488	2682,92	572804,78
855	731025	29,240	625026375	9,491	2686,06	574147,03
856	732736	29,257	627222016	9,495	2689,20	575490,85
857	734449	29,275	629422793	9,499	2692,35	576836,24
858	736164	29,292	631628712	9,502	2695,49	578183,20
859	737881	29,309	633839779	9,506	2698,63	579531,73
860	739600	29,326	636056000	9,510	2701,77	580881,84
861	741321	29,343	638277381	9,513	2704,91	582233,54
862	743044	29,360	640503928	9,517	2708,05	583586,75
863	744769	29,377	642735647	9,521	2711,20	584941,57
864	746496	29,394	644972544	9,524	2714,34	586297,95
865	748225	29,411	647214625	9,528	2717,48	587655,91
866	749956	29,428	649461896	9,532	2720,62	589015,41
867	751689	29,445	651714363	9,535	2723,76	590376,54
868	753424	29,462	653972032	9,539	2726,90	591739,20
869	755161	29,479	656234909	9,543	2730,05	593103,44
870	756900	29,496	658503000	9,546	2733,19	594469,26
871	758641	29,513	660776311	9,550	2736,33	595836,44
872	760384	29,530	663054848	9,554	2739,87	597205,59
873	762129	29,547	665338617	9,557	2742,61	598576,91
874	763876	29,563	667627624	9,561	2745,75	599948,21
875	765625	29,580	669921875	9,565	2748,90	601321,87
876	767376	29,597	672221376	9,568	2752,04	602697,11
877	769129	29,614	674526133	9,572	2755,18	604073,91
878	770884	29,631	676836152	9,576	2758,32	605451,49
879	772641	29,648	679151439	9,579	2761,46	606832,24
880	774400	29,665	681472000	9,583	2764,60	608213,76
881	776161	29,682	683797841	9,586	2767,74	609596,84
882	777924	29,698	686128968	9,590	2770,89	610981,50
883	779689	29,715	688465387	9,594	2774,03	612367,74
884	781456	29,732	690807104	9,597	2777,17	613755,54
885	783225	29,749	693154125	9,601	2780,31	615144,91
886	784996	29,766	695506456	9,605	2783,45	616535,85
887	786769	29,783	697864103	9,608	2786,59	617928,37
888	788544	29,799	700227072	9,612	2786,75	619322,45
889	790321	29,816	702595369	9,615	2792,88	620718,11
890	792100	29,833	704969000	9,619	2796,02	622115,34
891	793881	29,850	707347971	9,623	2799,16	623514,13
892	795664	29,866	709732288	9,626	2802,30	624914,50

TABLE DES NOMBRES, ETC. (*Suite.*)

Nombres ou diamètres.	Carrés.	Racines carrées.	Cubes.	Racines cubiques.	Circonférences.	Surfaces.
893	797449	29,883	712121957	9,630	2805,44	626316,44
894	799236	29,900	714516984	9,633	2808,59	627719,95
895	801025	29.917	716917375	9 637	2811 73	629124.35
896	802816	29,933	719323136	9,641	2814,87	630534,68
897	804609	29,950	721734273	9,644	2818,01	631939.90
898	806404	29,967	724150792	9,648	2821,15	633349,70
899	808201	29,983	726572699	9,651	2824.29	634760,13
900	810000	30,000	729000000	9,655	2827,44	636174,00
901	811801	30,017	731432701	9,658	2830,58	637588,50
902	813604	30,033	733870808	9,662	2833,72	639004,58
903	815409	30,050	736314327	9,666	2836,86	640422,22
904	817216	30,067	738763264	9,669	2840,00	641841,44
905	819025	30,083	741217625	9,673	2843,14	643262,23
906	820836	30,100	743677416	9,676	2846.28	644684,74
907	822649	30,116	746142643	9,680	2849,43	646108.52
908	824464	30,133	748613312	9,683	2852 57	647534.02
909	826281	30,150	751089429	9,687	2855.74	648964,09
910	828100	30,166	753574000	9,691	2858,85	650389,74
911	829921	30,183	756038031	9,694	2861,99	651819,95
912	831744	30,199	758550528	9,698	2865,43	653251,73
913	833569	30.216	761048497	9,701	2868,27	654684,09
914	835396	30,232	763554944	9,705	2871.42	656120,81
915	837225	30,249	766060875	9,708	2874,56	657556,54
916	839056	30,265	768575296	9,712	2877,70	658994,58
917	840889	30,282	771095213	9,715	2880.84	660432,22
918	842724	30,299	773620632	9,719	2883,98	661875,42
919	844561	30,315	776151559	9,722	2887,13	663318,20
920	846400	30.332	778688000	9,726	2890,27	664762,56
921	848241	30.348	781229961	9,729	2893,41	666208,48
922	850084	30,364	783777448	9,733	2896,55	667655,97
923	851929	30,381	786330467	9,736	2899,69	669104,61
924	853776	30,397	788889024	9,740	2902,83	670555,67
925	855625	30,414	791453125	9,743	2905,98	672007,87
926	857476	30,430	794022776	9,747	2909,12	673461,65
927	859329	30,447	796597083	9,750	2912,26	674916,99
928	861184	30,463	799178752	9,754	2915,40	676373.94
929	863044	30,480	801765089	9,758	2918.54	677832.40
930	864900	30,496	807357000	9,761	2921,68	679292 46
931	866761	30,512	806954491	9,764	2924.82	680754,08
932	868624	30.529	809557568	9,768	2927,97	682217,30
933	870489	30,545	812166237	9,774	2931,11	683682,06
934	872356	30,561	814780504	9,775	2934,25	685148,40
935	874225	30,578	817400375	9,778	2937,39	686616,31
936	876096	30,594	820025856	9,783	2940,53	688085,79
937	877969	30,610	822656953	9,785	2943.67	689556,85
938	879844	30,627	825293672	9,789	2946,82	691029,47
939	881721	30 643	827936049	9,792	2949,96	692503,67
940	883600	30,659	830584000	9,796	2953,10	693979,44
941	885484	30,676	833237624	9,799	2956,24	695456,77
942	887364	30,692	835896888	9,803	2959,38	696935,68

TABLE DES NOMBRES, ETC. (*Suite.*)

Nombres ou diamètres.	Carrés.	Racines carrées.	Cubes.	Racines cubiques.	Circonférences.	Surfaces.
943	889249	30,708	838561807	9,806	2962,52	698416,14
944	891136	30,725	841232384	9,810	2965,67	699898,21
945	893025	30,741	843908625	9,813	2968,81	701381,83
946	894916	30,757	846590536	9,817	2971,95	702867,02
947	896809	30,773	849278123	9,820	2975,09	704352,25
948	898704	30,790	851971392	9,824	2978,23	705844,80
949	900601	30,806	854670349	9,827	2981,37	707332,02
950	902500	30.822	857375000	9,830	2984,52	708823,50
951	904401	30,838	860085351	9,834	2987,66	710316,54
952	906304	30,854	862801408	9,837	2990,80	711811,46
953	908209	30,871	865523477	9,841	2993,94	713307,34
954	910116	30,887	868250664	9,844	2997,08	714805,40
955	912025	30,903	870983875	9,848	3000,22	716304,43
956	913936	30,919	873722816	9,851	3003,36	717805,33
957	915849	30,935	876467493	9,855	3006,51	719307,80
958	917764	30,952	879217912	9,858	3009,65	720811,84
959	919681	30,968	881974079	9,861	3012,79	722317,45
960	921600	30,984	884736000	9,865	3015,93	723824,64
961	923521	31,000	887503681	9,868	3019,07	725333,39
962	925444	31,016	890277128	9,872	3022,21	726843,71
963	927369	31,032	893056347	9,875	3025,36	728355,61
964	929296	31,048	895841344	9,879	3028,50	729869,07
965	931225	31,064	898632125	9,882	3031,64	731384,11
966	933156	31,081	901428696	9,885	3034,78	732900,72
967	935089	31,097	904231063	9,889	3037,92	734418,90
968	937024	31,113	907039232	9,892	3041,06	735938,64
969	938961	31,129	909853209	9,896	3044,21	737459,96
970	940900	31,145	912673000	9,899	3047,35	738982.86
971	942841	31,161	915498611	9,902	3050,49	740507,32
972	944784	31,177	918330048	9,906	3053 63	742033,35
973	946729	31,193	921167317	9.909	3056,77	743560,95
974	948676	31,209	924010424	9,913	3059,91	745090,13
975	950625	31,225	926859375	9,916	3063,06	746620,87
976	952576	31,241	929714176	9,919	3066,20	748153,49
977	954529	31,257	932574833	9,923	3069,34	749687,07
978	956484	31,273	935441352	9,926	3072,48	751222,53
979	958441	31,289	938313739	9,930	3075,62	752759,56
980	960400	31,305	941192000	9,933	3078,76	754298,16
981	962361	31,321	944076141	9,936	3081,90	755838,32
982	964324	31,337	946966168	9,940	3085,05	757380,06
983	966289	31,353	949862087	9,943	3088,19	758923,38
984	968256	31,369	952763904	9,946	3091,33	760468,26
985	970225	31,385	955671625	9,950	3094,47	762014,71
986	972196	31,401	958585256	9,953	3097,61	763562,73
987	974169	31,417	961504803	9,956	3100,75	765119,93
988	976144	31,432	964430272	9,960	3103,89	766663,49
989	978121	31,448	967361669	9,963	3107,04	768216,23
990	980100	31,464	970299000	9,967	3110,18	769770,54
991	982081	31,480	973242271	9,970	3113,32	771326,41
992	984064	31,496	976191488	9,973	3116,46	772883,86

TABLE DES NOMBRES, ETC. (*Suite.*)

Nombres ou diamètres.	Carrés.	Racines carrées.	Cubes.	Racines cubiques.	Circonfé-rences.	Surfaces.
993	986049	31,512	979146657	9,977	3119,60	774442,88
994	988036	31,528	982107784	9,980	3122,75	776003,47
995	990025	31,544	985074875	9,983	3125,89	777565,63
996	992016	31,559	988047936	9,987	3129,03	779129,36
997	994009	31,575	991026973	9,990	3132,17	780693,66
998	996004	31,591	994011992	9,993	3135,31	782260,54
999	998001	31,607	997002999	9,997	3138,45	783829,98
1000	1000000	31,623	1000000000	10,000	3141,59	785400,00

RENSEIGNEMENTS INDUSTRIELS.

Industrie textile. — Depuis l'arrivée à l'usine de la matière brute jusqu'à sa transformation en fil, on estime le prix de revient d'une broche de coton à 50 fr., d'une broche de laine à 60 fr., d'une broche de chanvre et de lin à 160 fr.

La force motrice est estimée par l'ensemble de la transmission à 1 cheval-kilogrammétrique pour 120 broches de coton;

—   —   pour 140 broches de laine;

—   —   pour 25 à 30 broches de chanvre ou de lin.

Le personnel est de 5 à 6 personnes pour 1000 broches de coton;

—   —   de 10 à 12 personnes pour 1000 broches de laine;

—   —   et de 60 à 70 personnes pour 1000 broches de chanvre et de lin.

L'entretien annuel d'une broche est d'environ 14 fr. pour le coton;

—   —   —   35 fr. pour la laine;

—   —   —   et 67 fr. pour le chanvre et le lin.

La production annuelle par broche de coton = 24 kilogr.;

—   —   de laine peignée = 35 kilog.;

—   —   de laine cardée = 24 kilog.;

—   —   de lin = 50 kilog.

Le prix du n° 30 au kilog. est de 0 fr. 58 coton;

—   —   de 1 fr. laine peignée;

—   —   de 1 fr. 25 laine cardée;

—   —   de 1 fr. 34 lin.

Le degré de torsion au mètre d'un fil titrant 30,000 mètres au kilog. est, pour le coton de 876 tours, pour la laine peignée 850, pour la laine cardée 1,500 et pour le lin 500.

ÉTABLISSEMENTS INSALUBRES.

Le décret du 16 octobre 1810 divise en trois classes les établissements à odeur insalubre ou incommode.

Une ordonnance royale du 14 janvier 1815 donne la division détaillée de ces trois classes.

Pour les 2e et 3e classes, il faut envoyer un plan en double expédition à l'échelle de 5 millimètres pour mètre, indiquant avec précision la distance où l'établissement se trouve être des maisons ou des terrains les plus voisins, les dispositions intérieures du local et les emplacements occupés par les appareils.

Pour la première classe, le plan doit indiquer à l'échelle de 25 millimètres pour 100 mètres la distance où l'établissement, placé au centre d'une circonférence de 3000 mètres au moins, se trouve être des terrains voisins.

Ordonnance sur la fumée des foyers industriels — Une ordonnance du préfet de police, en date du 11 novembre 1854, exécutoire dans le département de la Seine à partir du 1er mai 1855, ordonne que les propriétaires d'usines où l'on fait usage d'appareils à vapeur, seront tenus de brûler complétement la fumée produite par les fourneaux de ces appareils, ou d'alimenter ces fourneaux avec des combustibles ne donnant pas plus de fumée que le coke ou le bois; les contrevenants à ces dispositions seront déférés aux tribunaux compétents.

FIN.

TABLE DES MATIÈRES

PREMIÈRE PARTIE.

INTRODUCTION. — FORMULES ET DONNÉES GÉNÉRALES.

DEUXIÈME PARTIE.

CONSTRUCTIONS MÉCANIQUES.

TROISIÈME PARTIE.

CONSTRUCTIONS CIVILES.

QUATRIÈME PARTIE.

APPENDICE.

PARIS. — IMPRIMERIE DE J. CLAYE, RUE SAINT-BENOIT, 7.

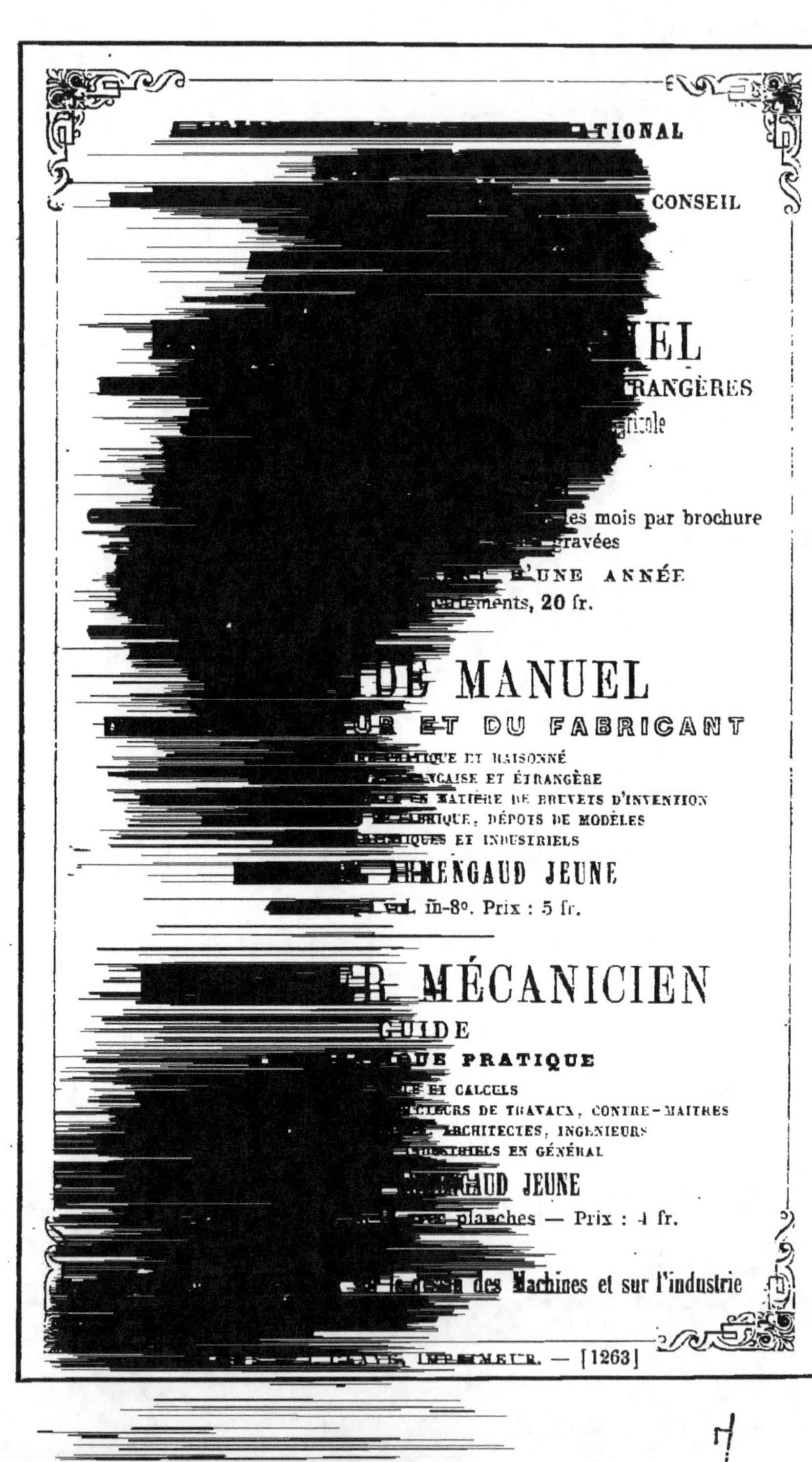

ATIONAL

CONSEIL

EL

RANGÈRES

...ricole

...es mois par brochure
...gravées

D'UNE ANNÉE
...ements, **20** fr.

DE MANUEL

UR ET DU FABRICANT

...TIQUE ET RAISONNÉ
...NÇAISE ET ÉTRANGÈRE
...EN MATIÈRE DE BREVETS D'INVENTION
...FABRIQUE, DÉPOTS DE MODÈLES
...TIQUES ET INDUSTRIELS

ARMENGAUD JEUNE

...vol. in-8°. Prix : 5 fr.

R MÉCANICIEN

GUIDE

QUE PRATIQUE

...LE ET CALCULS
...ECTEURS DE TRAVAUX, CONTRE-MAITRES
...ARCHITECTES, INGÉNIEURS
...INDUSTRIELS EN GÉNÉRAL

GAUD JEUNE

...avec planches — Prix : 4 fr.

...dessin des Machines et sur l'industrie